【農学基礎セミナー】

作物の生育と環境

西尾道徳、古在豊樹、奥 八郎、中筋房夫、沖 陽子………●著

農文協

まえがき

　1992年にリオデジャネイロで，国連の「環境と開発に関する特別総会」（地球サミット）が開催されました。これを契機に，21世紀には世界的な人口増加を背景に，食料・エネルギー・資源・環境問題をどう解決したら良いのかについて，世界的に関心が高まりました。その結果，地球の環境問題，持続可能な開発，持続可能な農業などに関する書籍も多く刊行されるようになりました。

　多くの書籍がこの種の問題について，厳しい現状と将来展望を書いています。そして，私たちは問題の深刻さに圧倒されそうです。でも，「グローバルに考え，ローカルな活動を行なう」ことを可能なことから始めることが必要です。

　身近なところで，作物を環境にやさしい形で作るといったことから始めるにしても，実は意外にたくさんの知識を必要とします。実践書でわからない知識を専門書で勉強しようとすると，その種類と厚みに戸惑ってしまいます。

　この本は，もともと農業高校の教科書として，それぞれの専門家が分担執筆したものです。農業気象，土壌肥料，植物病原菌，植物害虫，雑草を中心に，環境にやさしい作物作りに必要な基礎的な知識が要領良くまとめられています。農業と環境の関係や，環境にやさしい作物栽培について，一歩踏み込んだ勉強をするのに，最適な入門書でもあります。この本がそうした方々に役立つことを期待しています。

　　2000年1月　　　　　　　　執筆者を代表して　西尾道徳

目 次

まえがき

第1章 作物栽培と環境　　1

1 植物の生育と環境　　2
1．植物の生育　　2
2．生育と環境とのかかわり　　3

2 農業生産と環境　　4
1．日長と気温にあわせた品種選択　　4
2．降雨をさえぎる雨よけ栽培　　5
3．土壌条件にあわせた作物選択　　6

3 栽培環境と構成要素　　7
1．環境と栽培環境　　7
2．栽培環境の構成要素　　8
3．構成要素の管理　　9

4 農業生態系と自然生態系　　10
1．生態系とは何か　　10
2．農業生態系の特徴　　12
3．農業生態系のいろいろ　　13

5 農業資源の持続的管理　　15
1．農業資源　　15
2．大気資源の劣悪化　　15
3．土壌資源の劣悪化　　16
4．水資源の劣悪化　　16
5．生物資源の劣悪化　　17

6 農業のもつ環境保全機能　　17
1．洪水防止機能と地下水かん養機能　　17
2．気象緩和機能　　18
3．保健休養機能　　18

第2章 春夏秋冬　栽培環境ウオッチング　　19

出かけよう！環境ウオッチング　　20
春の水田　　22
春の野菜畑　　24
春の果樹園　　26
梅雨期の野菜畑　　28
梅雨期の果樹園　　30
夏から秋の水田　　32
夏から秋のダイズ畑・牧草地　　34
冬のハウス　　36
植物工場　　38

第3章 気象的要素　　39

1 気象と栽培環境　　40
1．天気・天候・気候　　40
2．微気候・小気候・中気候・大気候　　41
3．作物の生育と気象的要素　　41

2 気象的要素とその計測　　43
1．光　　43
　1　放射と日射　　43
　2　日射強度と照度　　44
　3　日照時間と日長　　45
2．温度　　46
　1　温度を表現する二つの方法　　46

2　平均気温，最高・最低気温，積算気温　47	5．よい土壌とは何か …………………… 76
3．湿度 ………………………………… 48	②**土壌を構成するもの** ——— 77
4．二酸化炭素濃度 …………………… 49	1．鉱物粒子 …………………………… 77
5．風と空気流動 ……………………… 50	1　粒子の区分と土性　77
③**気象的要素の変動と作物の成長** — 51	2　1次鉱物　77
1．光合成と呼吸 ……………………… 51	3　粘土鉱物　78
1　正味光合成速度と呼吸速度　51	2．無機物 ……………………………… 80
2　光合成有効放射強度と正味光合成速度　52	3．土壌有機物 ………………………… 81
2．光合成と蒸散 ……………………… 53	4．土壌生物 …………………………… 82
1　蒸散速度　54	1　土壌動物　82
2　湿度・気流速度と蒸散・光合成の関係　54	2　土壌微生物　82
④**気候の栽培への応用** ——— 58	③**土壌の孔げきの構造とはたらき** — 84
1．多様なわが国の気候 ……………… 58	1．三相分布 …………………………… 84
2．気候を利用した栽培 ……………… 58	2．孔げき率を左右する団粒構造 …… 85
1　果樹栽培　58	3．孔げきと水の動き ………………… 86
2　高冷地園芸　59	4．土壌のなかのいろいろな水 ……… 87
3　暖地園芸と寒冷地園芸　59	5．作物に有効な土壌水分のめやす … 88
⑤**農業気象災害とその防止** ——— 60	6．土壌のなかの空気 ………………… 90
1．さまざまな気象災害 ……………… 60	7．土壌のかたさ ……………………… 90
2．風害とその防止 …………………… 60	④**土壌の化学的性質** ——— 92
3．凍霜害とその防止 ………………… 62	1．イオンの交換反応 ………………… 92
4．冷害 ………………………………… 64	2．電気伝導度（EC） ………………… 94
5．その他の気象災害 ………………… 65	3．土壌の酸性・アルカリ性 ………… 95
⑥**環境汚染と地球環境の変化** ——— 66	1　酸性の原因　95
	2　土壌のpH緩衝能　96
	3　土壌の酸性化とアルカリ化　97
	4　生育障害の原因　98
	4．リン酸の固定 ……………………… 99
	5．土壌の酸化還元反応 ……………… 100

第4章
土壌的要素
67

①**作物と土壌のかかわり** ——— 68	⑤**土壌からの窒素の供給・循環と微生物のはたらき** ——— 102
1．土壌のはたらき …………………… 68	1．有機物の分解と窒素の無機化・有機化 …… 102
2．土壌の生成と発達 ………………… 69	2．微生物による窒素ガスの固定 …… 103
3．日本の土壌の種類と分布 ………… 70	3．土壌中の窒素の変化 ……………… 104
4．農地土壌の特徴 …………………… 73	4．地力窒素 …………………………… 105
1　自然の土壌と農地の土壌　73	⑥**養分と作物栄養** ——— 107
2　農地土壌の種類と特徴　74	1．必須元素と吸収のしくみ ………… 107

		1	作物に必要な元素と量	107
		2	作物根による養分の吸収	107
		3	作物根圏の養分の動き	109
	2.	必須要素の役割と生理障害		110
		1	多量必須要素	110
		2	微量必須要素	112
	3.	連作障害の発生要因		114

7 土壌の改良と管理 ── 116

1. 土壌診断と改良目標の設定 ……… 116
   1 土壌診断　116
   2 土壌の改善目標値　117
2. 土壌改良技術 …………………… 119
   1 作土のあつさの増加　119
   2 排水・透水性の改良　120
   3 水分保持力の向上と土壌団粒形成促進　121
   4 陽イオン交換容量の増強　121
   5 土壌酸性の矯正　121
   6 有機物施用の効果　122
3. 土壌侵食と対策技術 ……………… 123
4. 重金属類による土壌汚染と対策技術 …… 123
   1 原因と有害濃度レベル　124
   2 土壌条件と重金属類の溶け出しかた　124
   3 汚染土壌の改良　125
5. かんがい水の水質 ………………… 125

8 肥料の種類と施肥 ── 127

1. 肥料の種類と肥料の必要性 ……… 127
2. 化学肥料 …………………………… 128
   1 一般的化学肥料　128
   2 緩効性肥料　130
   3 微量要素肥料　130
   4 複合肥料　131
3. 販売有機質肥料 …………………… 131
4. 自給肥料 …………………………… 132
5. 施肥量算出の基本 ………………… 134
6. 施肥時期 …………………………… 136
7. 施肥基準 …………………………… 138

第5章
生物的要素
139

1 作物の病気とその防除 ── 140

1. 作物の病気の症状－病徴と標徴 …… 140
2. 病原とおもな病気 ………………… 141
   1 病原の種類　141
   2 糸状菌類による病気　142
   3 細菌類による病気　147
   4 マイコプラズマ様微生物による病気　149
   5 ウイルスとウイルス病　150
3. 病気の伝染 ………………………… 151
   1 病原体の分散　151
   2 病原体の宿主への侵入方法　151
4. 宿主－病原間の相互関係 ………… 153
   1 病気に対する植物の抵抗性　153
   2 植物に対する病原体の病原性　154
5. 病害防除の要点 …………………… 156

2 作物の害虫とその防除 ── 158

1. 害虫の種類と被害 ………………… 158
   1 昆虫　158
   2 ダニ類　164
   3 センチュウ類　165
2. 害虫の生態を知る ………………… 166
   1 発育と休眠，移動　166
   2 繁殖　167
   3 害虫の数の変動　169
   4 天敵とは　169
   5 害虫の死亡要因　170
3. さまざまな害虫防除法 …………… 170
   1 生物的防除　170
   2 性フェロモン　171
   3 不妊虫放飼法　171
   4 抵抗性品種　172
   5 忌避法　172
   6 耕種的防除　173

③ 雑草とその防除 —— 174

1. 雑草の種類と雑草害 …………… 174
   1 雑草の種類　174
   2 雑草害とそのあらわれかた　178
2. 雑草の生活と適応能力 …………… 179
   1 雑草の生活　179
   2 雑草の環境変化への対応　182
3. 防除の基本 …………………………… 184
   1 基本的な着眼点　184
   2 雑草防除の新しい流れ　185

④ 鳥獣害とその防除 —— 187

1. 鳥獣害の種類と被害 ……………… 187
2. 鳥獣害の防除 ……………………… 187

⑤ 農薬とその使いかた —— 188

1. 種類と作用 ………………………… 188
   1 病害防除剤　188
   2 害虫防除剤　190
   3 雑草防除剤　192
   4 殺そ剤　195
   5 誘引・忌避剤　195
   6 植物成長調節剤　195
2. 農薬の形態と使用法 ……………… 197
   1 農薬の形態　197
   2 農薬の使用法　198
3. 薬剤耐性(抵抗性)のしくみと防止法 …… 199
   1 耐性病害虫を生じやすい薬剤　199
   2 薬剤耐性獲得のしくみ　200
   3 薬剤耐性出現の防止　200
4. 薬害と安全使用 …………………… 201
   1 薬害とその防ぎかた　201
   2 動物に対する毒性と安全使用　202

⑥ 総合的有害生物管理の考えかた - 204

1. 農薬中心の防除への反省 ………… 204
2. 防除の考えかたの転換 …………… 205
3. 要防除密度にもとづいた新しい防除法 …… 207

第6章
施設栽培の環境管理
211

① 環境管理のねらい —— 212

1. 施設内の物理環境の特徴 ………… 212
   1 地上部　212
   2 地下部　213
2. 作物・作目などの拡大や収量・品質の向上　214
3. 施設栽培の問題点とその解決方向 …… 215

② 地上部の物理環境の管理 —— 217

1. 採光・補光・電照・遮光 ………… 217
2. 換気 ………………………………… 219
3. 保温 ………………………………… 221
4. 暖房 ………………………………… 221
5. 冷房 ………………………………… 223
6. 二酸化炭素の施用 ………………… 224
7. 空気のかくはん …………………… 225

③ 地下部の物理環境の管理 —— 226

1. 施設内土壌の管理 ………………… 226
   1 温度の調節　226
   2 水分の調節　227
2. 養液栽培の培養液管理 …………… 227
   1 溶存酸素濃度の調節　228
   2 培養液のpHの調整　228
   3 電気伝導度(EC)の調整　228

④ 総合的な環境管理 —— 229

1. 総合的な判断とは ………………… 229
2. コンピュータ利用の複合環境制御 …… 229

⑤ 施設内の労働環境 —— 230

索　引 —————————————— 231

第1章
作物栽培と環境

メロンのかん水作業

よく実ったイネ

収穫適期のブドウ

1 植物の生育と環境

❶ 植物の生育

　生物が育つためには,養分とエネルギーが必要である。わたしたち人間を含めた動物が,食物によって養分とエネルギーを得て成長していくように,植物もまた養分とエネルギーなしに生育することはできない。

　ただ,植物はエネルギーを太陽の光から得られる点で,動物と大きくことなっている。植物は,太陽の光エネルギーを利用して,根から吸収した水と,葉からとり込んだ空気中の二酸化炭素とから,光合成によって有機物をつくり出すことができるからである(図1-1)。こうしてつくり出した有機物から,植物は,水といっしょに吸

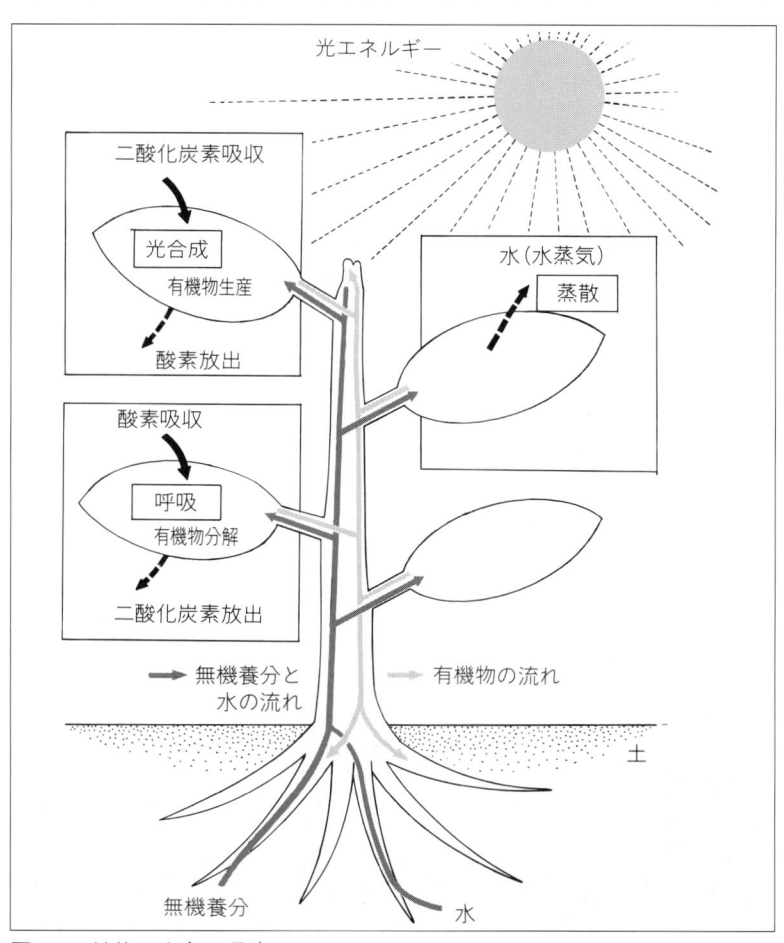

図1-1　植物の生育と環境

収した無機養分などを使って，生育に必要なタンパク質や脂肪，核酸などのさまざまな成分を合成する。つまり，植物は光エネルギーを化学エネルギーにかえることができる特徴をもっている。

❷ 生育と環境とのかかわり

自然環境と生育　農場のあちこちに生えている植物を調べてみるとよい。日あたりのよい場所と木かげに生えている植物の種類がちがうことに気づくだろう。また，湿った水田と乾いた畑に生えている植物にちがいがあることがわかるだろう。もちろん，夏と冬とでも植物の種類はちがう。

植物の生育は，日ざしの強さや日の長さ，気温・地温，空気中の酸素や二酸化炭素，土壌中の水分・養分などの環境によって，大きな影響をうけている。さらには，病原菌や害虫の攻撃をうけたり，雑草の影響をうけたりする。

いっぽう，植物自身も，生育にともなって周囲の環境を変化させていく。たとえば，葉を茂らせることによって，光をさえぎったり風のとおりをわるくしたりし，根から養分や水を吸収することによって，土壌中の環境を変化させたりしている。このように，植物は，環境とさまざまに関係しながら生育している。

人間がつくり出す環境　人間は，太陽の光エネルギーをエネルギー源として直接には利用することができないため，光エネルギーを使って有機化合物をつくり出すことのできる植物を利用し，その生産物を直接あるいは間接に摂取することで栄養源としてきた。

植物がもつ能力を最大限に発揮できるように，人間は土地を改良し，さらには日長や光の強さ，気温や地温，土壌中の水分や空気，土壌中の養分やpH（→p.95）などを調整して，植物をとりまく環境をよくするようにつとめてきたのである。

このように農業生産とは，作物をとりまく環境を変化させていくことにほかならない。

2 農業生産と環境

❶ 日長と気温にあわせた品種選択

　南北に長い日本列島で，沖縄から北海道までひろく栽培されているイネを例に，気温および日長と品種の関係をみてみよう。
　イネはたねもみの発芽にはじまり，その後，葉をふやし，茎を枝分かれ（**分げつ**）させながら成長していく。ある一定の時期になると茎頂に穂のもと（**幼穂**）を形成し，やがて穂を出し（**出穂**），開花・受精して種子を成熟させる（**登熟**）。

参考　稲作の栽培技術

　稲作では，環境のちがいに対応して安定した収量を実現するために，品種の選択以外にもさまざまな栽培のくふうがなされている。

　①苗と移植時期　古くは葉が6～7枚展開した成苗を移植したが，近年はおもに，葉が3～4枚展開した稚苗を用いている。移植した稚苗が根づく最低の日平均気温は約12℃，登熟がほぼ停止するのは約13℃であり，この日平均気温の期間内に苗を植えて稔らせる必要がある。このため，寒さのきびしい北海道ではふつう，4月下旬に育苗器で加温して出芽させ，それをハウスやトンネルのなかで育苗して5月下旬に移植する。暖地ではふつう，3月中旬～5月下旬に播種して無加温で育苗し，4月中旬～6月下旬に移植する。

　②施肥技術　移植時の気温のちがいによって，土壌からの無機態窒素（➡p.105）の放出のされかたや，移植してからのイネの生育のしかたがことなってくる。そのため，肥料の施しかたに地域ごとのくふうがみられる。

　③病害虫防除技術　一般に，暖地のほうが病害虫の種類や発生が多く，被害も大きい。

暖地のイネ・寒地のイネの生育のしかたと栽培技術のちがい

	暖　　地	寒　　地
品　　種	感光性大・感温性小	感光性小・感温性大
初期生育	おう盛	緩　慢
土壌からの無機態窒素の供給	初期　　多 後期　　少	初期　　少 後期　　多
施肥方法	追肥重点	元肥重点
病害虫防除	一般に，病害虫の種類も発生量も多く，被害が大きい	病害虫の種類は少ないが，冷害時にはいもち病が出やすい

［注］　感光性とは，短日条件で生殖成長への転換がはやまる性質。
　　　感温性とは，高温条件で生殖成長への転換がはやまる性質。

一般にイネは，気温が高く日長が短い高温・短日条件になると幼穂を形成する性質をもっている。しかし，出穂・開花後，種子の成熟までには一定の気温が必要であり，日平均気温（➡p.47）が13℃に低下すると，種子の成熟が停止してしまう。
　北海道のような寒地のばあい，短日条件になってから幼穂を形成したのでは，その後すぐに気温が低くなりすぎて種子の成熟がまにあわない。そこで，日長に影響されにくく，高温条件によって幼穂を形成し出穂する性質をそなえた品種が栽培されている。
　いっぽう，暖地のイネのばあいは成熟期の低温の心配が少ないため，短日条件になってはじめて幼穂を形成する性質をそなえた品種が栽培されている。
　このように，わが国でひろく栽培されているイネは，もともとそなわっていた性質を改良して，その土地にあった品種をつくり出し，栽培技術をくふうすることによって北海道のような寒地でも栽培を可能にしてきたのである（➡参考p.4）。

❷ 降雨をさえぎる雨よけ栽培

　雨よけ栽培は，高冷地での夏秋期収穫のトマト栽培からはじまった。この時期の栽培では，露地のばあい，梅雨どきの多湿，その後の高温や強い日ざしによる土壌の乾燥が問題となる。そこで，屋根の部分だけをプラスチックフィルムで被覆することにより，降雨とともに夏の強い日ざしをさえぎり，土壌の水分状態を安定させる方法が考え出された（図1-2）。それが雨よけ栽培である。その効果はつぎのようなところにあらわれる。
　トマトの疫病が発生する条件は，高湿度である。この病気は，葉の表面がぬれた状態で5〜6時間以上経過すると感染が完了するといわれており，雨よけすることによってその発生を大はばにへらすことができている。
　また，被覆資材で屋根だけをおおう

図1-2　雨を遮断したトマトの雨よけ栽培

ことによって日射を20％以上へらすことにもなり，強い日ざしによるトマトの果実の日焼け障害を減少させている。

このように，四季の気象変化のはげしいわが国では，そのときどきの環境を作物に好ましい状態に制御することによって，栽培を安定させているのである。

❸ 土壌条件にあわせた作物選択

日本で栽培されている果樹の多くが，弱酸性から中性の土壌が適地とされているなかで，ブルーベリーは酸性土壌を好む特異的な果樹の一つである（図1-3）。

主産地の一つである長野県では，リンゴとブルーベリーの適地がうまく組み合わされている。どちらかといえば乾燥気味の土壌を好むリンゴに対して，ブルーベリーは水分の変化の少ない水もちのよい火山灰土を好む。好適土壌pHについても，リンゴがpH5.5〜6.0の弱酸性に対して，ブルーベリーはpH4.2〜5.5という強い酸性土壌を好む[1]。

このため長野県では，標高が高く，霧が発生しやすい酸性の強い火山灰土地帯にはブルーベリーが栽培され，平たん部の乾燥気味の弱酸性の土壌にはリンゴの産地が形成されている。

このように，もともとの土の性質にあわせて作物の種類を選択することも，農業生産にとって重要な技術なのである。

図1-3　強い酸性の土壌で生育するブルーベリー

(1) pH6.0以上の土壌でブルーベリーを栽培するときは，イオウなどを施して土壌のpHを下げてやる必要がある。

> **課題研究**　日本の各地で特産物が生産されている。特産物には，もともとの自然条件が適しているばあいと，自然条件を改善して適するようにしたばあいとがある。なぜそこでその特産物が生産されているのか。身近な例を調べてみよう。

3 栽培環境と構成要素

❶ 環境と栽培環境

環境といえば何を連想するだろうか。自然環境・社会環境・教育環境など，環境ということばはさまざまに使われているが，一般に環境とは，つぎのようにいうことができる。

たくさんの要素が共存する系[1]があり，そのなかの特定の要素を中心に考えたとき，その中心においたものにいろいろな影響をおよぼしたり，逆に中心のものから影響をうけたりするその他の要素を環境とよぶ（図1-4）。

「栽培環境」というばあいには，農地がその系となる。農地には作物以外にも，大気・土壌・いろいろな生物など，たくさんの要素が存在している。そのなかの作物を中心にして考えるばあい，作物にいろいろな影響をおよぼしたり，逆に作物から影響をうける作物以外の要素を，栽培環境，あるいは作物環境とよぶ[2]。

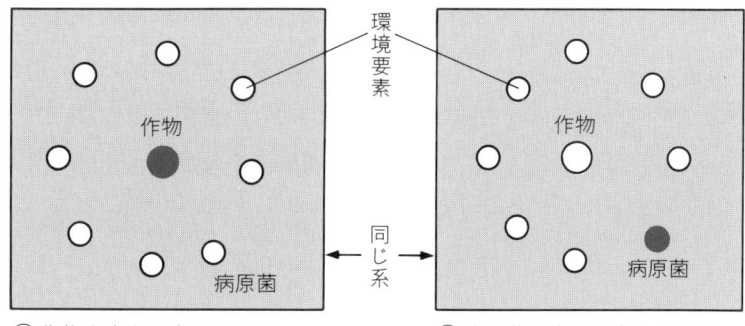

ⓐ 作物を中心に考えるとき　　ⓑ 病原菌を中心に考えるとき

図1-4　環境の考えかた

[注] ある系で，どの要素を中心にして考えるかで，環境のとらえかたがことなる。ⓐのように作物を中心に考えると，病原菌を含めた作物以外の要素がすべて環境となり，ⓑのように病原菌を中心に考えると，作物を含めた病原菌以外の要素がすべて環境となる。

(1) 系とは，影響をおよぼしあう要素の統一体のことで，地球という系を考えると，空気や水，気温や湿度，森林や砂漠，都市や農村，動物や植物など，たくさんの要素が共存している。

(2) 栽培は，人間の行為を意味している。したがって，厳密には栽培環境は，作物と栽培行為をおこなう人間との両者をとり巻く環境の意味になる。しかし，ふつうは栽培環境も作物環境（作物をとり囲む環境）と同じ意味で用いられる。

> **参考　個体と個体群の関係**
>
> 栽培環境の分類のしかたにはいろいろある。たとえば，作物1個体だけを中心において栽培環境を考えると，となりに植えられた同じ種の作物個体も環境となる。となりの個体は，葉を伸ばして中心においた作物個体をおおって光をうばい，根を伸ばして水分や養分をうばって成長を低下させる。栽培では，一定面積内の収穫量を高めるために，おたがいに葉や根が多少は重なりあう密度で作物を植えている。このため，ふつうは，一定面積の同一種の作物個体群を中心において栽培環境を考えることが多い。

❷ 栽培環境の構成要素

栽培環境は，大きく分けると，光・温度・湿度・水・ガス組成・風などの物理環境の要素，養分・pH・有害物質などの化学環境の要素，雑草・病原菌・害虫・鳥獣・土壌微生物・土壌動物などの作物以外の生物である生物環境の要素からなりたっている[1]。

これらの要素には，図1-5にみるように，①光・風・温度・湿度などといった作物の地上部をとり囲んで存在するもの，②養分・土壌水分・土壌空気・土壌動物・土壌微生物などの地下部の根の周囲に存在するもの，③病原菌・害虫や雑草などの地上部と地下部の両者に存在するもの，がある。

したがって，本書の以下の章では，環境要素を分け，気象的要素(地上部の物理環境)，土壌的要素(地下部の物理環境と化学環境，および土壌中の生物環境)，生物的要素(作物以外の病害虫や雑草などの生物環境)，施設(ハウスや温室などの施設内環境)，についてそれぞれ説明していくことにする。

(1) 生物環境の要素に対して，非生物的な物理環境と化学環境の要素をあわせて無機的環境の要素とよぶこともある。

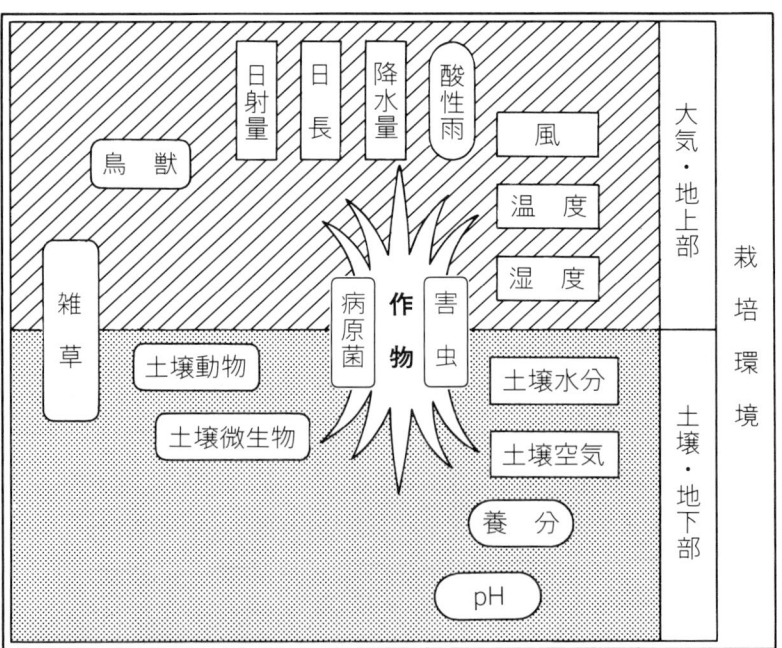

作物を除く周囲が栽培環境。生物環境の要素☐，物理環境の要素☐，化学環境の要素◯の代表的なものを記入してある。
図1-5 栽培環境の概念図

❸ 構成要素の管理

　作物の能力をじゅうぶんに発揮させ，その生産を高めていくために，栽培環境の管理がおこなわれる。栽培環境の管理は，温度・湿度・日長・土壌水分・養分・病原菌・害虫といったさまざまな構成要素ごとにおこなわれることもあるが，いくつかの構成要素を同時に管理することもある。

　たとえば，耕うんすると土が細かくなるだけでなく，空気が土のなかにはいり地温が変化し，土が乾燥し，酸素がより多く供給されて，微生物の種類やその活動にも変化がおこる。そのことは，土の養分の状態や供給のしかたにまで影響をあたえる。

　このように，一つの管理作業をとってみても，生物環境と物理・化学環境要素が，影響しあっていることがわかる。

　したがって，作物の生産を高めていくためには，それぞれの要素の特性と要素間の関係を知って管理していくことがたいせつである。

　なお，第2章に栽培環境ウォッチングの章を設けた。それぞれの要素と要素間の関係の複雑さを感じとって，第3章からの各要素を学んでいこう。

4 農業生態系と自然生態系

農地では，作物に対してたくさんの環境要素が存在するため，作物と個別の環境要素との関係だけを調べても，栽培環境の全体をとらえることはむずかしい。そのため，各要素間のエネルギーの流れや物質の流れによって，農地全体をとらえる考えかたが必要となる。

❶ 生態系とは何か

自然のままの野山や農地には，たくさんの種類の植物・動物・微生物が生息している。生物の種類を区別する基本単位は**種**[(1)]であり，同じ種からなる生物群を**個体群**といい，複数の個体群が集まった生物の集団を**生物群集**（たんに群集といういいかたもある）という。

生物群集を構成するそれぞれの個体群は，さまざまな環境要素と関係して生活している。そして，個体群と個体群のあいだでは食う

(1) 生物の分類および生存の基本的な単位で，形態・生態などの特徴と分布域の共通性，また相互に生殖が可能であることや，遺伝子組成などによって，他種と区別することのできる個体の集団。

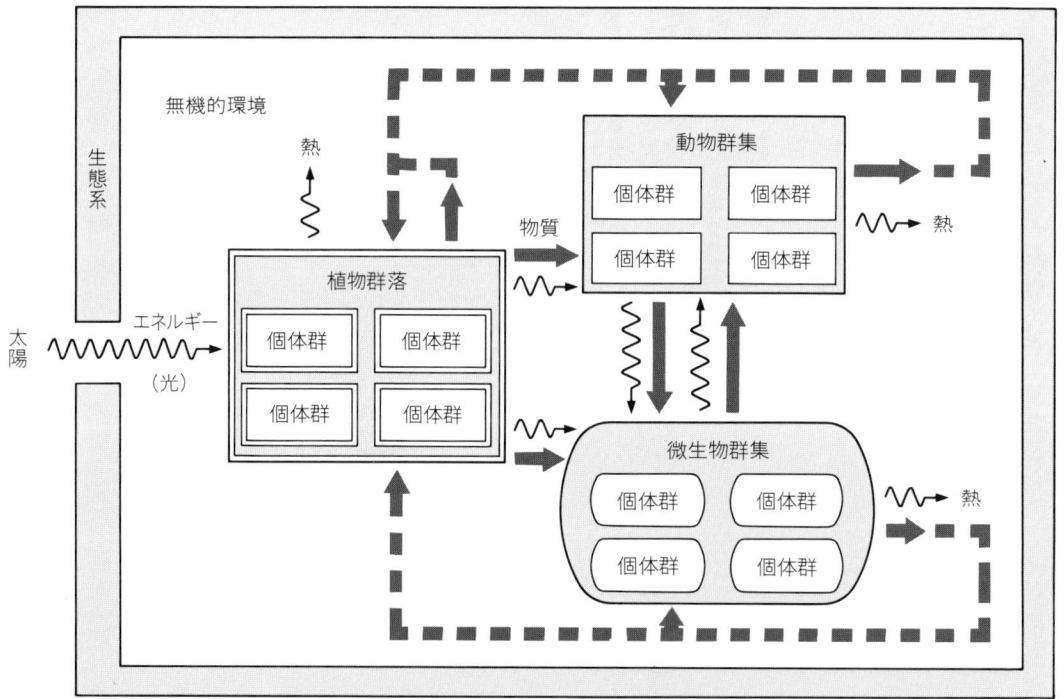

エネルギーの流れを 〰〰➤ で，物質(元素)の循環を ➡ で示してある。

図 1-6 生態系の概念図

［注］ 複数の個体群が集まった群集のうち，植物だけの群集は**植物群落**，動物だけの群集は**動物群集**，微生物だけの群集は**微生物群集**とよばれる。

食われるの関係や，食物や養分などをめぐって競合や共存といった関係があり，これにともなってエネルギーの流れと**物質循環**(➡p.12)が成立している。このように，自然界のある場所にすむ生物の群集や群落と，それらをとりまく無機的環境を一体としてとらえた関係を**生態系**とよぶ(図1-6)。

食物連鎖

多種多様な生物種からなる生物群集の，食うものと食われるものとの関係を**食物連鎖**とよんでいる(図1-7)。この食物連鎖をとおして，ある生物のもつエネルギーが他の生物に利用され，生物に欠かせない元素がくり返し利用されていく物質循環が成立している。このため，生物種の豊富な自然の野山では，特定の種だけが異常に繁殖することはめったになく，種の構成バランスが保たれている。そして，食物連鎖において，植物は**生産者**，動物は**消費者**，微生物は**分解者**とよばれている。

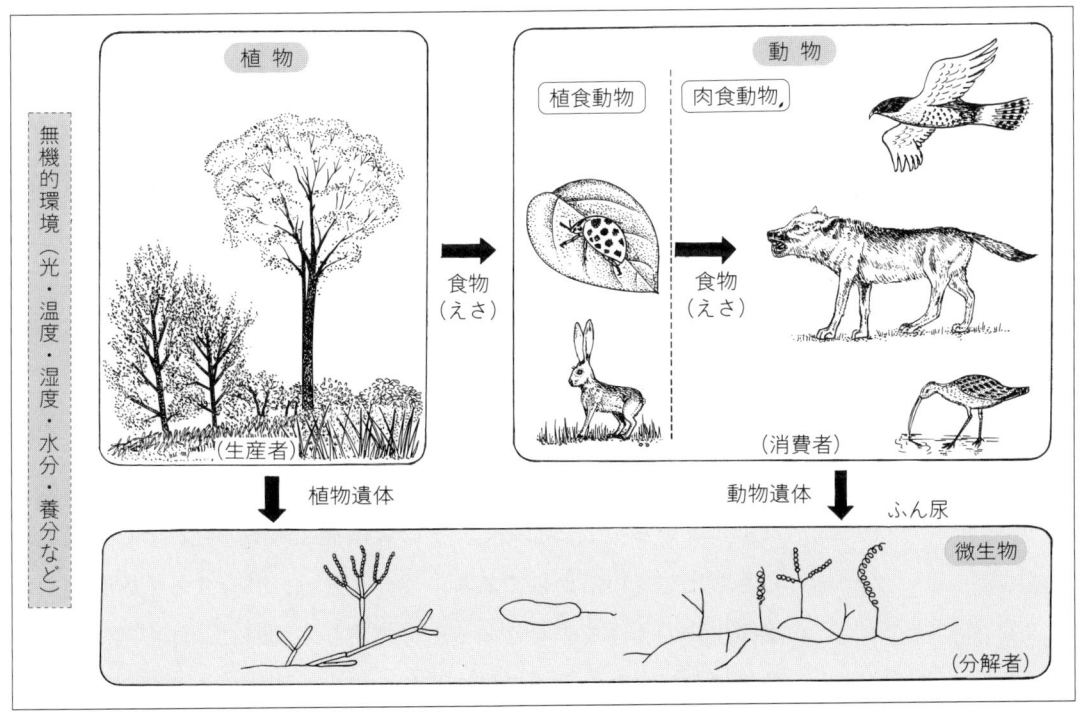

図1-7 食物連鎖（模式図）
［注］ すべての動物と大部分の微生物は，植物のようにみずから有機化合物の合成はできない。そのため，食物連鎖は植物からはじまり，植物が合成した有機化合物をえさにする植食性の昆虫や小動物(**植食動物**)➡肉食性の鳥や獣(**肉食動物**)➡動植物の遺体を食べる**微生物**へとつながっていく。

エネルギーの流れ

食物連鎖にともない，えさになった生物のからだを構成していた有機化合物は他の生物のエネルギー源となり，他の生物にたくわえら

れると同時に，かなりの部分のエネルギーが呼吸や体表からの放熱によって放散する（図1-6→p.10）。これらの放散されたエネルギーは，もはや生物には利用できなくなる。そのため，生態系を維持するためには，植物が，光合成によって光エネルギーを化学エネルギーにかえ，生態系にエネルギーをたえず補給しつづける必要がある。

物質循環　生命に不可欠な水，生物のからだに必要なタンパク質や核酸などの合成に欠かせない元素である窒素(N)・炭素(C)・酸素(O)・リン(P)・イオウ(S)など，さまざまな元素は，生態系のなかでさまざまな生物にくり返し利用されて循環する。この生物に必要な元素の生態系における循環を物質循環という。

❷ 農業生態系の特徴

　自然のままの野山や森林の生態系を自然生態系とよぶ。これに対して，農業の営みの場である農地は，農業生態系とよばれる。

　自然生態系では，多くの生物群集が生息するため，複雑な食物連鎖が成立し，物質循環は系内でとだえることなくおこなわれている。農業生態系でも，基本的には自然生態系と同じことが成立しているが，自然生態系にくらべると，生物群集を構成する生物種の種類や生息数が少なく，食物連鎖や物質循環が単純でとだえやすい。

　それは，人間が，農業生産のために特定の種類の作物だけを栽培し，できるだけ雑草や病害虫を除いて，意識的に生物種の構成を少なくしていることに加えて，その収穫物を人間の食料として農地からもち出しているからである。このことは，共存する土壌動物や土壌微生物のえさを少なくすることであり，同時に，作物遺体として農地に還元される元素の量をきわめて少なくすることでもある。

　図1-8は，オオムギ畑での窒素の循環の例で，オオムギが吸収した窒素量の半分以上が農地の外へもち出されていることがわかる。このように，農業生態系を自然生態系とくらべてみると，食物連鎖と同時に物質循環もまた完結されていないことがわかる。

　したがって，農業生態系では，人間が雑草や病害虫を取り除くことをやめたり，肥料で養分を補うことをやめたりすると，作物の生

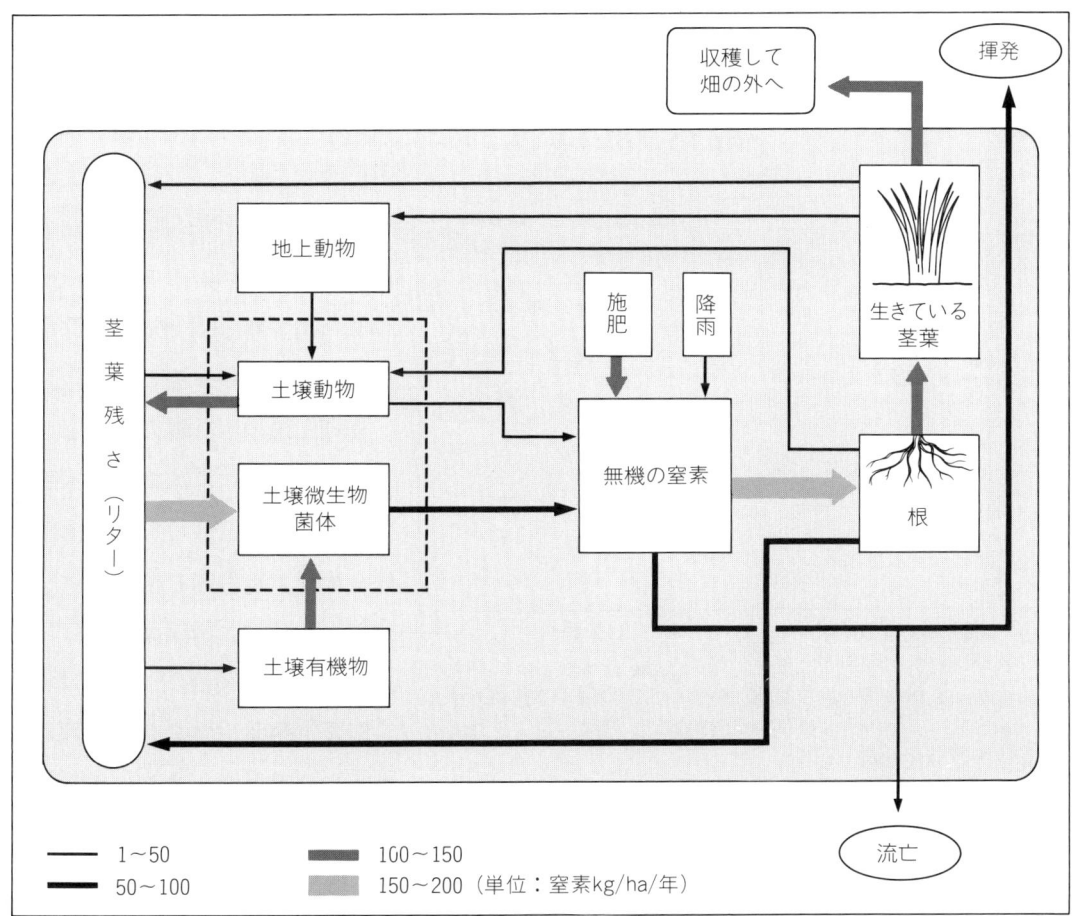

図1-8 オオムギ畑での窒素の循環 （ROSSWALL AND POUSTIN, 1984年より作図）
[注] 施肥や降雨による畑への持ち込み，収穫物としての畑からの持ち出しや地下への流亡，および揮発を含んだ，オオムギ畑をめぐる窒素の循環をみたもの。線の太さは窒素の量をあらわしている。

育はきわめてわるくなる。また，土壌微生物群集が単純化して，土壌病害虫の被害をうけやすくなるため，たい肥の投入などによって，土壌微生物の多様性とバランスを保つ必要がある。このように，農業生態系は，人間が支えている生態系なのである。

❸ 農業生態系のいろいろ

農業生態系は農地の利用のしかたによっていろいろであり（図1-9），生物種の多様性，食物連鎖や物質循環の複雑さは大きくことなっている。代表的な生態系の特徴をみることにしよう。

草地生態系 農業生態系のなかでは，食物連鎖や物質循環は複雑でとだえることなくおこなわれている。草地生態系のなかでもとく

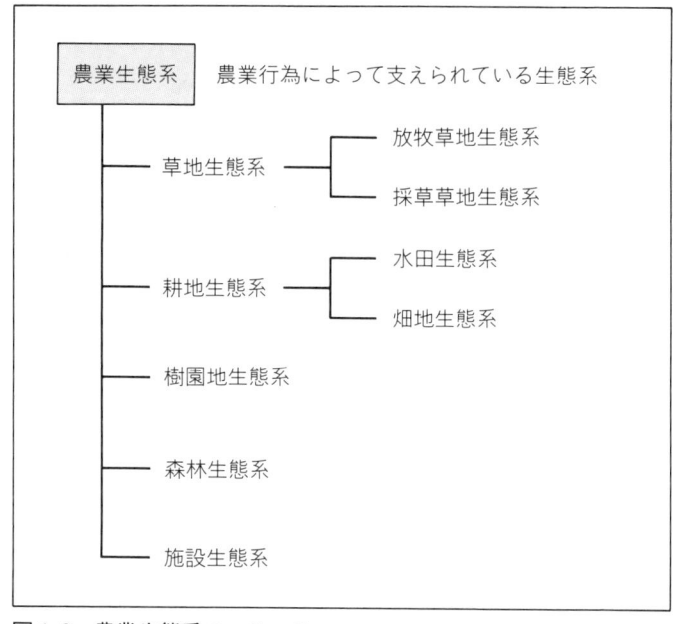

図1-9　農業生態系のいろいろ
[注]　農地は農業に利用されるすべての土地を意味するが、耕地は、そのなかでも耕うんされる農地、つまり水田や畑などを意味する。耕うんされることの少ない草地や樹園地は、耕地とはことなった独自の生態系を形成する。

に放牧草地生態系（図1-10）では、作物である牧草が数種生育しているうえに、作物以外の生物種も比較的多い。また、放牧草地生態系は、草を食べた牛が、養分をふん尿として農地へもどすため、系外にもち出される養分量は、採草草地生態系にくらべると少ない。

　耕地生態系　管理のゆきとどいた栽培がおこなわれている水田や畑の生態系（図1-11）では、生物群集を構成する生物の種類は少なく、食物連鎖や物質循環は単純でとだえがちである。

　施設生態系　農業生態系のばあい、光や降雨は自然まかせのものが多いが、園芸施設のなかの生態系では、光や湿度・土壌水分などの環境要素まで人間がかなりのていど制御している。生物の種類は耕地生態系より少なくなり、食物連鎖や物質循環はきわめて単純でとだえやすい。

　食物連鎖や物質循環が単純でとだえがちなほど、より人工的な管理が必要となってくる。

図1-10　放牧草地生態系

図1-11　耕地生態系（畑）

5 農業資源の持続的管理

農業生産において，高い生産力をあげることはもちろんであるが，その高い生産力を長期的に持続することもたいせつなことである。

❶ 農業資源

大気・土壌・水・生物などの農業に必要な環境要素は，農業資源ともよばれる。現在，農業資源を農業生産に好ましい状態に保って，生産力を長期的に持続することが世界的にたいせつになっている。

それは，人口のいちじるしい増加，大規模な工業の発達など，人間活動の拡大によってひきおこされた環境変化や気候変化が，地球的規模で農業資源を劣化させ，人間の生存そのものをおびやかしはじめたからである。

農業自身もまた，農薬・肥料・プラスチック資材などの利用や，それらの廃棄物の処理などによって，農業資源を劣悪化させている側面がある。したがって，今後農業資源の保全は，農業自身に対する問題提起としても考えなければならない課題である。

❷ 大気資源の劣悪化

地球の温暖化（図1-12） 石油や石炭などの化石燃料の消費量の増大などによって空気中の二酸化炭素の濃度が上昇し（図3-8），温室効果[1]による地球全体の温度の上昇が懸念されている。農業生産の場面でも，水田から発生するメタンや亜酸化窒素などが，二酸化炭素と同じように温室効果をひきおこすといわれている[2]。

オゾン層[3]の破壊 南極大陸上空の成層圏オゾン濃度の減少が報告され，その原因がフロンなどによるオゾン層の破壊の結果であるとして問題になっている。このことによって地上に降りそそぐ紫外

(1) 温室のガラスや空気中の二酸化炭素のように，光は通過するが，熱（赤外線）は吸収する物質が空気中にあることによって，地表近くの温度が上昇すること。
(2) 地球全体からみるとその量は少ないが，単位量当たりでみると，メタンや亜酸化窒素は二酸化炭素以上の温室効果をひきおこすという実験結果が報告されている。
(3) オゾンとは酸素が3個結合した物質で，強い殺菌作用をもっている。大気中でオゾンを比較的多く含む層のことをオゾン層とよび，オゾン層は太陽から放射される動植物に有害な紫外線を吸収するはたらきがある。

図1-12 二酸化炭素や窒素酸化物を排出する自動車

線⁽¹⁾の量がふえ，人体や農作物，家畜に悪影響をあたえるのではないかという懸念がある。

酸性雨 石油や石炭の燃焼によって排出されるイオウ酸化物や窒素酸化物が空気中の水分と結合して硫酸や硝酸に変化し，それらが雨に溶けて酸性となったもので，農業生産への被害が懸念されている。

こうした問題がひどくなると，大気資源の劣悪化によって，持続的な農業生産ができなくなる危険もある。

(1) 太陽の光線に含まれる可視光（➡ p.43）より短い波長の光で，人間の目には感じないが，日焼けやがんを誘発する。

❸ 土壌資源の劣悪化

重金属による土壌汚染 作物や人体に有害な重金属が，鉱業・工業などから排出され，農業用水を経て水田に流入したり，重金属を含む下水汚泥や都市ごみから製造したい肥を施用したりすると，土壌中に重金属が蓄積して，農地としての利用が困難になる（➡p.123）。

塩類濃度障害 作物の吸収量をはるかに上回る肥料を農地に施すと，土壌中の肥料成分の濃度が高くなって，塩類濃度障害で作物が枯死することがある（➡p.94）。

土壌侵食 傾斜地の農地では，雨による表土流出がおこりやすい（図1-13, ➡p.123）。

砂漠化 アフリカなどでは，草の生産量を超える多数の家畜の放牧によって草が食べつくされ，ふたたび草が生えることのない土壌がひろがっている。

こうした土壌資源の劣悪化は，いったん生じるとかんたんには回復できないだけに深刻である。

図1-13　土壌侵食によって疲弊した農地

❹ 水資源の劣悪化

かんがい水の栄養富化 年間降雨量の多いわが国では，水資源が量的に不足することは少ないが，水質が問題になっている。水質の

汚染は，工場排水・生活排水・農業排水などによってひきおこされる。生活排水が混入した農業用水には窒素などの養分量が多く，ひどいところでは，肥料を施さなくてもかんがい水が含んでいる養分だけでも作物にとって養分が過剰となり，イネが倒れてしまうこともある（➡p.125）。

地下水の枯渇　アメリカ合衆国の，地下深くから水をくみ上げてかんがい農業をおこなっている地帯では，地下水の枯渇が懸念されている。

❺ 生物資源の劣悪化

土壌病原菌の増加　特定の作物を毎年連作した畑や施設の農業生態系では，土壌中にその作物の根をおかす病害虫が増加してきて，やがて土壌消毒によっても防除できないほどになることがある。多くの種類の作物をおかす病原菌がふえてしまうと，栽培できる作物の種類がきわめてかぎられてしまい，農業生産の場としての価値が低くなってしまう（図1-14）。

天敵の減少　農薬の使用によって害虫の天敵（➡p.169）が殺され，かえって害虫の被害がひどくなるばあいもある。

図1-14　連作した施設で発生した病気の被害（トマト青枯れ病）

6 農業のもつ環境保全機能

農業資源は，農業生産を支えているだけでなく，国土の保全や国民生活の安定にとっても重要な役割を果たしている。

❶ 洪水防止機能と地下水かん養機能

これまで農地だった傾斜地を開発して造成された住宅地では，雨

水の地下への浸透能力が大きく低下するため，大雨のときに土地の表面を流れる水を処理するための下水道や巨大な貯水槽が建設されている。

水田はもちろん，畑やその他の農地は，大雨で降った大量の雨水をいったんたくわえ，一挙に流出するのを調節して，森林とともに地下水のかん養に貢献している。

❷ 気象緩和機能

大都市の工場や住宅からは，大量の熱と二酸化炭素が放出されている。そのため，大都市全体が大きな温室のようになって，夜になっても気温が下がらず，東京の最低気温が九州よりも高い日が多くなっている。また，大都市から放出される熱で大気の流れが影響をうけ，大都市の周辺部でたつ巻きや突風がおきることがある。

それに対して農地では，大都市のような多量の熱や二酸化炭素の放出はない。しかも国土の約7％を占める水田からは，1日当たり100万t，イネを作付けている全期間では1億t以上の水が蒸・発散して気化熱（→p.55）をうばい，気温の急激な上昇を緩和している。

❸ 保健休養機能

農山村の山・川・農地・森・家・屋敷，そこに生息する植物や動物といった風景全体が，自然に準じるものとして，都市住民にうるおいをあたえている。イギリスやドイツでは，農山村の風景が自然の風景に近いものとしてたいせつにされ，都市住民は農家に民宿して休暇をすごすことが多い。

農業生態系が人間によって支えられているものである以上，農地が適切に管理されてはじめて，こうした農業のもつ環境保全機能が維持されるのであって，農地の管理がずさんになったり，作物栽培が放棄されたりすると，環境保全機能は急激に低下してしまう。周辺の環境と調和を保ちつつ，農業生産を長期的に持続することが，いままで以上にたいせつになってきている。

第2章
春夏秋冬 栽培環境ウオッチング

グループで果樹園の病害虫発生予察

出穂20日前のイネの根

ルーペでシンクイムシ類の卵がないか観察

20　● 第2章　春夏秋冬　栽培環境ウオッチング

出かけよう！　環境ウォッ

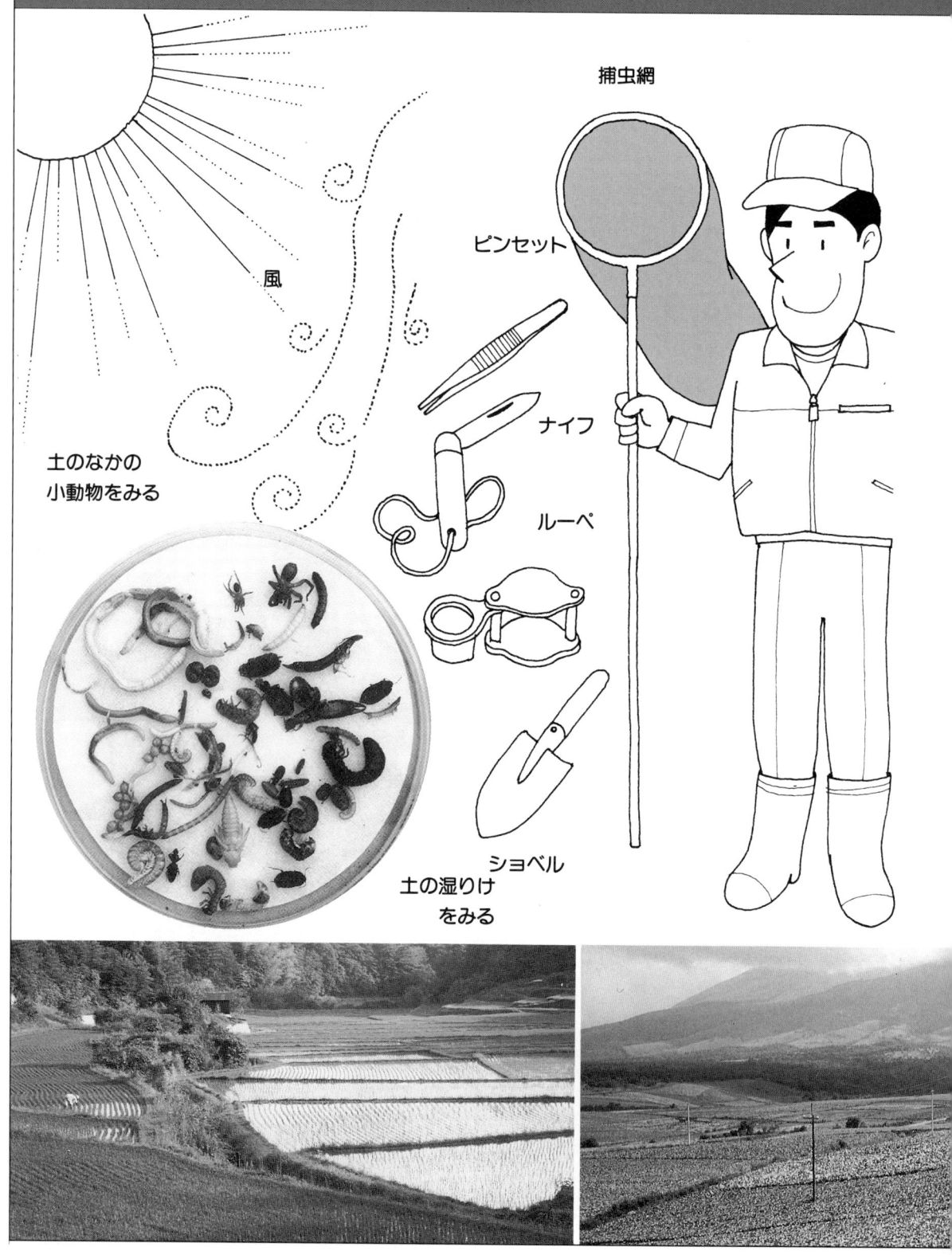

捕虫網
ピンセット
ナイフ
ルーペ
ショベル
土のなかの小動物をみる
風
土の湿りけをみる

チング

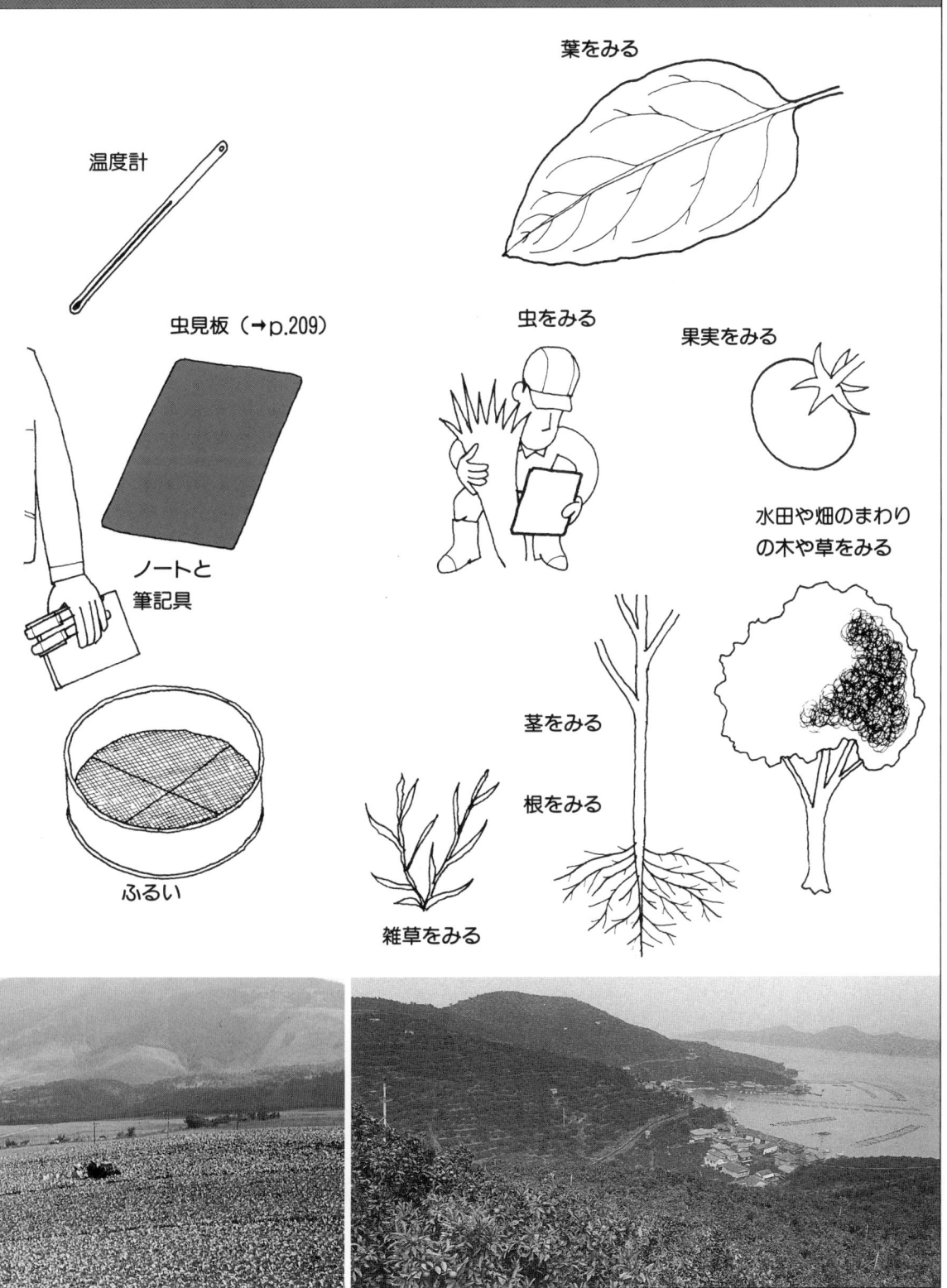

春の水田

耕うん・しろかきころの水田

- 耕うん前の水田には，どんな雑草が生えているだろうか（→p.176,後見返し）？
- しろかき後の水田には，どんな小動物がいるだろうか（→p.82）？

スズメノテッポウ　キツネノボタン　タガラシ　セリ　タネツケバナ

クモ類

タニシ

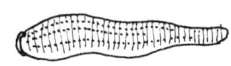
ヒル

イネの育苗箱

フザリウム属菌による苗立枯れ病

- イネの苗は順調に育っているだろうか？
  枯れた苗はどうなっているだろうか？　苗の茎や根に白い粉がふいていないだろうか（フザリウム属菌による病気→p.145）？

　春になると，水田の耕うんがはじまり，水がひき入れられて，しろかき，田植え（移植）と，一連の作業がつづく。

　耕うんやしろかきした水田に注目してみよう。鳥たちがいっせいに水田に集まってきている光景に出あうだろう。土のなかに眠っていた小動物たちが表面に姿をあらわしたためである。

　いっぽうでイネの苗づくりがはじまる。育苗器で温度を加えて育苗箱で育てる育苗方式では，高温・多湿などによる苗立枯れ病が発生しやすい。被害をうけた苗の地ぎわや土のなかを観察すると，いろいろなかび（糸状菌）をみることができる。

　また，田植え直後の水田では，イネミズゾウムシやイネクビボソハムシ（イネドロオイムシ）などの被害がみられる。この時期の地温は，苗の活着とその後の成長に大きな影響をあたえる。

春の水田

イネ

田植え後の水田

イネミズゾウムシ（→p.167）

成虫

↓イネミズゾウムシの
　食害跡（縦の細い白すじ）

●朝と昼間の気温と水温・地温を
はかってみよう。

●根をみてみよう。
　株を抜いて根を洗ってみ
ると、幼虫や土まゆが発見
できる。

水田にイネが植えられると、さま
ざまな虫たちが集まってくる。
●イネの葉を観察してみよう。
　縦方向の白いすじは、イネミズ
ゾウムシやイネクビボソハムシの
食害の跡だ。その株をていねいに
調べると成虫を見つけることがで
きる。

（→p.160）

イネクビボソハムシ
↑幼虫（背中に排出物
　をせおっている）
←成虫
＊幼虫も成虫も葉を
　食害する

↓イネミズゾウムシの幼虫は、田植え直後から
やわらかい葉を食害し、2週間目ころにはさか
んに根を食害している。

↓イネミズゾウムシの土まゆ

春の野菜畑

↑コナガに食害された跡

●モンシロチョウやコナガが飛び交っているキャベツ畑で，葉を観察してみよう（→p.161）。

モンシロチョウ

●土のなかの微生物を培養してみよう。
土にいる微生物たち（→p.82）

　春に花を咲かせる秋まきのキャベツや結球ハクサイは，ふつう秋から冬の低温を感じて花芽を分化し，春になって温度が高くなると花芽が発達して，やがて開花する。菜の花畑はまさに，そうしたアブラナ科の植物がいっせいに花をひらいた春の光景である。
　この時期になると，さまざまな害虫が活動を開始する。モンシロチョウが飛び交っている野菜畑のキャベツを観察すると，葉を食べているアオムシに出あうことだろう。また，小さなコナガも世代をくり返し，さかんに食害している。気温が高くなるにつれて，病害も発生してくる。
　地表面には，冬のあいだは土のなかに眠っていた雑草の種子が芽を出し，伸びてきている。また，元気がなくなったキャベツや結球ハクサイなどのアブラナ科野菜の根には，ごろごろとしたこぶがついているかもしれない。

キャベツとアブラナ科野菜

↓コナガの卵（白くて小さな球形）
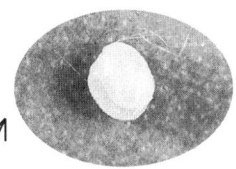

＊モンシロチョウの卵は黄色くてだ円形

黄色，白色，だ円形，球形のいろいろな卵。毛が生えている幼虫，くびれのある幼虫。
　害虫コナガの成虫は，背面に角ばった紋（ダイヤモンド紋）があるのでわかる。

↓幼虫（体長7～8mm）

↓成虫（体長15mm前後）
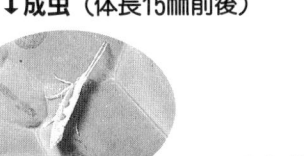

↓コナガの成虫
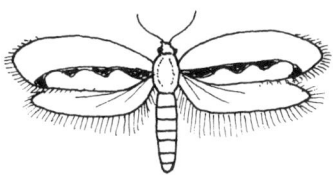

↓さなぎ

＊モンシロチョウは体長3cm

●元気がなくなった株があったら，掘りあげて根をみてみよう。根にこぶができていれば根こぶ病だ。

根こぶ病（地上部がぐったり）

＊根こぶ病の病原菌は糸状菌類（→p.143）に属する古生菌類である。

根を掘りあげると

←こぶの形は作物によってことなるが，ひどくなると作物は枯死する。

春の果樹園

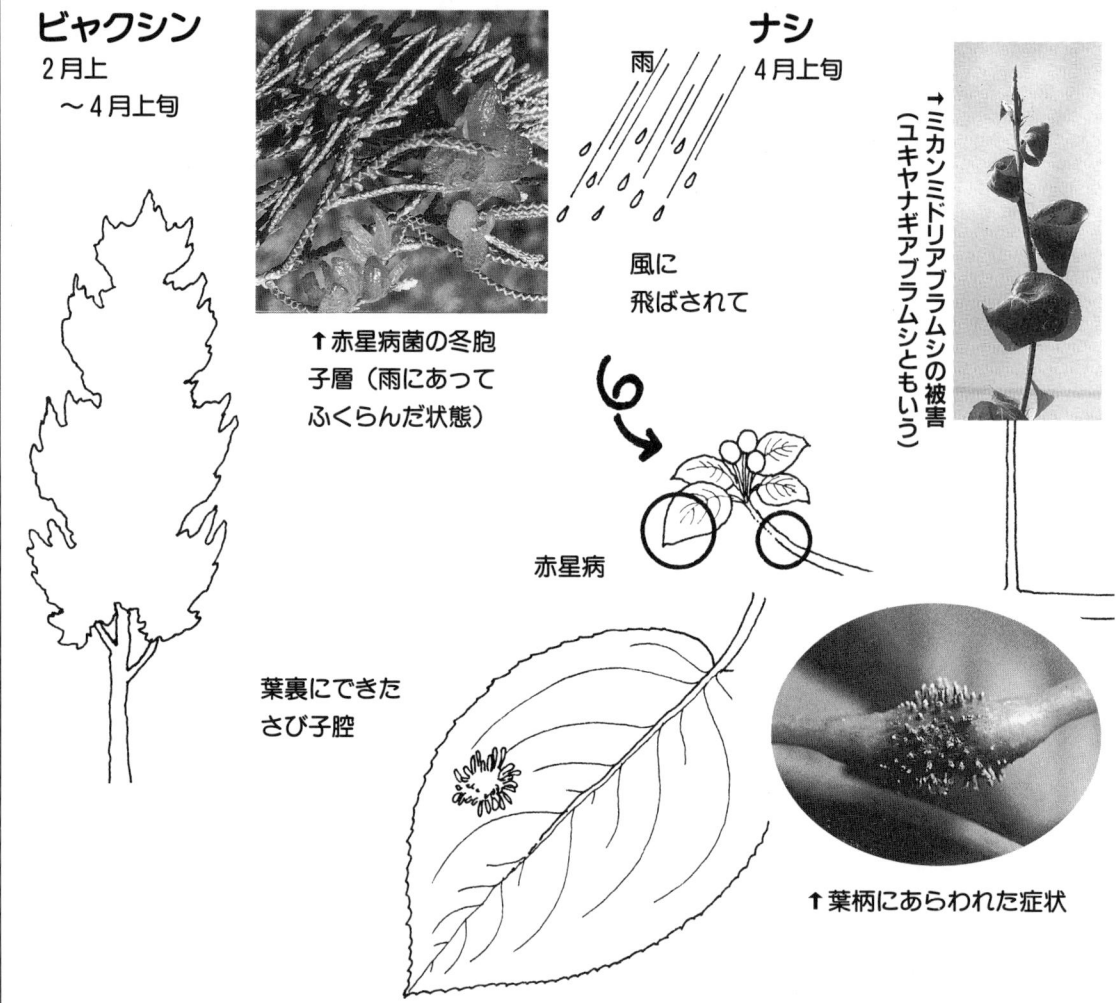

　ナシは，わが国でひろく栽培されている果樹の一つで，早生品種であれば北海道の南端までつくられている。

　ナシの主要病害である赤星病は，ビャクシンを介して伝染する。ビャクシンを観察してみよう。葉に赤い色をした塊がついてはいないだろうか？　雨にあうとその塊がふくらみ，風にのって胞子を飛ばし，ナシの木について発病させる。

　新葉や新梢をみてみよう。先端の新葉が巻き込まれた状態になっていると，そのなかにアブラムシ類がいる。また，巻き込まれていない葉も，よくみると別のアブラムシ類をみることができる。

　ナシは土壌への適応性はかなりひろいが，それでも土壌によってその生育にちがいがあらわれる（右の図）。一般には，有機質に富んだ耕土の深い排水のよい壌土で，pH5.5〜6.0の弱酸性の土壌がよいとされている。

春の果樹園　●　27

ナシ

アブラムシ類

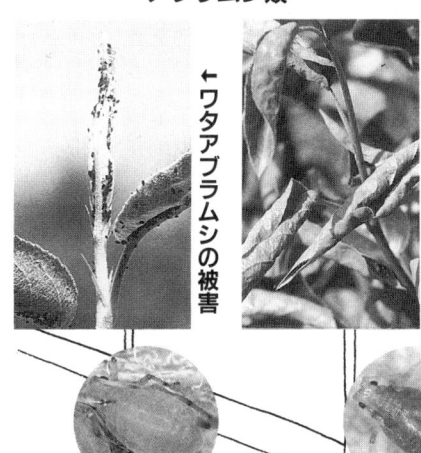

←ワタアブラムシの被害

←ナシノアブラムシの被害

●葉は巻いていないだろうか？
　アブラムシの種類によって、葉の巻きかたがことなっている。葉を巻かない種類もある(→p.163)。
●ビャクシンの葉に赤い塊がついていないだろうか(赤星病→p.146)？
●木や芽や葉に黒いすすはみえないだろうか(黒星病、糸状菌類による病気→p.142)？

↓赤星病の症状のいろいろ

黒星病

黒いすす

●ナシ園の土性やpHを調べて、成長ぶりをくらべてみよう。

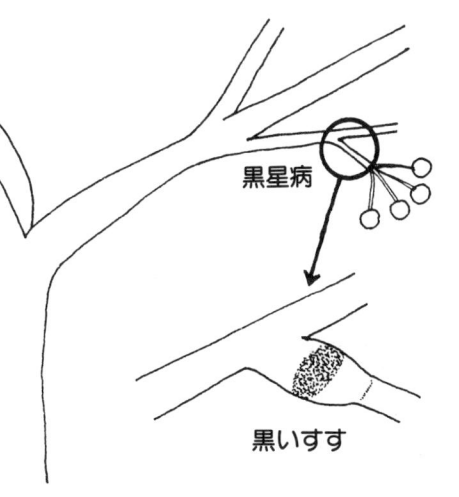

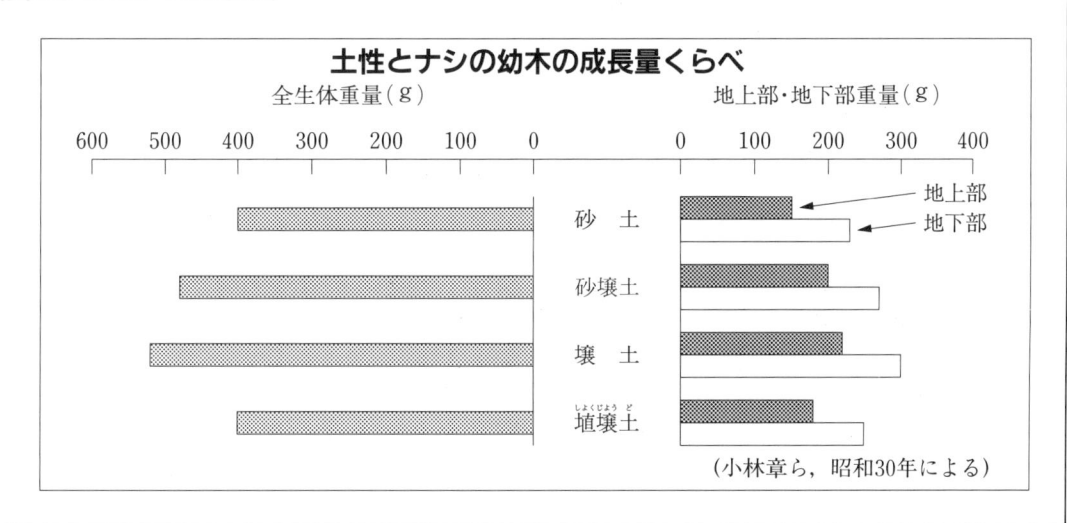

土性とナシの幼木の成長量くらべ

全生体重量(g) ／ 地上部・地下部重量(g)

土性	全生体重量	地上部	地下部
砂土			
砂壌土			
壌土			
埴壌土			

(小林章ら、昭和30年による)

梅雨期の野菜畑

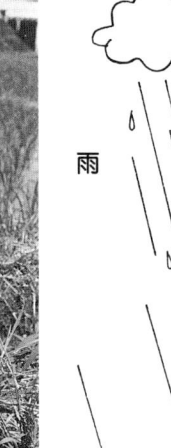

菌核病

●葉や花を観察してみよう。白い粉をまぶしたような葉はないだろうか（菌核病→p.141）？
　急にしおれたら，根を掘って何の病気か確かめてみよう（細菌類による病気→p.147）。

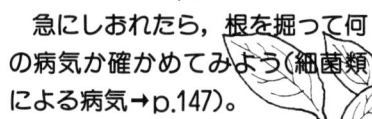

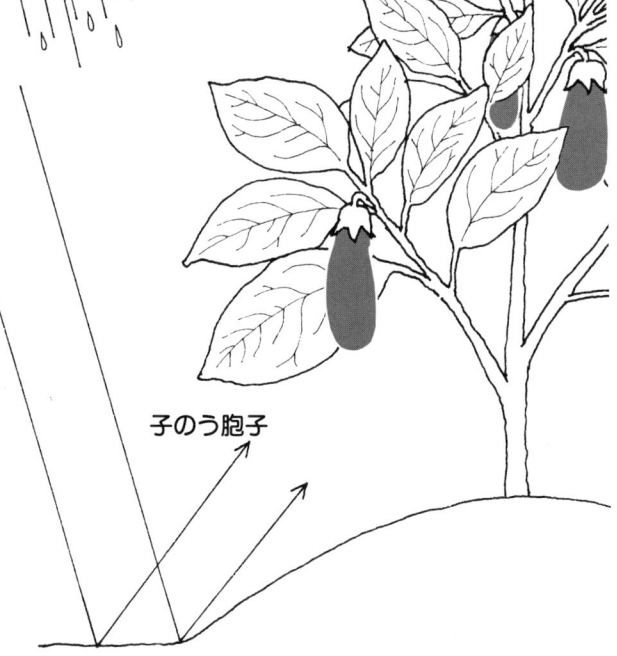

雨

子のう胞子

↑青枯れ病

↑菌核病の被害果 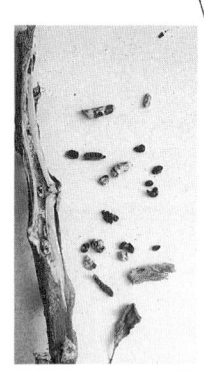　↑茎のなかの菌核

　梅雨期の低温と降雨は，病害虫の発生に大きな影響をあたえる。
　平均気温20℃前後で，適当な降雨があると発生してくるのが菌核病である。はじめは，株の一部の茎葉がしおれてくる。よく観察すると，茎が枝分かれしている部分にぬれたような病はんができ，白い綿のようなかびがみえる。やがて白い塊をつくり，2～3日で黒い塊（菌核）となる。
　茎葉が緑色のまま急に水分を失ってしおれるのが，細菌による青枯れ病である。はじめは日中だけのしおれだが，4～5日もすると夜間もしおれたままになり下葉から落葉する。根を掘ってみると，暗褐色に変色している。
　自家用のナスの畑では，いろいろなアザミウマ類をみることができる。近くのクローバなどの雑草からは，アザミウマ類を食べる無害のヒメハナカメムシが集まってくる。このヒメハナカメムシは，夏になると周辺の雑草から侵入してくるミナミキイロアザミウマの天敵として活躍してくれる。

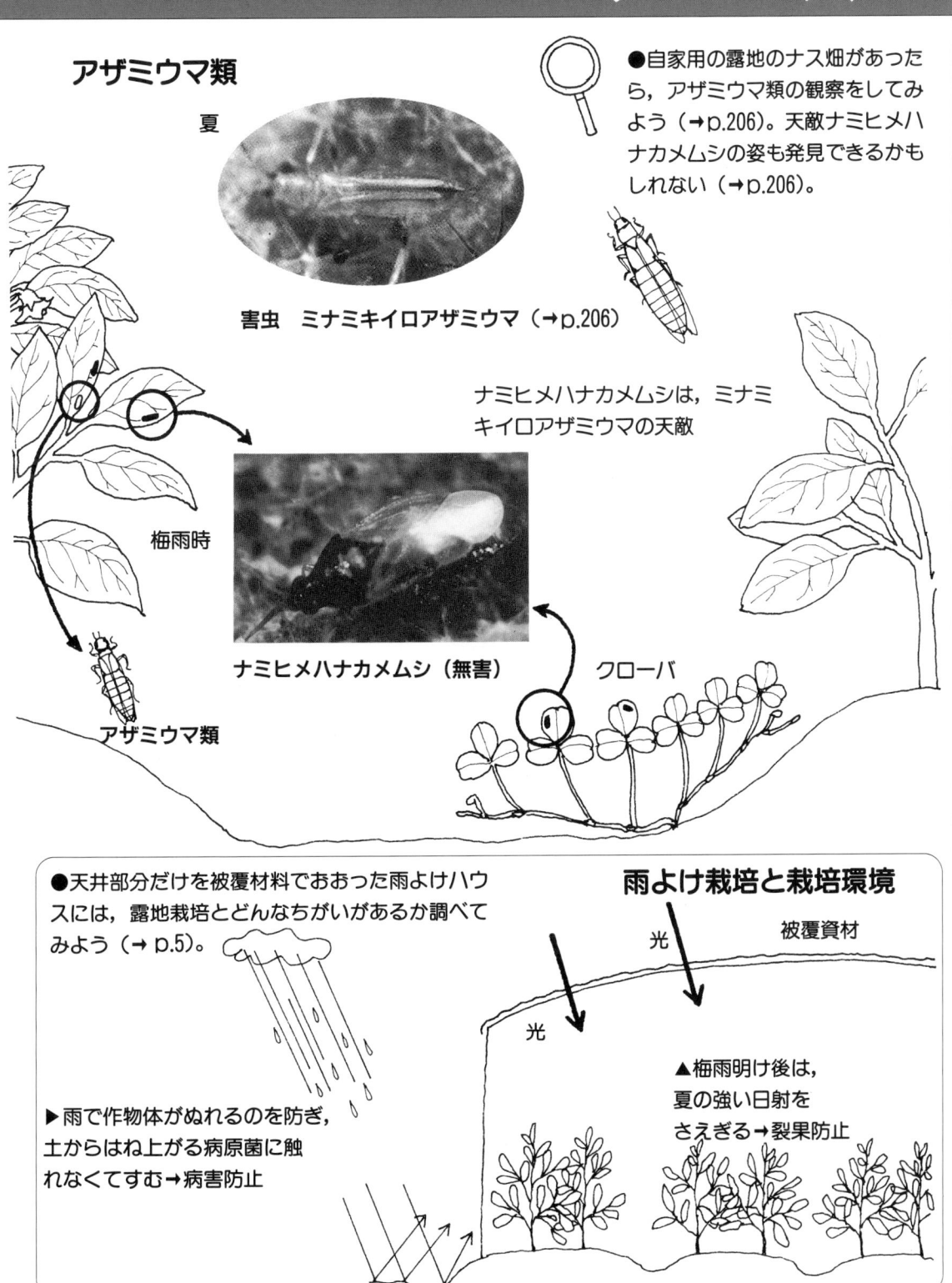

梅雨期の野菜畑 ● 29

ナス

アザミウマ類

夏

害虫　ミナミキイロアザミウマ（→p.206）

●自家用の露地のナス畑があったら，アザミウマ類の観察をしてみよう（→p.206）。天敵ナミヒメハナカメムシの姿も発見できるかもしれない（→p.206）。

ナミヒメハナカメムシは，ミナミキイロアザミウマの天敵

梅雨時

ナミヒメハナカメムシ（無害）

クローバ

アザミウマ類

雨よけ栽培と栽培環境

●天井部分だけを被覆材料でおおった雨よけハウスには，露地栽培とどんなちがいがあるか調べてみよう（→p.5）。

▶雨で作物体がぬれるのを防ぎ，土からはね上がる病原菌に触れなくてすむ→病害防止

被覆資材
光

▲梅雨明け後は，夏の強い日射をさえぎる→裂果防止

梅雨期の果樹園

↑べと病におかされたブドウの花穂

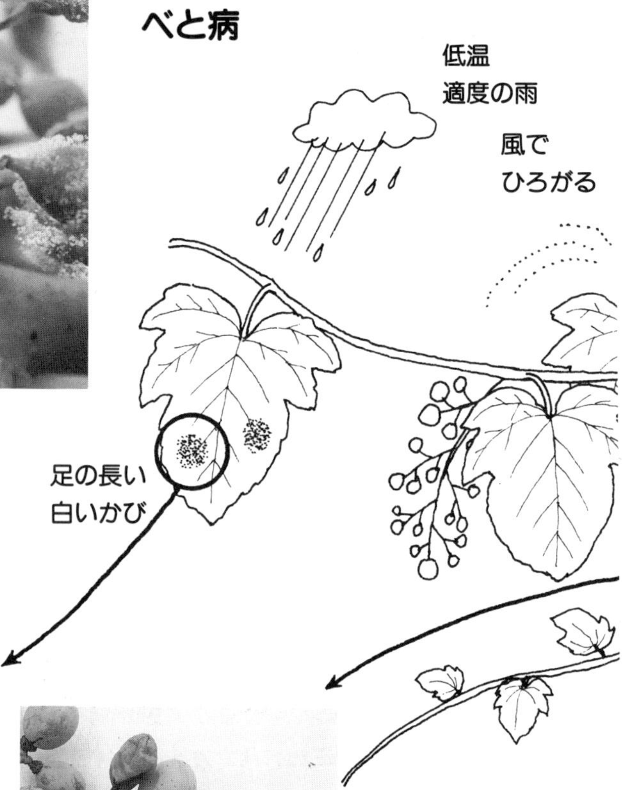

べと病

低温
適度の雨
風で
ひろがる

足の長い
白いかび

↓葉に発生したべと病

↑果房に発生したべと病

　5月ころ露地栽培の開花前のブドウの花穂を観察してみよう。足（胞子柄）の長い白いかびはついていないだろうか。これがべと病である。そのうちに葉裏にびっしりとかびが発生し、葉はしだいに黄色く変色して枯れる。適度に雨があり、低めに気温が推移する年に発生が多く、いったん発生すると農薬の散布をくり返してもなかなか防除できない。どんな園に発生が多いか、肥料や土壌条件との関係を検討してみるとよい。
　5～6月に急にしおれた新梢をみかけたら、ブドウトラカミキリの被害を疑ってみる。表皮が黒く変色してやにが出ている部分の枝のなかに幼虫がはいっていることが多く、8月中～9月上旬になると成虫を観察することができる。よく似た被害をあたえるものに、ブドウスカシバ（ガ類）がいる。これは、自家用栽培のブドウに多くみられる。
　土のしめりけがことなる場所のブドウの根を掘りあげて比較してみよう。ブドウの根は、右のように、土壌の水分の状態によって、その形態が変化する。

梅雨期の果樹園 ● 31

ブドウ

● ブドウの葉や花穂を観察してみよう。白いかびはみえないだろうか（べと病→p.143）？

● 急に新梢がしおれた木はないだろうか（ブドウトラカミキリ→p.160）？

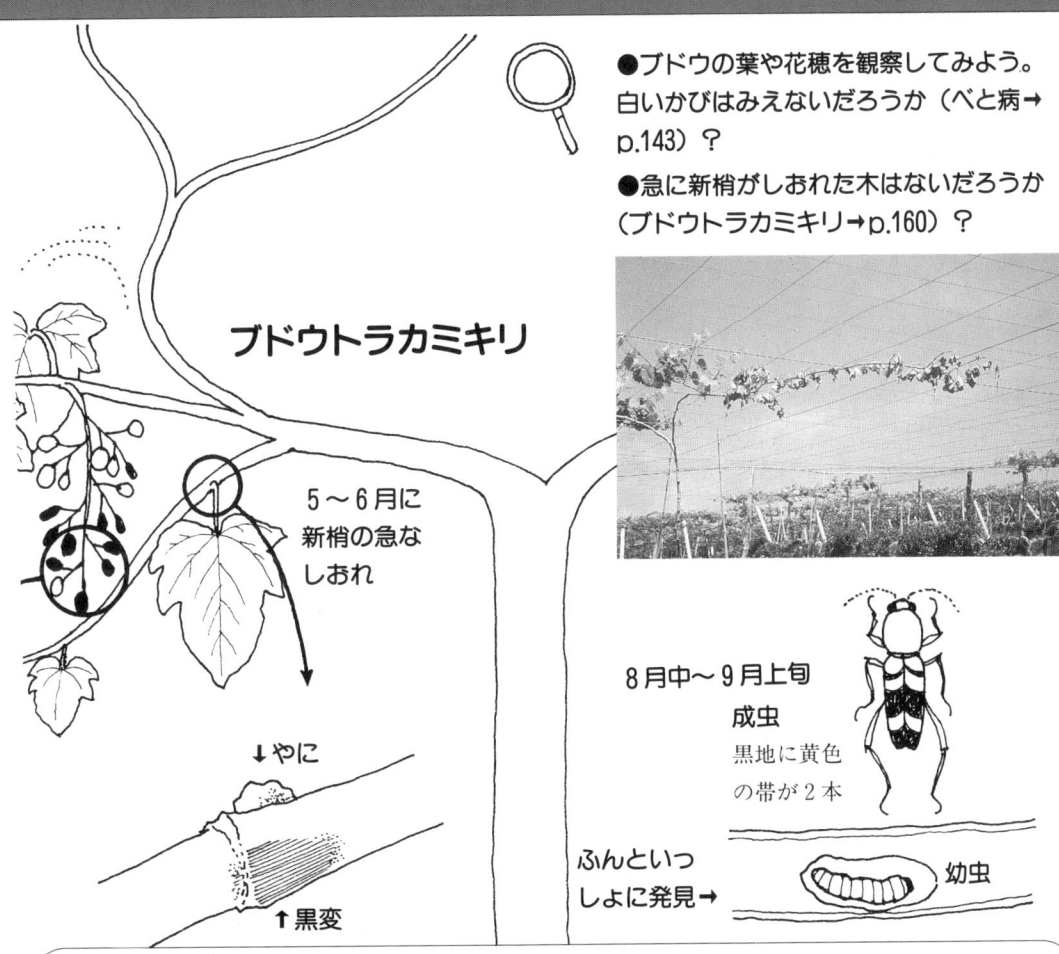

ブドウトラカミキリ

5〜6月に新梢の急なしおれ

↓やに
↑黒変

8月中〜9月上旬
成虫
黒地に黄色の帯が2本

ふんといっしょに発見→ 幼虫

土壌水分と根の形態のちがい

● 土壌水分による、根の形態のちがいを観察してみよう。

湿った土壌での根

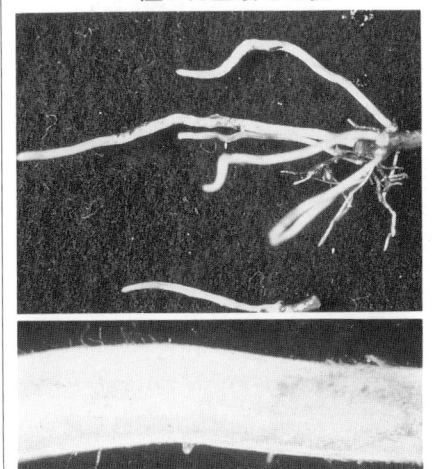

乾いた土壌での根

湿った土壌での根は分岐しないで長く伸びる（左上）が、根毛の発生が少ない（左下）。乾いた土壌での根は分岐して長く伸びない（右上）が、根毛が密生する（右下）。

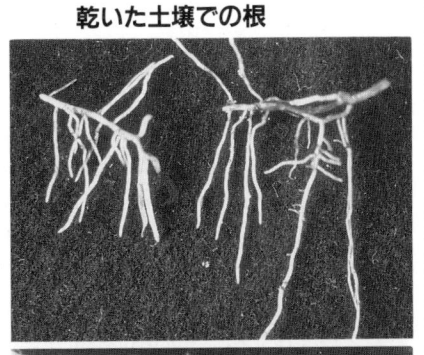

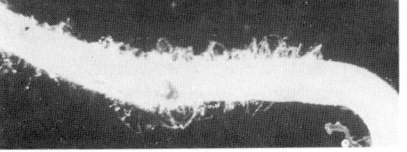

（岡本五郎による）

夏から秋の水田

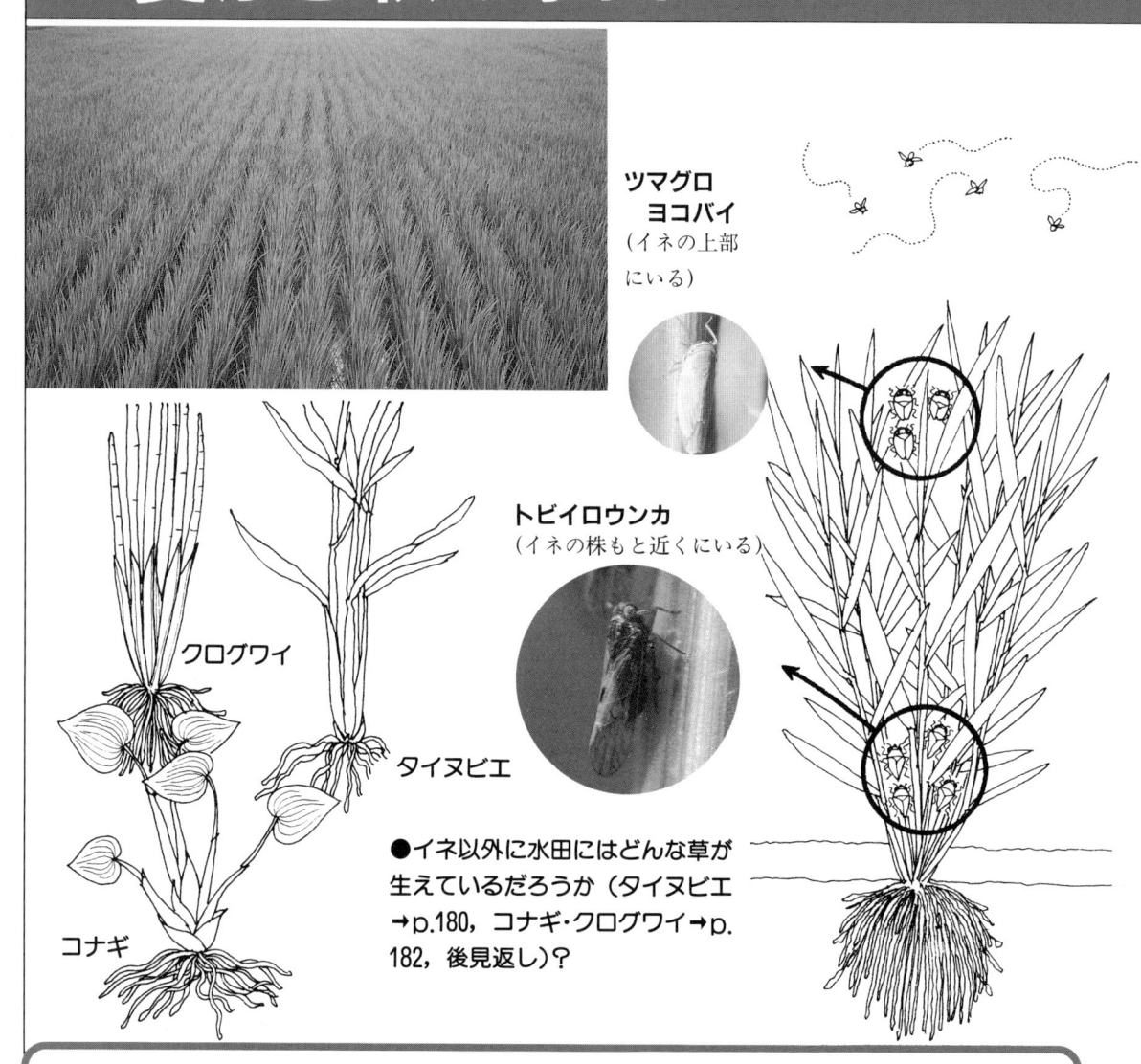

ツマグロヨコバイ
（イネの上部にいる）

クログワイ

トビイロウンカ
（イネの株もと近くにいる）

タイヌビエ

コナギ

●イネ以外に水田にはどんな草が生えているだろうか（タイヌビエ→p.180，コナギ・クログワイ→p.182，後見返し）？

　イネはうだるような暑さのなか，幼穂を形成し，やがて出穂して結実していく。
　水田には，除草剤で枯死させることができなかった雑草が目につく。イネに似て非なる雑草の代表選手がタイヌビエだ。どこにちがいがあるか調べてみよう。
　水田に足を踏み入れると，土のなかからぶくぶくと泡が発生することに気がつくだろう。これは，土壌の還元によってメタンガスが生成し，それが空気中に逃げるからである。根が黒く変色してはいないだろうか。
　幼穂が成長している時期に低温にあうと障害型冷害が発生する（→p.64）。温度を上昇させた水を深くはって幼穂をつつみ，低温からまもる対策などがとられている。
　害虫では，ウンカが飛来してくる。捕虫網で捕えて飛来を確認したり，イネ株をたたいて落下した数を虫見板（→p.209）などで調べてみよう。この時期，病気ではいもち病や紋枯れ病などが問題になる。

夏から秋の水田　●　33

イ ネ

↓いもち病

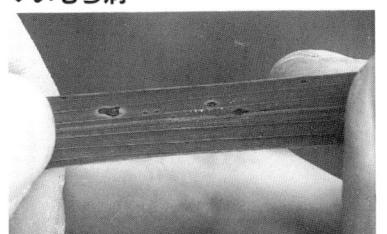

●飛来する害虫や，葉や株のなかを観察してみよう（ウンカ類・ツマグロヨコバイ→p.167，いもち病→p.144，紋枯れ病→p.145）。

●どんな場所のどんなイネに発病が多いかを調べてみよう。

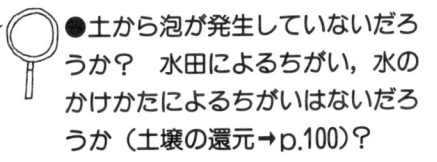

●土から泡が発生していないだろうか？　水田によるちがい，水のかけかたによるちがいはないだろうか（土壌の還元→p.100）？

↓紋枯れ病

↓土からメタンガスが発生

↓土壌の還元によって発達した暗灰色の土層（グライ層）

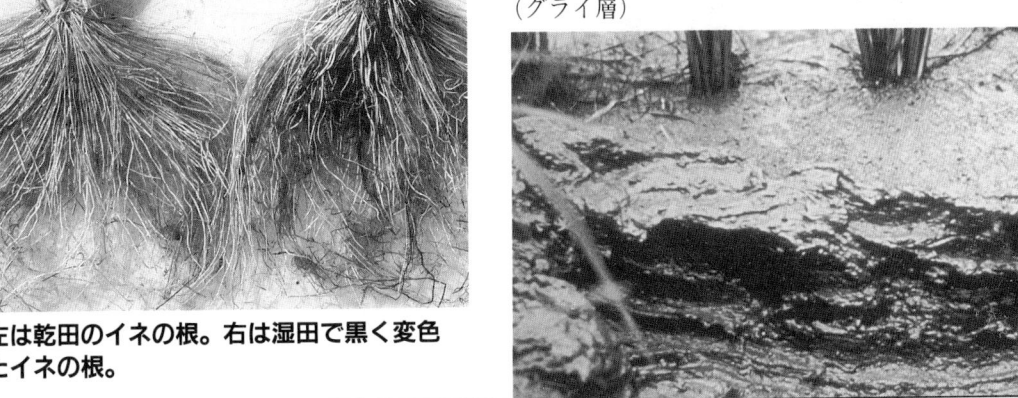

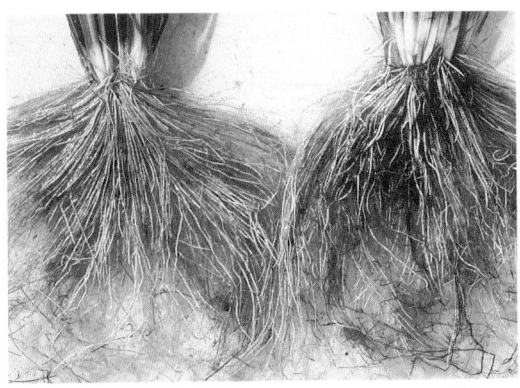

↑左は乾田のイネの根。右は湿田で黒く変色したイネの根。

夏から秋のダイズ畑

●さやに異常がないか観察してみよう（シロイチモジマダラメイガ→p.160，アオクサカメムシ→p.161）。

↓シロイチモジマダラメイガ（幼虫）

↓アオクサカメムシ（成虫）

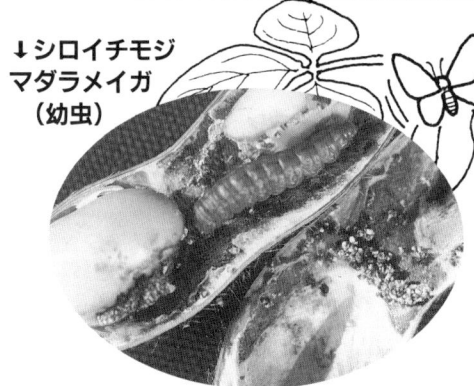

●根を掘って，ほかの植物とのちがいをみてみよう。
　土壌の条件によって根粒のつきかたにどんなちがいがあるか検討してみよう（根粒菌→p.103）。

↓根粒菌の着生

根粒をとって，半分に切ってみると

　根を観察してみよう。根に大小の丸い粒がついていることがわかる。この粒が，空中の窒素を固定し，それを宿主植物に供給している根粒菌である。ダイズなどのマメ科植物の特徴の一つである。
　地上部では，ダイズのさややそのなかの実を食害するカメムシやサヤムシ類が多発し，収量や品質に大きな打撃をあたえている。

夏から秋の牧草地

●放牧草地には多種類の牧草が生え，管理が悪いと雑草が侵入する，植物の競争の激しいところである。放牧草地の植物とその状態をみてみよう。

主な牧草

オーチャードグラス（上左）
シロクローバ（上中央）
チモシー（上右）
ペレニアルライグラス（右）

●根の張りかたを，ほかの植物とくらべてみよう。3〜5cmの深さに根がマット状に密集している。（ルートマット → P.74）

主要な雑草

エゾノギシギシ
（牧草地に繁茂しやすい雑草）

ワラビ
（牛が中毒をおこす有害な雑草）

●放牧草地には，牛の食べ残した草が緑の島状に点在していることがある（不食過繁地とよぶ）。これは，牛のふんが微生物に分解される過程で牛の嫌う臭いが生じるために，牛が草を食べなくなると考えられている。

　放牧草地には数種類の牧草を栽培している。ふつう，収量は多いが栄養価の少ないイネ科牧草と，栄養価は高いが収量の少ないマメ科牧草が混播されている。これは，マメ科牧草の茎葉が枯死すると，マメ科牧草が固定した窒素が無機化されてイネ科牧草に利用されるからである。

　日本ではマメ科牧草として，シロクローバがひろく混播されている。しかし，イネ科牧草は，地域によって栽培される種類がことなっている。どんな種類のイネ科牧草が混播されているか確かめてみよう。

　また，放牧草地には雑草が侵入しやすいため，牛の嫌いな草，有害な草もまじって生えていることもある。牛が好んで食べる草，嫌って食べない草の種類を確かめてみよう。牧草地のなかには，牛が好む草の種類にもかかわらず，牛が食べ残した草が点在して伸びてないだろうか。その原因を調べてみよう。

冬のハウス

↑夏のあいだ，施設のなかに苗を入れて花芽分化を促進させる。

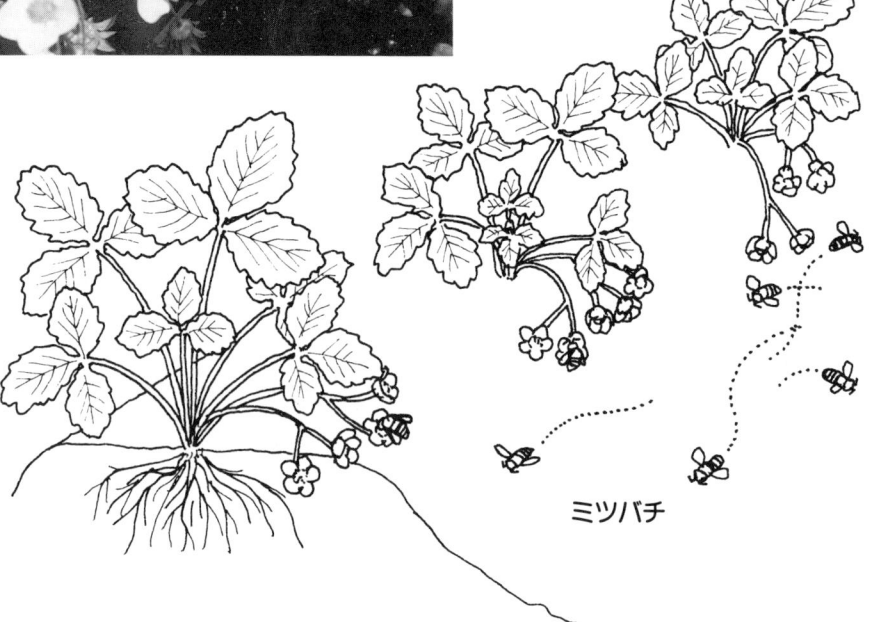

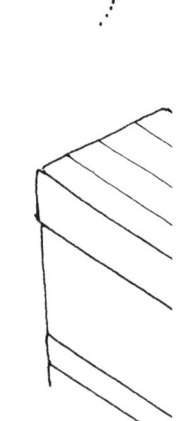

ミツバチ

　冬のイチゴハウスのなかにはいると，白い花が咲きみだれ，ミツバチが飛び交い，まっ赤なイチゴがなっている。露地栽培のイチゴ収穫は4～6月だが，現在では，夏場のごく一時期を除いて，1年じゅう収穫することができるようになった。これは，日長や温度を，自然条件を利用したり（苗を高冷地に移す山上げ栽培など），施設を利用したりして，人工的に低温・短日条件（低温暗黒処理育苗・夜冷短日処理育苗など）をあたえることによって，花芽分化を促進させることができるようになったからである。
　また，花芽分化を促進することだけでなく，保温や電照によって高温・長日条件をあたえて休眠にはいることなく花器の発育を促進させることもおこなわれている。

イチゴ

花芽分化を促進する低温・短日処理

- 冬にイチゴがなぜとれるようになったのか，施設内の温度管理はどのようにされているかを調べてみよう。
- イチゴの苗の，光・温度管理はどのようにおこなわれているか調べてみよう。
- 施設内にはどんな生物がいるだろうか？

8～9月定植の育苗方式

	①低温暗黒処理育苗	②夜冷短日処理育苗	③ポット短日処理育苗
処理方法	・冷凍庫で花芽分化を促進 ・温度は13～15℃，湿度90％以上 ・期間15～18日間，暗黒密閉処理	・夜冷短日庫で花芽分化を促進 ・温度10～16℃，自然の湿度 ・期間20～22日間，8時間日長 （8：30　出庫，16：30　入庫）	・育苗ハウスで花芽分化促進 ・自然の温度 　（最低20℃以下） ・期間20～25日間，10時間日長 （16：00～20：00　暗黒処理）

↓花芽分化したイチゴの茎頂

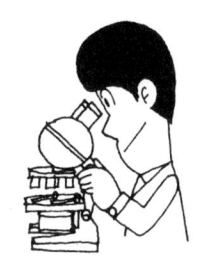

標高400mの山間地と平たん地の最高・最低温度くらべ

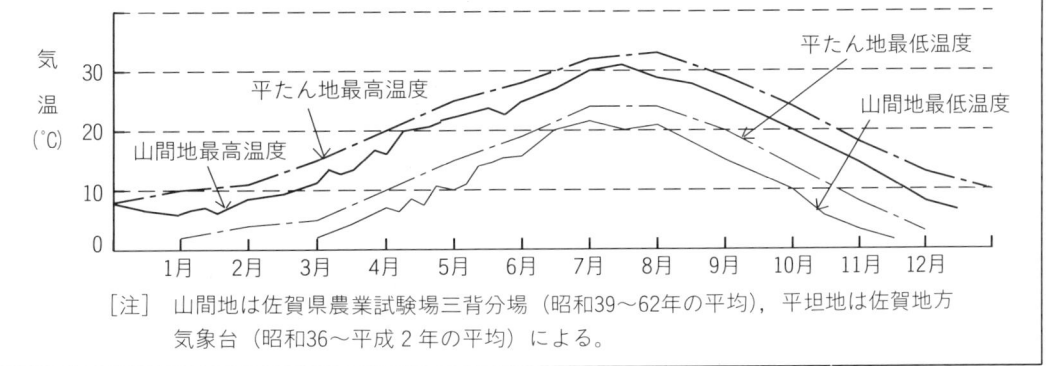

［注］　山間地は佐賀県農業試験場三背分場（昭和39～62年の平均），平坦地は佐賀地方気象台（昭和36～平成2年の平均）による。

植物工場

●施設内の環境は、どのように人工的に管理されているだろうか？ また、どのような機器が使われているのか調べてみよう。

人工の光

気温
湿度

二酸化炭素

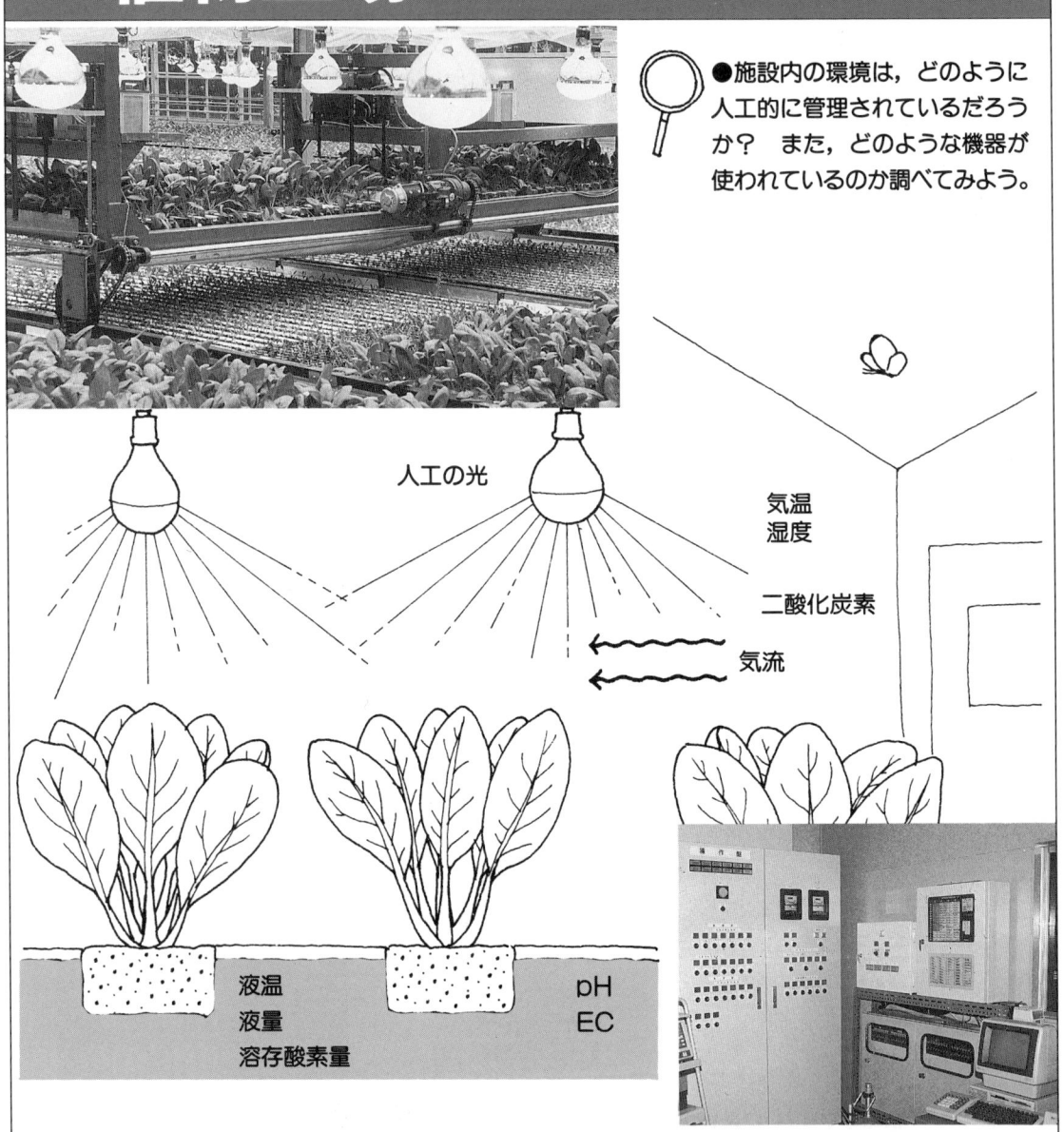

気流

液温
液量
溶存酸素量

pH
EC

　植物工場は、栽培環境を人工的に植物の生育に適した状態に制御し、その環境のなかで生産をおこなう方法である。
　光・気温・湿度・二酸化炭素濃度などを測定し、その結果にもとづいて、人工光源・冷暖房装置・二酸化炭素発生装置などの機器をコンピュータによって作動させて環境を制御する。養液栽培がおもで、土壌が使われることはない。その培養液の液量・液温・溶存酸素濃度・pH・ECなどの各環境要素もコンピュータを利用して制御される。
　さらに、栽培植物以外の生物は排除された、まさに人工的な栽培環境である。

第3章

気象的要素

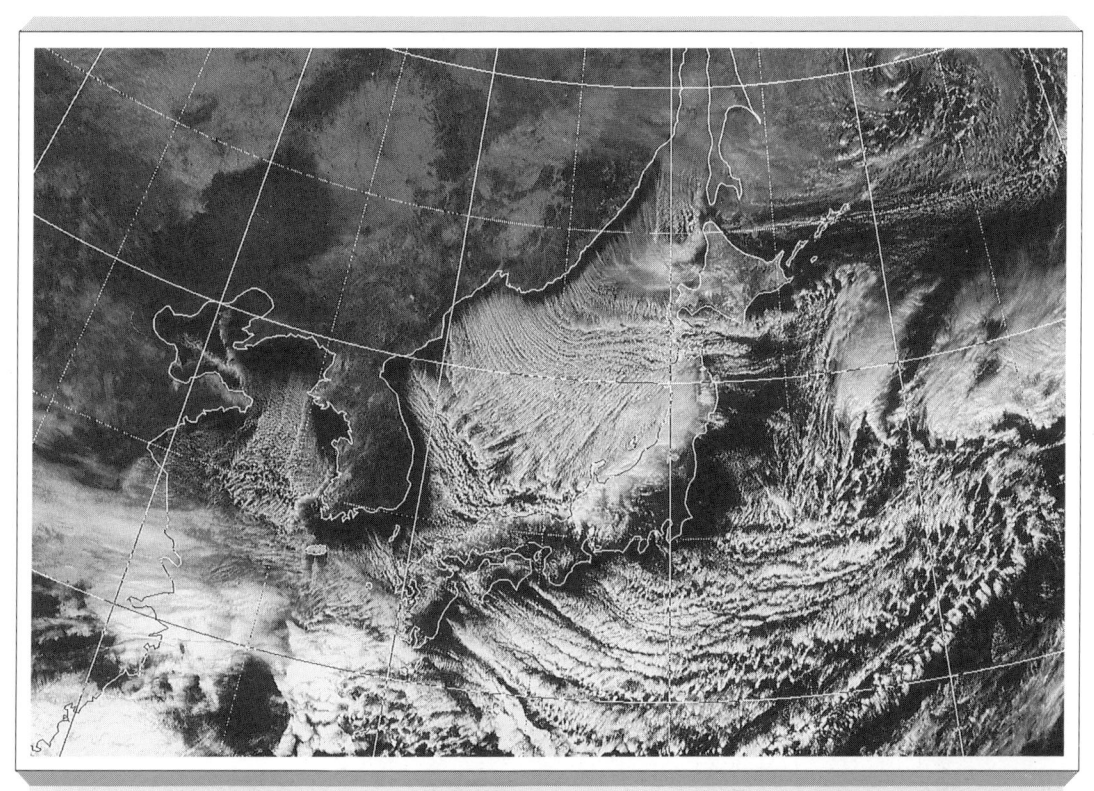

気象衛星ひまわりからみた，雪を降らせる典型的な冬型の雲のようす

イネの収穫

株もとに稲わらを敷いて暑さ対策（露地ナス）

1 気象と栽培環境

❶ 天気・天候・気候

　気象とは，大気の物理状態（温度・湿度・日射・気圧・風などの状態）と，その変化にともなう現象（台風・梅雨など）のことをさしている。

　大気の温度・湿度・日射・気圧・風などの気象的要素が総合された状態である物理環境は，農業生産を大きく左右している[1]。

　わたしたちは，地上部のそうした物理環境について，気象のほかに，天気・天候・気候などさまざまなことばをもっている。これらのことばは，気象を時間的な尺度で区別したものである。

　いちばん身近に用いられる**天気**ということばは，ある時刻，ある日，あるいは数日間の気象のことをさし，**天候**とは数日から数か月の時間範囲で観測される気象の総合状態のことをあらわしている。**気候**はさらに長い時間範囲をもち，数年から数十年以上の長期間の

[1] 作物の栽培の面からみると，気象は栽培環境のうちの地上部物理環境にほぼ対応している。

夏の冷涼な気象条件をいかして野菜づくりをする高原地帯

気象の総合状態を意味している。

　これらのことばの区別は厳密なものではないが，天気・天候・気候の順に，気象をみる時間的な尺度が長くなっていく。

　気象に対して，大地あるいは土壌中の物理現象のことを，地象ということがある。地象を構成している物理的要素としては，土壌温度・土壌水分・土壌中の各種のガス組成などがある[1]。地象と気象とは，たがいに影響をおよぼしあっている。地象については，第4章で学ぶ。

[1] 作物の栽培の面からみると，地象は栽培環境のうちの地下部物理環境にほぼ対応している。

❷ 微気候・小気候・中気候・大気候

　時間的な尺度による気象のよびかたのほかに，わたしたちは，距離的・空間的な尺度によっても，微気候・小気候・中気候・大気候などさまざまなことばをもっている。

　微気候は，一区画の水田や畑の作物群落内の気候や，果樹園の棚の下，園芸施設内など，比較的せまい範囲の気候をいう。また，**小気候**は特定の斜面・水田地帯・林地などの範囲の気候，**中気候**は盆地・平野・高原地帯などの範囲の気候，**大気候**は季節風・ジェット気流などの大気の大循環に関連する地上数百km以上の範囲におよぶ気候をいう。

　地象と気象の相互の影響は，短期的にみると微気候と小気候で大きい。しかし，地象は中気候や大気候とも影響をおよぼしあっている。

❸ 作物の生育と気象的要素

　作物(緑色植物)の生育にかかわる基本的な生理作用は，光合成，呼吸，養分の吸収や移動，および蒸散である。気象的要素は，これらの成長にかかわるだけでなく，植物の花芽分化や開花・結実などの発育にもかかわっており，植物の生育の全般にわたって影響をおよぼす。生育(growth and development)は，**成長**(growth)と**発育**(development)に分けて考えることができる。

　成長は，細胞数がふえたり細胞が大きくなったりすることにとも

なう，生体重・乾物重・葉面積・草丈など，生物の量的増大に関する用語である。発育は，細胞や組織の形態的・機能的変化にともなう，休眠・発芽・花芽分化・開花・結実などのように，生物の質的変化の段階に関する用語である。

なお，気象的要素の調節による栽培技術については4節（➡p.58）および第6章（➡p.212）で詳しく学ぶ。

> **参考　気象用語と栽培環境としての用語**
>
> 　気象用語は作物の栽培だけを意識してつくられたものではない。そのため，気象用語と環境としての気象的要素の用語とのあいだには，温度や湿度のように，同じことばが同じ意味に用いられるものと，おなじ現象でもことなったことばを用い，その意味も厳密には対応していない用語もある。たとえばつぎのようなものである。
>
> | 気象用語 | 日射 | 風 | 風速 |
> |---|---|---|---|
> | | ↕ | ↕ | ↕ |
> | 栽培環境用語 | 光 | 空気流動 | 気流速度 |
>
> 　たとえば，施設内で人工光のもとで作物が栽培されるばあいなどは，日射といった気象用語は用いることができない。

2 気象的要素とその計測

❶ 光

　光は、植物がもっている基本的な生理作用の一つである光合成反応をすすめるためのエネルギー源であるとともに、発芽・花芽分化・開花などの発育にかかわる生理作用をすすめるための信号源でもある。

① 放射と日射

光の種類　わたしたちが、ふだん光とよんでいるものの正体は、物質が発する放射のうち、ある特定の波長域の放射のことである。太陽はさまざまな波長域の放射を地球に送り届けている。そのなかには、人間の目が明るく感じる波長域や、植物が光合成反応する波長域などが含まれている。そのような特定の波長域に対して、可視光とか光合成有効放射、遠赤光・近紫外放射といった名前がつけられている。

可視光と光合成有効放射　可視光は、人間の目が感じる380～760nm[1]の波長域の放射につけられた名称である。光合成有効放射は、緑色植物の光合成に関与する放射で、その波長域は可視光よりややせまく、400～700nmである。

遠赤光と近紫外放射　植物の発芽・開花、あるいは茎の伸長などは、特定波長の光によって引き起こされるばあいが多い。たとえば、赤色光（波長660nm）と遠赤光（波長730nm）は熱の供給のほか、植物に含まれている生理活性物質の活性を変化させる。また、近紫外放射（波長300～400nm）は植物の成長を抑制する。

日射　地上に届いた太陽からの放射のことで、短波放射ともよばれる。その波長域はおよそ300～2,500nmで、波長500nm付近の放射が日射エネルギーをもっとも多く含んでいる。日射エネルギー全体のなかに光合成有効放射エネルギーが占める比率は約50％である。残りの約50％のほとんどは、波長700nm以上の放射エネルギーが占める（図3-1）。

[1] nmはナノメートルとよび、1nmは10億分の1（10^{-9}）m。

栽培環境の要素として光を考えるばあいには、波長域によって区別されるさまざまな種類の光があることを知っておく必要がある。光といったばあいには、日射のことなのか、可視光のことなのか、光合成有効放射のことなのか、あるいはランプからの光なのか、などいろいろな波長域の放射が考えられるからである。

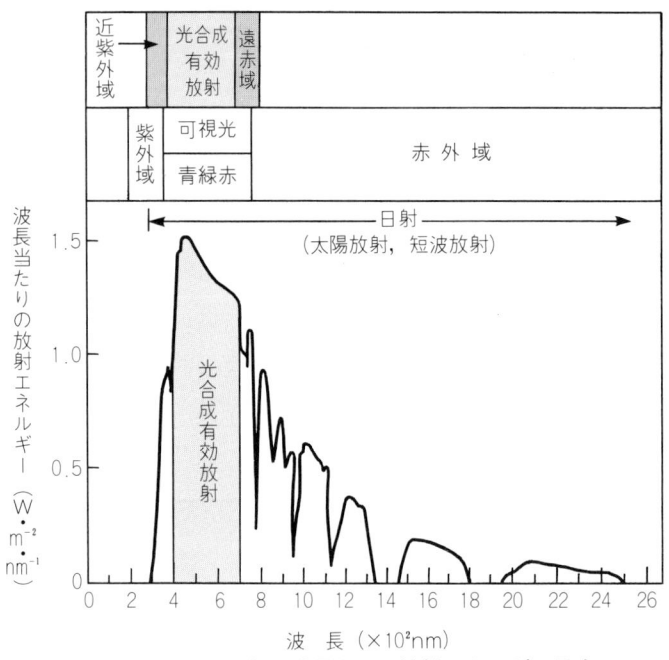

図3-1 地上でうける日射の波長当たり放射エネルギー分布
（山本雄二郎による）

2 日射強度と照度

日射強度　日射強度[1]は、単位時間に単位面積がうける（または通過する）日射エネルギーの量を意味している。

日射強度の単位は、ふつう、W・m^{-2} であらわす。W＝J・s^{-1} であるから、日射強度はJ・m^{-2}・s^{-1} ともあらわせる[2]。

他の波長域に関しても、日射強度と同様に、光合成有効放射強度、近紫外放射強度などが定められる。しかし、放射波長域をとくに定めずに、放射強度、光強度などということもある。

単位時間を1秒ではなく、1時間、1日、1か月、1年とするときは、日射量または光量ということが多い。また、そのことを積算光量・積算日射量というばあいもある。そのばあい、単位はJ・m^{-2}・d^{-1} やJ・m^{-2}・y^{-1} などと、単位となる時間を明示してあらわす[3]。

放射や光に関しては、その波長域または放射（光源）の種類だけでなく、単位となる時間が何であるかに注意しなければならない。

照度　わたしたち人間が目に感じる明るさをあらわす単位で、lx（ルクス）で表示される。人間の目は、日射強度や光合成有効放射強度などに比例して明るさを感じるわけではない。青の波長（約470nm）や赤の波長（約600〜700nm）よりも、緑の波長（約500〜530nm）をより明るく感じる（図3-2）。したがって、たとえば緑の波長域をあまり含まず、赤や青の波長域の放射

(1) 照射日射強度あるいは日射フラックスとよぶこともある。
(2) それぞれ W/m^2、W＝J/s、J/(m^2・s) とあらわすこともある。s は秒を示している。

(3) それぞれ J/(m^2・d)、J/(m^2・y) とあらわすこともある。d は日、y は年を示している。

を多く含むばあいには，光合成有効放射強度が高い割には照度は低くなる。このことからわかるように，照度は植物の光合成に関する光強度をあらわすには適切ではない。

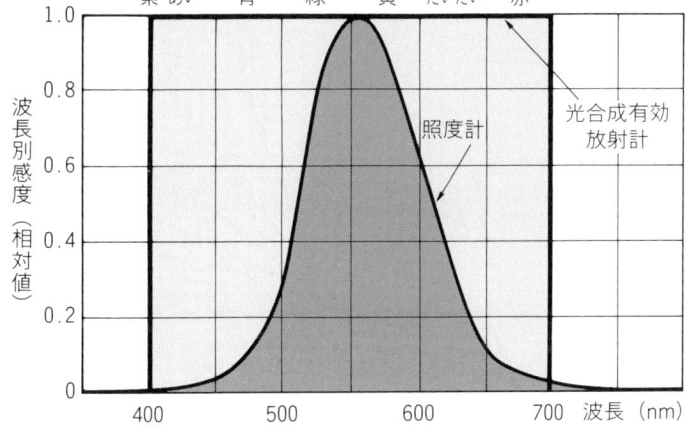

測定

日射強度は，波長300〜2,500 nmの放射に等しく感じる放射計(日射計のこと，図3-3)を用いて測定する。それ以外に光合成有効放射計・紫外放射計などがあり，放射計の感部が感じる波長域がことなる。しかし，それぞれの波長域では，どの放射計でも放射強度に比例した測定値を得ることができる。

照度の測定には照度計が用いられ，感部の波長感度[1]が人間の目の波長感度にあわせてある。照度の測定値は，一般に，光合成有効放射強度などの測定値には比例しない。

図3-2 照度計と光合成有効放射計の波長別感度（模式図）

図3-3 日射計

[1] 測定器具が感じ取る波長ごとの感じやすさのこと。

③ 日照時間と日長

日射に関することでわたしたちがよく使っていることばに，日照時間とか日長という用語がある。

日照時間
太陽が雲・霧・雨・雪などにさえぎられることなく，直接地上を照らした時間，つまり晴天の時間のことで，それを記録する計測器具が日照計である。したがって，ある期間の日照時間は，かならずしもその期間の積算日射量に比例しない。

日長
日の出前の薄明の時刻から，日没後の薄暮の時刻までの時間のことで，緯度によってことなり，また，1年間のなかでも変化する（図3-4）。日長は，作物の花芽分化など，栄養成長から生殖成長への転換の重要な要因となっている。信号源としての光に影響される花芽分化などは，日射強度がきわめて弱い朝夕の日射にも影響されることがある。

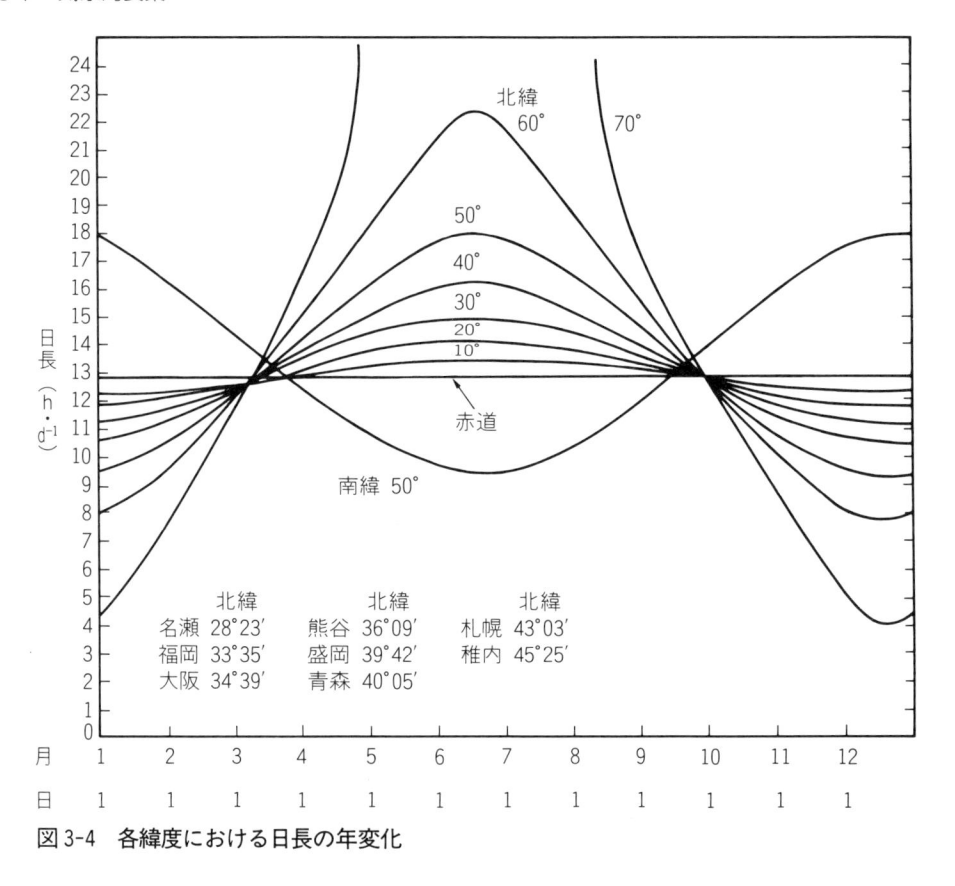

図3-4 各緯度における日長の年変化

❷ 温　度

　温度は，植物の光合成・呼吸・蒸散などの成長にかかわる生理作用と，休眠・発芽・花芽分化などの発育にかかわる生理作用との両方に関係し，その結果，植物の生育のあらゆる側面に影響をおよぼしている。また，温度は，栽培環境要因のなかでは，人間が比較的調節しやすい要因であることから，温度を調節することによって作物の生育を調節することは，主要な栽培技術となっている。

　空気の温度を**気温**，土壌の温度を**地温**，水の温度を**水温**，葉面の温度を**葉温**といった使いかたをする。

1 温度を表現する二つの方法

℃とK　温度の単位には，二つの表現方法がある。1気圧のもとでの水の氷点を0度，沸点を100度として，そのあいだを100等分して1度としたものが**セルシウス温度**

(単位：℃)である。物理学的に考えられる最低温度(−273.15℃)を0度とし，1度の間隔をセルシウス温度と同様に目盛ったものが**絶対温度(単位：K)**である。0Kは−273.15℃に等しく，273.15Kは0℃に等しい。

前者は生活や産業分野でひろく用いられ，後者は基礎科学の分野でひろく用いられている。わたしたちが栽培環境を考えるときに用いている温度はおもにセルシウス温度である。

測定 温度計には，**ガラス棒状温度計・抵抗温度計**(図3-5)などがある。ガラス棒状温度計は，ガラス棒中の水銀またはアルコールの容積が温度上昇につれて増大する原理を応用したものである。使いかたはかんたんだが，温度の読取りは目でおこなうこと(目視とよぶ)になるため，温度を連続して記録するばあいには適さない。抵抗温度計は，白金などの金属または半導体の電気抵抗が温度によって変化する原理を応用している。測定温度を電気信号としてとり出すことができるので，連続記録に適している。

これらの温度計のほかにも，感部が小さく微細部分の連続測定に適している熱電対温度計[1]などが利用されている。

気温をより正確に測定するには，感部が日射を直接うけないようにしたり，感部の周辺にじゅうぶん風がとおるように配慮したりする。

図3-5 抵抗温度計

[1] ことなった2種類の金属を接触させると，接触面にそこの温度に対応した起電力が生じる現象を利用した温度計。

② 平均気温，最高・最低気温，積算気温

平均気温，最高・最低気温は，ある期間(日・月・年など)あるいは，ある空間(水平的・垂直的)の気温の，それぞれ，平均，最高および最低を意味する。**積算気温**は，ある期間における毎時・毎日の気温の積算値であり，ふつう日平均気温の積算値であらわす。気温から植物の生育限界気温(植物の生育活動がほぼ停止する気温)を差し引いた値の積算値を**有効積算気温**とよぶ。すなわち，〈日平均気温−生育限界気温〉の積算値である。作物の開花・結実などは，その作物の播種日からの有効積算気温が一定の値に達したときにみられることが多い[2]。

[2] 生育限界気温には，5℃，7℃，10℃などが選ばれることが多い。生育限界気温を10℃としたばあい，たとえば発芽から収穫までに必要な有効積算温度は，ジャガイモ・コムギで1200℃日以上，トウモロコシで1600℃日以上，ダイズはおよそ2000℃日以上である。

❸ 湿　度

湿度は空気の乾湿のていどをあらわし，作物の蒸散などの基本生理作用に影響をあたえ，養水分の吸収や葉面温度（葉温）などに深くかかわっている。

湿度の表現方法にはいくつかの方法があるが，栽培環境を学ぶうえで重要なものは，つぎの二つである。

相対湿度

空気が含むことのできる水蒸気の量は，温度が高いほど多い。相対湿度とは，ある温度の空気が含むことができる水蒸気の最大重量（飽和水蒸気量）に対する，実際に含んでいる水蒸気量の百分率（％）である。水蒸気をまったく含んでいない，相対湿度０％の空気を**乾き空気**[(1)]とよぶ。

絶対湿度

ある空気中に含まれている水蒸気重量を，その空気の乾き空気の重量当たりであらわしたもので，その単位は $g \cdot kg^{-1}$ である。

ある温度での絶対湿度の最大値である**飽和絶対湿度**は，温度が高いほど大きくなる（図3-6）。蒸発速度や蒸散速度は，飽和絶対湿度と実際の絶対湿度との差にほぼ比例する。また，相対湿度が同じばあいには，温度が高いほど上に述べた絶対湿度の差は大きくなる。

測　定

相対湿度または絶対湿度を直接測定する湿度計には，毛髪湿度計・半導体湿度計・高分子膜湿度計などがある（図3-7）。

一般には，乾湿球温度計[(2)]で，乾球温度と湿球温度をはかり，線図（湿り空気線図とよばれる）を用いたり，計算によって相対湿度や絶対湿度をもとめることが多い。

(1) 乾き空気重量＝空気重量－その空気に含まれている水蒸気重量
(2) 乾球温度は気温のこと，湿球温度は，乾球の感部を水でぬらし通風して測定したときの温度である。

相対湿度が100％のときは，乾球温度＝湿球温度となる。それ以外のばあいは，乾球温度＞湿球温度となる。

図3-6　気温と飽和絶対湿度との関係

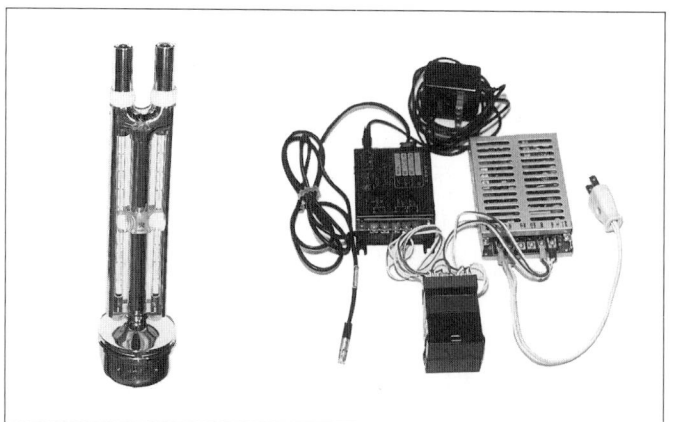

図3-7　湿度計のいろいろ（左：アスマン式通風乾湿球湿度計。右：高分子膜湿度計と半導体温度計が一体となった温湿度計）

❹ 二酸化炭素濃度

　空気中の二酸化炭素（CO_2）は，水や無機養分とともに，植物が光合成によって有機物を生産するときの原料である。また，植物を含むすべての生物が，呼吸によって二酸化炭素を放出している。

空気中の二酸化炭素濃度　空気中の二酸化炭素濃度の現在の平均値は，約$350 cm^3 \cdot m^{-3}$（ppmという単位が用いられることが多い）である。この濃度は過去40年以上にわたって，年間$1 cm^3 \cdot m^{-3}$ずつ上昇しつづけている（図3-8）。

(1)　μm（マイクロメートル）は100万分の1（10^{-6}）m。

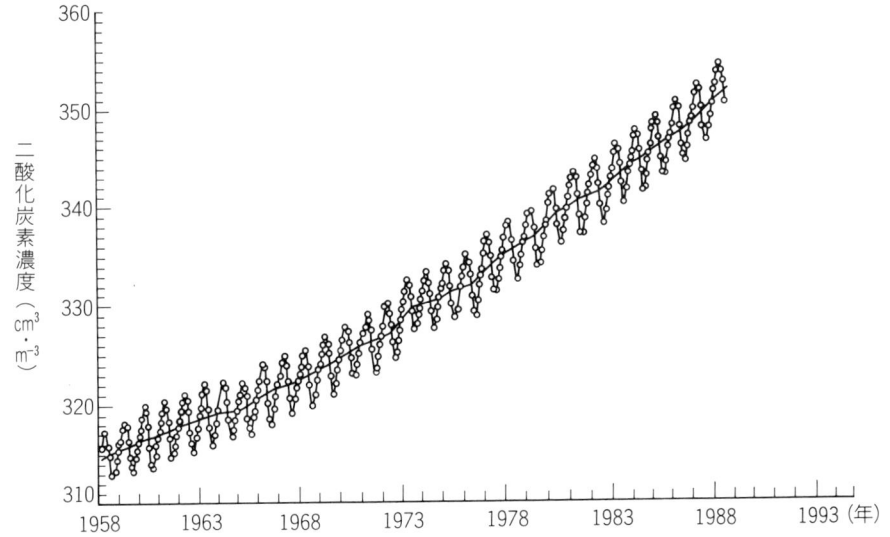

図3-8　アメリカ合衆国ハワイ州のマウナ・ロア観測所で観測された二酸化炭素濃度の経年変化
［注］　二酸化炭素濃度は，昼間は低く，夜間に高くなり，また，夏に低く，冬に高くなる。
　　　それらの年平均値は，毎年約$1 cm^3 \cdot m^{-3}$（ppm）ずつ高くなっている。

測定　空気中の二酸化炭素濃度の測定には，ふつう，赤外放射吸収方式が利用されている（図3-9）。これは，空気中の二酸化炭素濃度が高いほど，その空気が特定の波長の赤外放射をよく吸収する性質を利用したものである。

　測定しようとする空気を小さな筒のなかに導き，筒の一方の端から特定波長の赤外放射を発し，そのうちの波長域$8〜12\mu m$ (1) の部分の放射が筒のなかでどれくらい吸収されるか，その吸収割合の大小を二酸化炭素濃度の高低に換算して測定する方

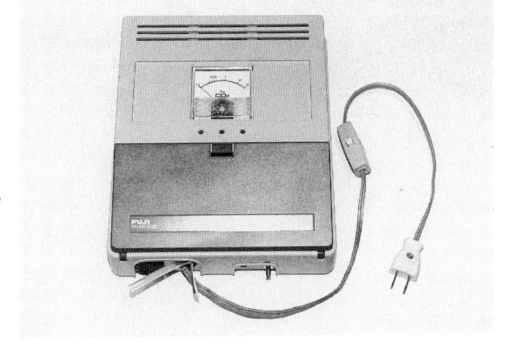

図3-9　二酸化炭素濃度測定器具

❺ 風と空気流動

植物の光合成や蒸散，植物の周囲の微細な物理環境にとって，風は風速・風向だけでなく，そのみだれぐあい（うず，そよぎ，または風の息[(1)]など）が重要な役割を演じている。

(1) 風の向きや風速がほぼ規則的に変化すること。

風速と気流速度　風とは屋外での空気の流動をいい，水平方向の空気の流動速度を風速という。風はふつう，風速と風向の二つの要素であらわされる。

園芸施設内の空気流動は気流ともよばれ，その速度をふつうは気流速度とよんでいる。

空気流動のはたらき　作物付近の空気が少しも流動しなければ，昼間においても作物の蒸散と光合成はきょくたんにおさえられ，作物は正常に成長することができなくなる。これは，施設内全体の二酸化炭素濃度を高くしても，空気が静止していると，葉面のごく近くの二酸化炭素濃度が光合成によって低くなっても補給されないなどの理由からである。

また，空気流動がなければ，湿度・気温・葉温などの施設内の分布も不均一になりやすい。

空気流動は，病気の発生防止にも有効であるといわれている。冬季の朝方などに作物がぬれていると，その場所で菌の胞子が発芽しやすくなるが，空気が動いていれば，作物の乾きがはやまって菌の胞子の発芽をおさえると考えられるからである。また，空気流動は作物の葉を振動させ，その結果として，光が作物の下方まで透過し，下方の葉がうける光量を増大させる効果ももっている。

空気流動に関しては，ある方向の気流速度が低くても，気流がみだれていると（方向と速度の変化が大きいと），一定方向の気流速度が大きいばあいと同じ効果がある。風は，風害との関係で問題にされることが多いが，風速が $1\,\mathrm{m \cdot s^{-1}}$ ていどであれば，植物の光合成や蒸散を促進するはたらきがあることに注目すべきである。

3 気象的要素の変動と作物の成長

❶ 光合成と呼吸

　光合成は，緑色植物が，光エネルギーを利用して空気中の二酸化炭素と根から吸収した無機物を用いて葉緑体内で有機物を合成する生理作用である。呼吸は，体内へ酸素をとり込んで有機物などを分解し，生物が成長または生存していくのに必要なエネルギーをとり出す生理作用である（図3-10）。そこに，気象的要素がどうかかわっているのかをみていくことにしよう。

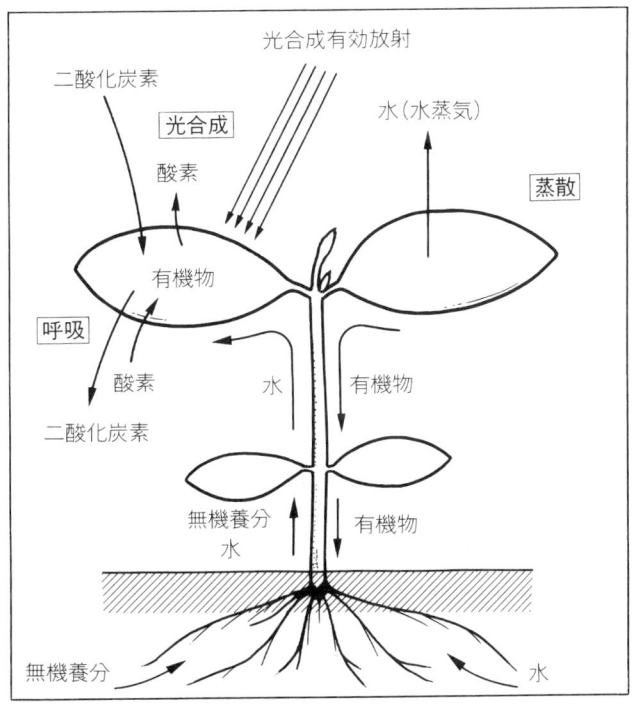

図 3-10　植物の基本的生理作用（光合成，呼吸および蒸散）を示す模式図

① 正味光合成速度と呼吸速度

正味光合成速度と成長　光合成では有機物が合成され，呼吸では有機物が分解される。したがって，合成された有機物のうちの一部だけが実際に植物体内に残る。式であらわすとつぎのようになる。

$$\text{正味光合成速度} = \text{真の光合成速度} - \text{呼吸速度}^{(1)}$$

　一般に，正味光合成速度が大きいほど植物の成長はさかんとなり，植物体も大きくなる。

正味光合成速度の推定法　二酸化炭素は，光合成では吸収され，呼吸では放出されることから，植物の二酸化炭素の正味の吸収速度と放出速度を測定することによって，それぞれ正味光合成速度，呼吸速度を推定することができる。

(1) 正味(net)光合成速度のことを，みかけの光合成速度ともいい，真の光合成速度のことを総(gross)光合成速度ともいう。真の光合成速度を直接に測定することは困難なので，正味光合成速度と呼吸速度から，真の光合成速度を間接的にもとめる。

呼吸速度 暗黒下，つまり光合成有効放射がゼロの環境では，植物は呼吸だけをおこなっている。このときの単位時間当たり・単位葉面積（または植物体重量）当たりに放出された二酸化炭素の量を測定して，呼吸速度とする。単位は$mol・m^{-2}・s^{-1}$ [1]，または$g・m^{-2}・s^{-1}$であらわす[2]。厳密にはこの呼吸速度を暗呼吸速度という。暗呼吸速度は，温度の上昇につれて上昇し，一般に，5℃ていどではきわめて低く，25～30℃では急激に増大する。

正味光合成速度 光合成有効放射がゼロでないばあいには，植物は光合成と呼吸の両方をおこなっている。光合成有効放射強度が小さいばあいには，呼吸速度が真の光合成速度を上回る。光合成有効放射強度がしだいに大きくなると，真の光合成速度が呼吸速度を上回るようになる。その差（正味）を二酸化炭素の吸収速度として測定することができる。単位面積当たり（あるいは重量当たり）・単位時間当たりの正味の二酸化炭素吸収量を正味光合成速度とする。単位は$mol・m^{-2}・s^{-1}$または$g・m^{-2}・s^{-1}$であらわす。

真の光合成速度 呼吸速度を差し引かない，植物がおこなった光合成による二酸化炭素の吸収速度が，真の光合成速度である。真の光合成速度は，正味光合成速度と呼吸速度の和としてもとめられる。

真の光合成速度がプラスであったとしても，もしそれが呼吸速度より小さければ，正味光合成速度はマイナスになる。呼吸速度，正味光合成速度，および真の光合成速度の単位は同じである。

光合成速度というばあい，それが正味光合成速度のことなのか，真の光合成速度のことなのか，その意味するところに注意しなければならない。

② 光合成有効放射強度と正味光合成速度

光合成有効放射強度と光合成 一般に，光合成有効放射強度が大きくなると，あるところまでは正味光合成速度は大きくなる関係がなりたつ。

光−光合成曲線 光合成有効放射強度と正味光合成速度との関係を示したものが光−光合成曲線である（図3-11）。この関係は，植物の種類・二酸化炭素濃度などがことなればかわってくる。

光補償点と最大正味光合成速度 図3-11で，正味光合成速度がゼ

---

[1] mol（モル）は物質量をあらわす単位で，その物質を構成する原子や分子などがアボガドロ数（$6.02×10^{23}$）だけ集まったときの量を，1 molという。光合成・呼吸のばあい，その物質は二酸化炭素（CO_2）分子を意味し，44gが1 molである。

[2] 単位時間には分（m），時（h），単位面積にはcm^2，aなども用いられる。光合成速度のばあいも同様である。

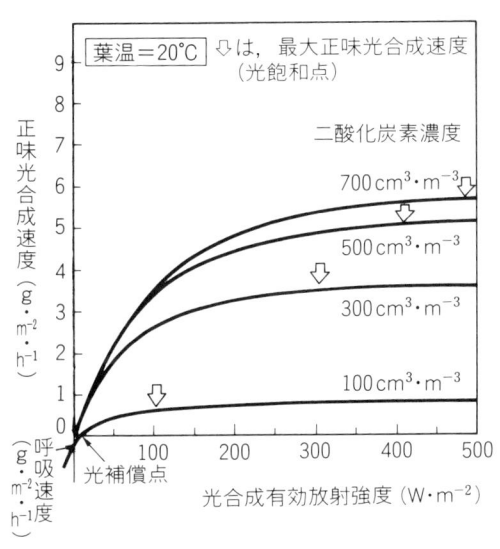

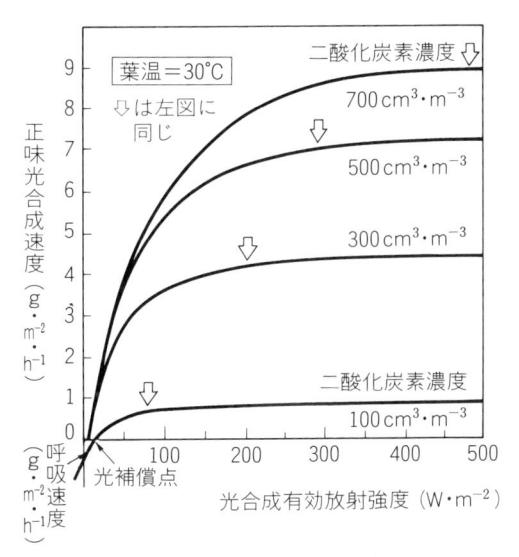

図 3-11 正味光合成速度におよぼす光合成有効放射・二酸化炭素濃度・葉温の影響例（模式図）

ロのときの光合成有効放射強度を，**光補償点**とよぶ。光合成有効放射強度が増大しても正味光合成速度が増大しなくなったときの正味光合成速度を**最大正味光合成速度**とよび，そのときの光合成有効放射強度を**光飽和点**とよぶ。光合成有効放射強度がゼロのときの値が呼吸速度である。

二酸化炭素濃度と温度の影響

図3-11でわかるように，最大正味光合成速度の値は，二酸化炭素濃度と温度によってことなる[1]。また，正味光合成速度は，ある温度以下，あるいはある温度以上になると低下し，最大になる温度がある。この温度は作物の種類によってことなるが，多くのばあいは25～35℃の範囲である。これは，25～30℃以上になると呼吸速度は急激に増大するが，真の光合成速度は増大しないことがおもな理由である。

[1] 厳密には，葉に近接した部分の二酸化炭素濃度と葉温が問題になる。

❷ 光合成と蒸散

正味光合成速度は湿度や気流速度などによってもことなる。ここでは，成長に関係する基本的生理作用である光合成と蒸散について，気流速度や湿度などの気象的要素がどう関係しているのかについて学ぶことにしよう。

1 蒸散速度

蒸散は，植物体内の水が気化して水蒸気となり，おもに葉の気孔を通じて，空気中に移動することをいう。

作物でおおわれた農地や森林に，快晴日の昼間に足を踏み込んだとき，それまでとはちがったひんやりとした空気を感じるだろう。これは，植物の蒸散作用による気温の低下によるところが大きい。蒸散がおこなわれるときに周囲から気化熱[1]をうばうので，蒸散が多いほど周囲の空気の温度上昇がおさえられることになるからである。

蒸散速度は，そうした蒸散の量を単位面積当たり・単位時間当たりでみたもので，単位は$mol \cdot m^{-2} \cdot s^{-1}$または，$g \cdot m^{-2} \cdot s^{-1}$であらわされる。この単位は，呼吸速度や正味光合成速度と同じである。

蒸散速度は周囲の気温に影響をあたえているだけでなく，植物自身の体温や正味光合成速度にも深くかかわっている。

[1] 物質が液体から気体にかわることを気化といい，そのときに周囲からうばう熱のことを気化熱という。水のばあいには，$2,500 J \cdot g^{-1}$。

2 湿度・気流速度と蒸散・光合成の関係

蒸散速度と正味光合成速度は，下のような式によってもとめることができる。

蒸散速度＝係数×(気孔中空気の絶対湿度－周辺空気の絶対湿度)×気流速度

正味光合成速度＝係数×(周辺空気の二酸化炭素濃度－気孔中空気の二酸化炭素濃度)×気流速度

二酸化炭素濃度・気流速度と光合成

上の式からわかるように，正味光合成速度は，葉の気孔中の二酸化炭素濃度とそこから少し離れた場所の二酸化炭素濃度の差と，植物付近の気流速度とをかけた値に，さらに特定の係数をかけてもとめることができる。つまり，正味光合成速度は，空気中と気孔中の二酸化炭素濃度の差が大きくなるほど，また，あるていどまでは気流速度が大きくなるほど増大する。

しかし，気流速度が大きくなればなるほど，正味光合成速度がかならず増大するわけではない。それは，以下に述べるように，蒸散速度と葉の気孔の開度との関係が問題になるからである。

湿度・気流速度と蒸散速度

蒸散速度は，正味光合成速度と同様に，葉の気孔中の空気の絶対湿度とそこから少し離れた場所の空気の絶対湿度の差に気流速度をかけた値に，特定の係数をかけてもとめることができる（➡p.54）。つまり，気孔中と気孔周辺の空気の絶対湿度の差が大きいほど，また，あるていどまでは気流速度が大きいほど増大する。

気孔中の空気の絶対湿度は，そのときの葉温下の空気の飽和絶対湿度（➡p.48）にほぼ等しいため，蒸散速度は気孔の周辺の空気の絶対湿度が低いほど大きくなる。

気流速度と蒸散速度・正味光合成速度

気流速度があるていど（$1～2\,\mathrm{m\cdot s^{-1}}$）以上大きくなったばあいを考えてみよう。蒸散速度の式からわかるように，気流速度が大きくなるにつれて蒸散速度は大きくなる。しかし，さらに気流速度が大きくなると蒸散速度が大きくなりすぎて，その結果，植物体内の水分が欠乏し，気孔がとじはじめる（気孔開度[1]が小さくなる，という）。気孔がとじると，気孔を通じての水蒸気の移動がしにくくなるので，蒸散速度は増大しなくなる。同時に，空気中の二酸化炭素が気孔を通じて葉内に流入しにくくなる。いいかえれば，気孔開度が小さいほど式の係数の値が小さくなるので，その結果，蒸散速度・正味光合成速度とも小さくなってしまう。

[1] 気孔の開閉のていどを気孔開度とよぶ。

したがって，気流速度の増大が蒸散速度と正味光合成速度の増大に結びつくためには，葉の周辺の空気の相対湿度が高く，また，土壌水分が高くて，気流速度が大きくなっても，植物が水分欠乏にならず，気孔がとじないことが条件となる（図3-12）。

蒸散はおもに昼間におこなわれている。これは夜間には空気の相対湿度が高くなり，気孔中の空気と周辺の空気との絶対湿度の差が小さくなること，および夜間には気孔開度が小さくなることによる。

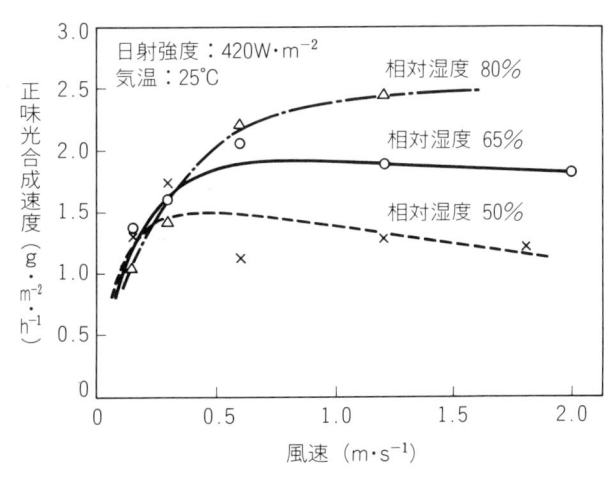

図3-12　風速，相対湿度とキュウリ葉の正味光合成速度との関係　（矢吹万寿・宮川秀夫『農業気象』昭和45年による）

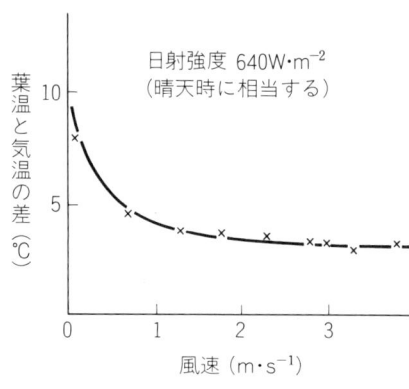

図3-13 ミカンの葉温と気温の差におよぼす風速の影響
（武智修ら『農業気象』昭和37年による）

葉温

　気温は，地上部物理環境の温度状態であり，葉温は植物の温度状態である。植物の生理作用は，直接的には気温ではなく，植物体温，とくに葉温に影響される。

　葉温は，気温に強く影響されるが，そのほかに日射強度・気流速度・蒸散速度などにも影響される。つまり，葉温は，環境に対して植物が反応している状態の表現の一つで，かならずしも周囲の気温とは一致しない。晴天の昼間では，葉温は気温より高く，そのていどは風速が小さいほど大きくなる（図3-13）。

参考　葉温・色・草丈・葉面積をはかる新しい測定法

　葉温測定　葉温測定には，赤外放射温度計が用いられている。これは，葉が放射している赤外放射の波長とエネルギー強度が，その葉の温度と強く関係していることが利用されており，葉温の遠隔測定が可能である。

　カメラ式の赤外放射温度計（熱映像カメラ）を用いると，葉の一部，葉全体，植物全体の温度分布などを，カラー映像としてとらえることができる。人工衛生から地上の植生の状態を観測するのは，この原理を応用したものである。

　色測定　イネの葉色や果実の着色のていどをみるために，これまでカラースケールが利用されてきたが，現在では，植物を特殊なカメラで撮影し，その画像データをコンピュータで処理して，色に関する特性を取り出す方法も用いられるようになってきた。複数のカメラで撮影すれば，立体的な形態に関する情報をコンピュータで処理することによって得ることができる。

　今後の課題として，コンピュータを利用した施設内での果実の収穫適期の判定など栽培場面での実用化がめざされている。

　草丈・葉面積測定　現在，施設内で栽培される植物については，2か所に設置されたカメラからの映像データをもとに，草丈や葉面積などをコンピュータを利用してもとめる方法が研究されている。

練習問題

(1) 可視光，光合成有効放射，遠赤光，近紫外放射，赤色光といった光の波長域を調べ，それらの光の特徴を調べてみよう。

(2) 日照時間と日長のちがいを整理して，それらが植物の生育にどのような影響をあたえているかを考えてみよう。

(3) 稲作を材料に，品種ごとに播種から開花までの有効積算気温，開花から成熟までの有効積算気温を調べてみよう。ただし，生育限界気温を5℃とする。

4 気候の栽培への応用

❶ 多様なわが国の気候

わが国の国土は，北緯24°の沖縄県から北緯45°の北海道まで南北に細長くのびているため，気候は亜熱帯から亜寒帯にまでまたがっている。その中央部には山脈がはしり，周囲を海に囲まれている。地形が複雑で，しかも海流の影響を複雑にうけるために，地方のあいだでの中気候の差がはなはだしく大きい（図3-14）。

この節では，園芸を例に，中気候と農業生産の関係を考えてみることにしよう。

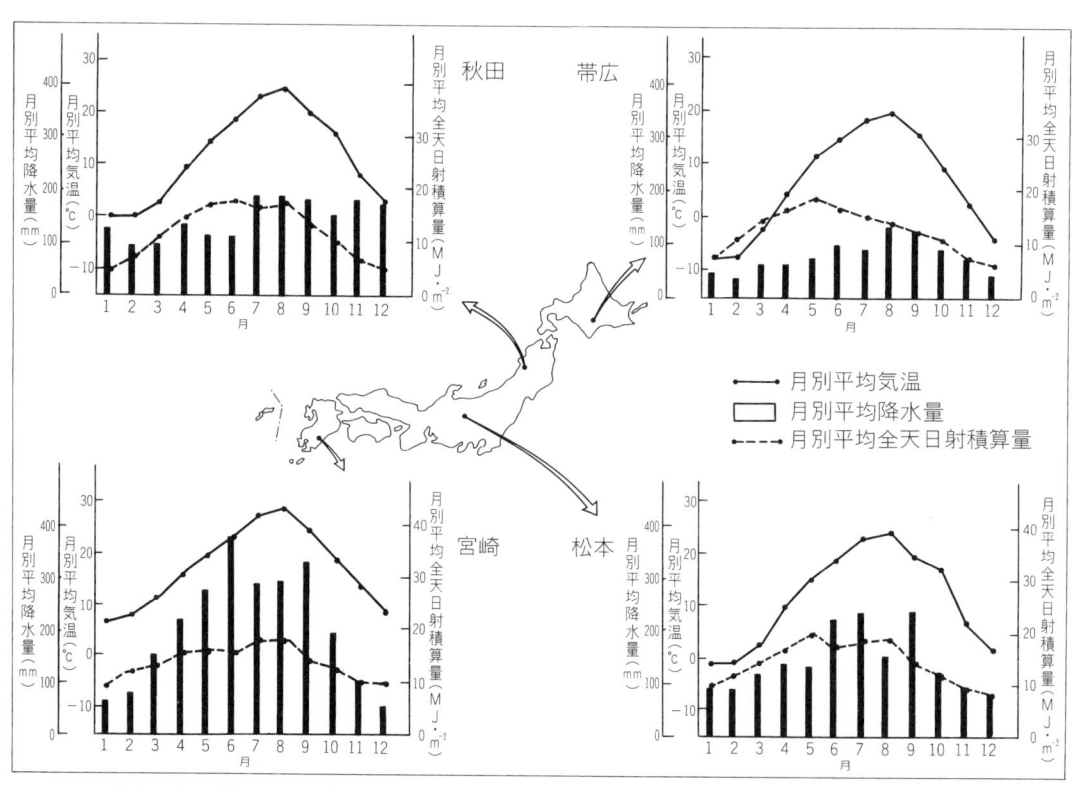

図3-14 地域による気候のちがい（例） （国立天文台編『理科年表』平成4年により作図）

❷ 気候を利用した栽培

1 果樹栽培

主要果樹のうち，リンゴとカンキツ（ミカン類）が栽培されている

地帯をくらべてみると，両地帯の温度条件が大きくことなることがわかる。

温度条件の適不適 リンゴは気温18〜20℃でよく成長するのに対して，カンキツは25〜30℃でよく成長する。

低温に対する強弱 落葉果樹のリンゴが冬季の低温に強いのに対して，常緑果樹のカンキツは冬季の低温に比較的弱い。

こうした果樹そのものがもっている生理的特性に応じて，リンゴは青森県や長野県などの比較的冷涼な気候の地帯で栽培され，カンキツは静岡・和歌山・愛媛県，九州各県など比較的温暖な気候の地帯で栽培されている。

2 高冷地園芸

野菜や草花には，夏に冷涼で，しかも昼夜の温度差の大きい気候のもとで，高品質の生産物を得ることができる種類が多い。

そのため，高冷地の条件をいかした夏出しのキャベツやレタスなどの野菜栽培，リンドウやカーネーションなどの草花栽培が，こうした気候条件と比較的近くに大消費地がある条件とをあわせもっている長野県や群馬県などでおこなわれている。

また，イチゴでは，収穫時期をはやめるために，夏のあいだ，苗を高冷地に移して花芽分化に必要な低温・短日条件をあたえ，その後に苗を高冷地からおろして栽培する，山上げ栽培が古くからおこなわれている（図3-15）。

図3-15 **イチゴの山上げ栽培**（後方の施設で苗に短日条件をあたえる）

3 暖地園芸と寒冷地園芸

冬季の気温が高い暖地では，冬季の施設栽培の暖房費用が少なくてすむ利点をもっている。作物の種類によっては，暖房が不要な地域もある。こうした暖地の利点をいかした施設園芸が，高知県，九州各県，沖縄県などでさかんである。

冬季の栽培が中心であったこれまでの施設栽培も，最近では年間を通じて施設のなかで生産をおこなう周年栽培がさかんになりつつ

あり，暖地の施設栽培では，夏季の高温の害が問題になっている。

こうした暖地の施設栽培に対して，夏季が比較的冷涼な気候を利用した施設栽培が北海道などで普及しつつある。春秋および冬季の低温対策として施設を利用することによって，これまでは暖地で栽培して北海道まで輸送していた野菜を北海道で栽培し，地元で消費する形態が生まれている。

施設費をかけて栽培しても，暖地から運んでくるよりは，輸送費用の節減や地元園芸の振興，新鮮な生産物の供給などの点で，有利な面があるからである。

5 農業気象災害とその防止

❶ さまざまな気象災害

気象による災害は，人間の力のおよばないことも多い。しかし，被害のていどを小さくすることは，人間の知恵でじゅうぶん可能である。園芸作物などの栽培に施設を利用する目的の一つには，作物をそうした気象災害全般から保護することにある。

農業への気象災害には，作物に直接的に害をおよぼす，**冷害・凍霜害・寒害・風害・高温害・干害・水害・雪害・ひょう害・塩害**などのほかに，耕地に害をおよぼす風や水による土壌侵食，さらには，農業施設や園芸施設の倒壊などもある。この節ではおもに，風害と凍霜害，および冷害について，その被害の出かたと防止法について学ぶことにしよう。

❷ 風害とその防止

風害とは　**被害の二つのタイプ**　強風による作物への被害としては，①落葉・落花・落果・倒伏などの物理的損傷，②物理的損傷をうけた作物に，塩分などが付着したり，その後の乾燥・高温などの害，あるいは病原菌の感染が重なって生じる複合型被害，の 2 種類に分けることができる。②の複合型

被害は，たとえば海岸近くで発生する風害がある。強風による物理的損傷に加えて，空気中に含まれている塩分が作物に付着することによる生理的障害(塩害)をともなうからである。

被害の出かた

発生時期 わが国では，風害の多くは，毎年7〜9月に上陸する台風によってもたらされることが多い[1]。台風による風害のほか，冬季の季節風や山岳地方で吹きおろす局地的な強風，突発的に発生するたつ巻きなどによる被害もある。

生育時期と被害のていど 風速が同じであっても，作物の生育時期によって風害のていどはことなる。たとえば，イネでは出穂・開花時期に強風におそわれると穂に障害があらわれ，その被害が大きい。果樹のばあいは，果実の成熟期の強風の被害が大きく，果実の落下などの大被害をもたらす。

対　策

事前対策 ①強風が吹く時期は地域によってはかなり一定している。そのような地域では，強風の吹く時期に開花・成熟するような作物や品種の栽培をさけるくふうが必要である。

②耕地に吹きつける強風を弱めるには，防風林(図3-16)・防風ネット・防風垣などを設置する。ただし，こうした防風林などによって風下の風速を弱める効果は，防風林の高さの十数倍の距離までである(図3-17)。

応急対策 ①水田のばあいは深水にする。②収穫期の果樹のばあいは，強風がくる直前に収穫を終える。③塩害をともなう風害のばあいは，風害の直後に散水して付着した塩を洗い流す，などの応急対策がある。

[1] 台風の上陸箇所は九州地方がもっとも多く，ついで東海地方，四国地方，近畿地方とつづき，東北・北海道はもっとも少ない。

図3-16　防風林

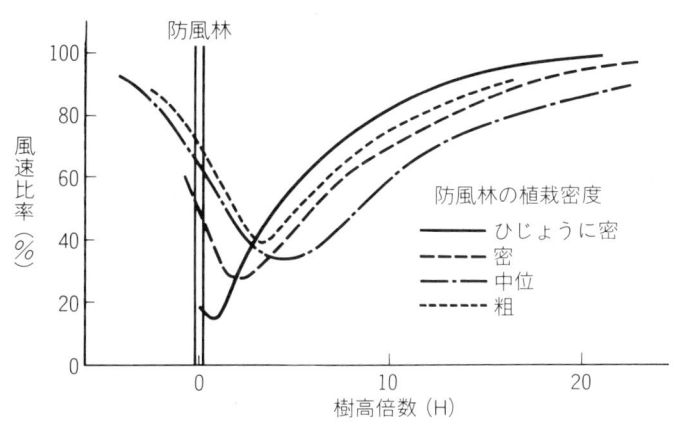

図3-17　種々の植栽密度をもつ防風林帯前後の風速分布（高さ1.4 m）

［注］風速比率：防風林から遠く離れた位置の風速を100％としたときの比率。
樹高倍数：防風林の高さを1としたときの，防風林からの相対的距離。
（Naegeli，1946年による）

❸ 凍霜害とその防止

凍霜害とは　春や秋に，夜間から早朝にかけて急激に気温が低下したときに，作物の組織が凍結して生理障害をひきおこしたり枯死したりする災害をいう。凍霜害をたんに霜害ともいうが，作物への害の直接の原因は霜によるものではなく，植物組織の凍結である。

原因は同じでも，冬に発生した凍霜害は寒害とよんで区別しており，寒風による物理的損傷の害も含んでいる。

被害の出かた　**発生時期**　春に発生した凍霜害を晩霜害，秋に発生したものを初霜害ともよぶ。わが国では，晩霜害は4～5月(図3-19)，初霜害は10～11月に多く発生する。ただし，北海道では7月に晩霜害が発生することがある。

植物体温[1]と被害　作物の種類や生育時期によって被害の出かたはことなるが，おおよそ植物体温が－2℃以下に30分以上おかれると発生することが多い。一般に，凍霜害は，晴天で弱風(風速1 m･s^{-1}ていど以下)の日の深夜から早朝にかけて発生する。

晴天で弱風の夜では，植物体温は気温より1～3℃低くなっている(図3-18)。これは，夜間放射冷却[2]にともなう現象である。このばあい，風速が増大するほど植物体温は上昇し，気温に近づく。

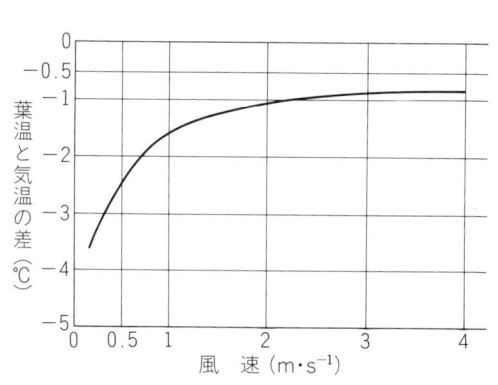

(1) 植物全体の温度状態のことで，葉温など部位ごとに区別してよぶこともある。
(2) 夜間，地表面からの赤外放射エネルギーの放出によって地面温度が低下した結果，地面と接した部分の気温がその上部の気温より低くなること(気温逆転)によって，周辺気温が全体的に低下すること。晴天の夜のばあい，放射冷却が強く，とくに弱風のばあい，地面付近の気温の低下が大きく，また，気温にくらべて葉温の低下が大きくなる。

図3-18　夜間快晴時における葉温と気温の差におよぼす風速の影響（葉温は気温より低い）
（小沢行雄による）

生育時期と被害のていど　凍霜害をうけやすい作物は，マメ類・ジャガイモ・トウモロコシ・ムギ類・野菜類などの畑作物，クワやチャ，果樹類などである。クワやチャは，発芽してから5～6葉が展開するまでの時期に被害をうけやすい。果樹は開花以後が弱く，とくに落花直後の幼果の時期に被害をうけやすい。カキやブドウでは，前の年に伸びた枝の芽が被害をうけやすい。

地形と被害のていど　凍霜害のていどは，わずかな地形(小気候)

のちがいによって，大きくことなる。たとえば，くぼ地・谷底・盆地の底・傾斜面の下のほうなどの地形では，夜間放射冷却による地面付近の気温の低下が大きいために被害が発生しやすく，その被害も大きくなりやすい。

対　策　**応急対策**　その場所での強い夜間放射冷却の気象予報が出されたり，その地域で凍霜害予報が公的機関で出されたりしたら，ただちに以下のような対策をする必要がある。

夜，晴天・弱風の気象条件のもとで，植物体温を上昇させるには，①付近の気温を上昇させる，②作物上部の放射冷却を弱める，③風速を$1～2\mathrm{m\cdot s^{-1}}$まで強める，などの方法がある。実際に用いられている方法に，被覆法・送風法・散水氷結法などがある。

被覆法は，チャ・クワ・カンキツなどで普及している方法で，樹園全体または作物全体を寒冷しゃなどの合成繊維の布でおおって，作物を保護する。上に述べた①と②がこの方法にいかされている。

送風法は，出力$1～2\mathrm{kW}$の送風扇で，放射冷却による気温逆転が生じている地上10mていどの高さまでの空気を上下にかくはんして，地面に近い部分の気温が下がることを防ぐとともに，植物付近の気流速度を上昇させて，葉温を気温に近づける方法である。上に述べた①と③がいかされている。

散水氷結法は，作物体にスプリンクラーなどによって連続散水して，作物体表面の水を連続的に凍らせることによって，植物体温を0℃ていどに維持し[(1)]，作物の組織の凍結を防ぐ方法である。これは，他の方法にくらべるとより直接的な方法といえる（図3-20）。

恒久的対策　地形を考慮した栽培地の選択，凍霜害が発生しにくい地形にかえる基盤整備，作物の

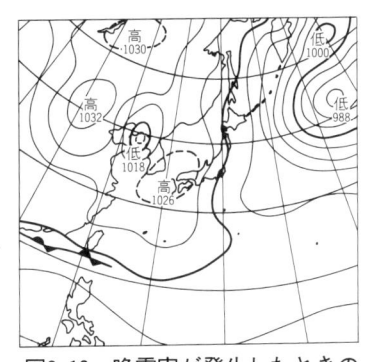

図3-19　晩霜害が発生したときの天気図（平成5年4月10日午前9時）
[注]　4～5月ころ，低気圧が通過したあと移動性高気圧におおわれて晴れると，寒気が入りやすく放射冷却も加わって地面付近の温度が下がり霜がおりることが多い。この日九州に大きな晩霜害が発生した（九州が晩霜高気圧におおわれている）。

(1)　水と氷が共存する状態での温度は，たとえ気温が0℃以下でも0℃である。

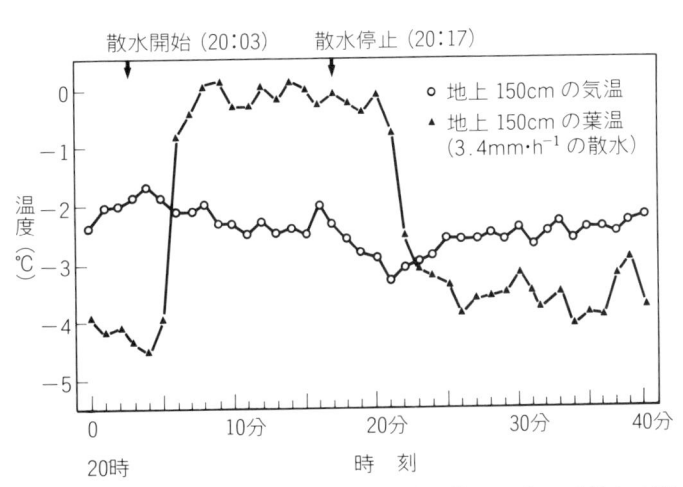

図3-20　散水氷結法における散水の開始と停止によるブドウの葉温・気温の経時変化（昭和58年2月21日，山口大学での調査による）
[注]　葉温は，散水開始とともに0℃近くまで上昇し，散水停止数分後に，気温（－2.5℃）よりさらに1℃以上低下し，－3.5～－4.0℃になっている。（鈴木義則『九州の農業』昭和58年による）

種類や品種の選択，施設の利用，などの方法がある。

❹ 冷　害

冷害とは

夏季の低温害をいう。夏季の低温は，日照が少なく，雨が多いという条件をともなうことが多い(図3-22)。

冷害は低気温によるものと，低水温によるものとがある。低気温による冷害は，イネ・トウモロコシ・ダイズ・アズキ，果樹類，野菜などで問題になる。低水温による冷害はイネで問題になる。ここでは，おもにイネの冷害について学ぶことにする。

被害の出かた

イネの冷害は，イネがどの時期に低温をうけるか，低温がどれくらいの期間つづくかによって，三つに大別できる(図3-21)。

遅延型冷害　イネが栄養成長期にあるときに低温をうけて，その後の成長・出穂時期がおくれ，さらに成熟の遅延や障害が原因となり収量が低くなるばあいをいう。

障害型冷害　イネの幼穂形成期・穂ばらみ期・開花期などの生殖成長期に強い低温をうけ，もみ数の減少，不稔もみの発生などが原因となり減収するばあいをいう(図3-22)。

混合型冷害　上の両者の冷害が混合したばあいをいう。

イネの冷害が発生する気象条件は，いもち病菌(➡p.144)が増殖しやすい気象条件でもある。そのため，冷害はいもち病をともなうことが多く，よりひどい減収をひきおこす。いもち病防止対策は冷害対策としても重要である。

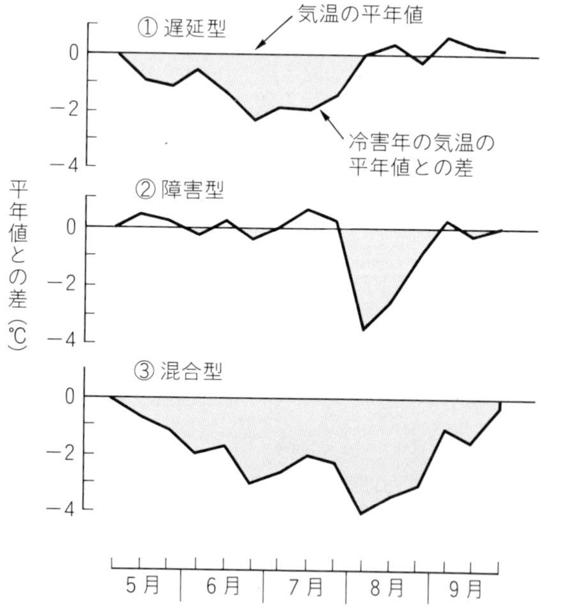

図3-21　冷害の型による気温推移の模式図
(坪井八十二・根本順吉『異常気象と農業』昭和51年による)

対　策

イネの冷害の防止のためには，水田内の水温を上昇させることである。そのためには，つぎのような方法がある。

①水面での日射吸収と空気からの受熱をふやす方法。
　②水田からの蒸発にともなう気化熱の放出を防ぐことで、水温の低下を少なくする方法。

水田水温上昇用の池の設置　水田に水を入れる前に、水温を上昇させておく方法で、①の対策の例である。このばあい、池の面積（すなわち受熱面積）が大きく、風とおしがよい（風速が大である）と水温上昇のていどが大となる。細長い水路にして、受熱面積を少なくすることは得策でない。

蒸発抑制剤の利用　蒸発を抑制する化学薬品[1]を水田の水面にきわめてうすく散布する方法で、②の対策の例である。この方法は、水田水温上昇池にも利用できる。

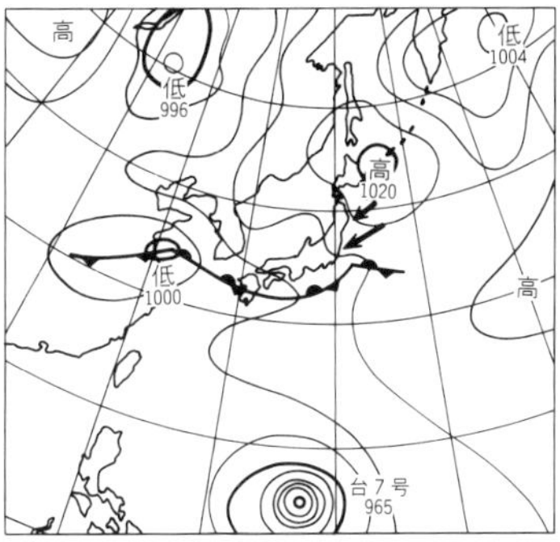

図3-22　冷害が発生したときの天気図（平成5年8月6日午前9時）
［注］初夏から夏にかけてオホーツク海の高気圧が発達すると、北日本から東日本の太平洋側に冷たく湿った北東の風（ヤマセと呼ばれている）が吹きこんで低温と日照不足になり、冷害が発生することが多い。この夏北日本に大きな冷害が発生した。

❺ その他の気象災害

水害　洪水や土壌侵食で、あるいは土砂を運んできて耕地を破壊するといった害のほかに、土壌を水びたしにする（**浸水害**）、作物を水びたしにする（**冠水害**）などの害を含む。

水害は地域性が強く、その被害を軽くするには、レーダ・人工衛星・地上気象観測網など、最新の気象予知システムの利用による事前対策が必要である。

干害　干ばつ（ひでりで雨が降らず、水がなくなること）による害で、これに対しては、かん水施設と貯水施設の整備によって軽減することができる。

雪害　被害金額と回復の困難さからみると、果樹と園芸施設でその被害が大きい。ほかに、ムギ類・牧草なども被害をうける。

雪害対策は、融雪法と機械的除雪法に大別される。融雪法には、雪面に黒色の融雪剤（土でもよい）を散布して日射の吸収を高める雪面黒化法、雪面にうねをつくることによって受熱面積をふやす雪面うね立て法、地下水の散水による散水法などがある。

機械的除雪法は、機械類を用いて雪を排除、運搬する方法である。

果樹の仕立て棚、温室、牧柵などの設置にあたっては、積雪の物理的作用をよく理解したうえでの対策が重要である。

[1] 有機合成高分子剤で、水田の水面に散布すると、それがきわめてうすい膜となってひろく水面を覆い、水面からの蒸発を抑制する性質を利用する。蒸発が抑制されればされるほど水温は上昇する。ただし、風速が強いときなどは、風下に吹き寄せられてしまうことがある。

6 環境汚染と地球環境の変化

　大気汚染は，重化学工業などの工場や，自動車が排出するイオウ酸化物(SOx)，窒素酸化物(NOx)，一酸化炭素(CO)・二酸化炭素(CO_2)・炭化水素(CnHm)・粉じん・油じん・重金属・フロンガスなどによってひきおこされる。

　これらの汚染物質は，人間に直接被害をおよぼすだけでなく，作物にも被害をおよぼす。大気汚染だけでなく，土壌汚染，水質汚染なども問題である。これらの汚染に関しては，農業は加害者的役割を演じている部分もある。しかも近年，環境変化あるいは気候変化が，地域・地方的現象にとどまらず，地球的規模に拡大しつつある。

　これら環境変化が人類にもたらすマイナス面は，現代では，生活水準の向上や大規模工業の発達などのプラス面より大きいと考えられ，生活水準や工業発達の考えかた，および科学技術のありかたが問われている。

　汚染物質の総排出量の規制は，生活環境・農業環境の改善のために重要である。

　これらの問題は，農業の範囲だけでの問題ではなく，産業全体・生活全体・科学技術全体の問題でもある。新たな視点にもとづくさまざまなレベルでの解決が強くのぞまれている。

第4章
土壌的要素

うねいっぱいに張ったキュウリの根

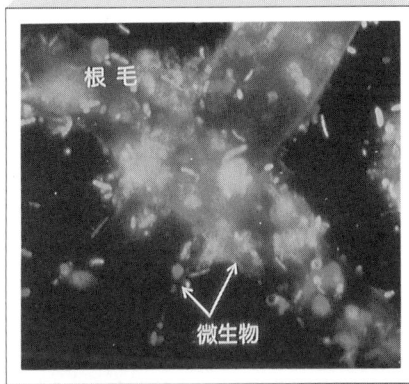

根のまわりに集まっている微生物

肥料に直接に触れて濃度障害をうけ、異常に枝分かれしたトウモロコシの根

1 作物と土壌のかかわり

❶ 土壌のはたらき

　土壌は作物の根，すなわち，地下部を囲み，物理的，化学的ならびに生物的作用を根におよぼして，作物全体の生育に大きな影響をあたえている。土壌を用いずに養分を溶かした培養液で作物を育てる養液栽培と比較しながら，土壌のはたらきをみてみよう。

　作物体の支持　養液栽培は作物体を支える装置を必要とするが，土壌は根を進入させて作物体を倒さないように支える。

　水と酸素の同時供給　養液培養では，培養液にポンプで空気を送らないと酸素不足をおこすことがあるが，土壌は根の必要とする水分と酸素の両者を同時にほどよく供給する能力をもっている。

　物理・化学的緩衝能　培養液の温度やpHは変化しやすく，それらの制御装置を必要とする。しかし，土壌の温度は，気温にくらべて昼は低く，夜は高くて変化の幅が小さい。pHも容易には変化せず，ある幅の範囲で調節する能力をもっている。

　養分供給の調節　培養液は養分供給の調節能力がないので，つねに培養液の組成や濃度などの調節が必要となる。しかし，土壌では，土壌粒子や土壌有機物が養分を吸着したり，土壌微生物がからだのなかに養分を一時的に貯蔵し，条件によってそれらを放出する。このはたらきによって，作物への養分供給を調節する。

　病原菌の抑制　養液栽培では，わずかな病原菌の侵入によって壊滅的被害を出すことがある。しかし土壌は，そこに生息する多様な微生物によって病原菌の増殖をあるていど抑制する能力をもっている。

　このように，養液栽培では，作物にもっとも適した条件をつくり出すのは容易だが，その最適な条件を維持しつづけるにはいろいろな調節を必要とする（➡ p.227）。これに対して土壌は，作物に最適な状態にするのはかならずしも容易ではないが，その状態を維持するすぐれた調節能力をもっている。その能力は土壌の種類によってことなり，その改良と管理が作物生産にはたいせつになってくる。

❷ 土壌の生成と発達

　土壌は岩石・火山灰・植物遺体などの母材からつくられる。岩石（母岩）からは，つぎのような過程を経てつくられる（図4-1）。

　①太陽の熱，雨，風による風化をうけて，母岩が崩壊した石などの破片が，母岩の上にたい積する。

　②急傾斜地が多く，降水量も多いわが国では，母岩の破片は，傾斜面を滑り落ちたり，河川で運ばれたりして別の場所に移動する。移動しながら母岩の破片は細かくなり，石や砂となって，たい積することも多い。また，海底や湖底のたい積物が隆起によって地上に露出することもある。さらに，火山灰などの火山噴出物が地表にたい積することも多い。

　③これらのたい積物の石や砂の上に，まず地衣類[1]などの特殊な植物や微生物がすみつく。植物や微生物の出す二酸化炭素を含んだ水が，砂をしだいに溶かして細かくする。植物の遺体は微生物によって分解され，その一部が**腐植物質**[2]とよばれる黒い土壌有機物となって蓄積する。砂から溶け出た無機物が反応しあって，微小な**粘土鉱物**（➡p.78）とよばれる粒子が生成される。

　④やがて，砂の粒子，粘土鉱物，溶け出た無機物，土壌有機物などの量がふえ，植物が吸収できる養分が増加するとともに，これらの物質がおたがいに反応しあって**団粒構造**（➡p.85）が発達す

[1] 糸状菌とラン藻の共生した生物（➡表4-7, p.103）。

[2] 腐植は，土壌に存在する生きた生物を除くすべての有機物（土壌有機物）と同義語。そのなかで，複雑な組成をもつ黒色の難分解性有機物を腐植物質または腐植質とよんで区別している。

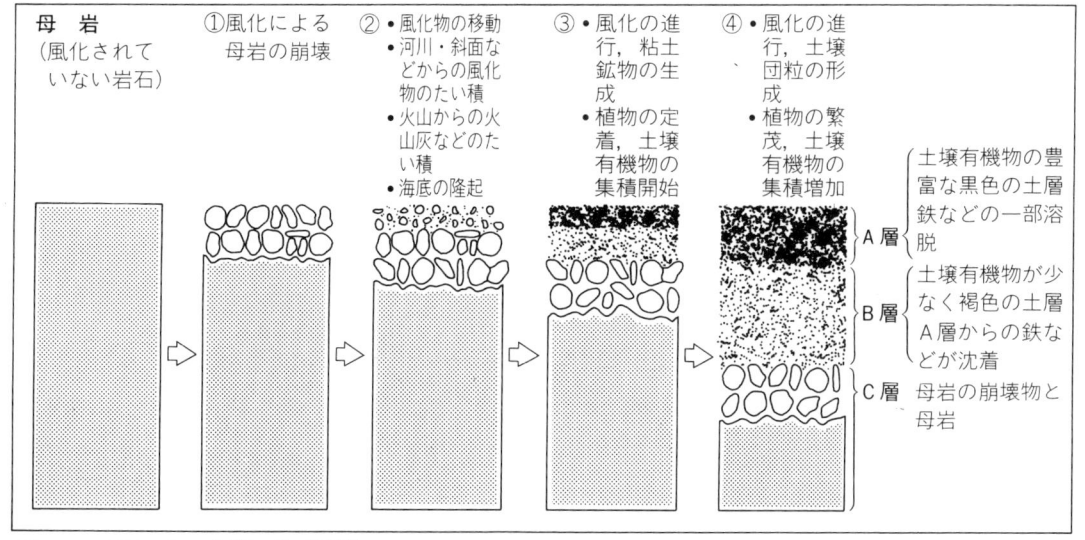

図4-1　岩石からの土壌の生成過程

る。こうした土壌の発達とともに，生育できる植物の種類や量もかわり，供給される有機物量も増加して，土壌の発達が加速される。

　岩石以外の母材から土壌がつくられるばあいもある。火山灰などの火山噴出物から生成するばあいは，図4-1の③の過程から土壌生成が開始される。また，湿地の水性植物の遺体が泥と混ざりあった母材から土壌が生成するばあいもある。とくに寒い地域の湿地では，温度が低くしかも多量の水があって酸素不足になるため，有機物の分解がすすまず，植物遺体が多量に残っている土壌がつくられる。このばあい，③や④の過程はひじょうにゆっくりとすすむ。

　どのような土壌ができるかは，材料となる母材の種類，植物の生育や微生物の活動に大きな差をもたらす雨量や温度などの気候，生育する植物の種類，水分条件などに大きな違いをもたらす凹地や台地などの地形，どのくらいの年代を経たかその時間の長さ，などによってことなってくる。

　こうしてできた土壌は，自然に3つの土層に分化する。つまり，上の層には植物遺体からつくられる腐植がさらに増加して，その下の層よりも明らかに黒色をました**A層**となる。A層からは降雨にともなって土壌中の無機イオンが流れて，その下の褐色の**B層**に集積する。そして，**C層**が母岩とその崩壊物からなる。

　こうして自然にできた土壌を開墾して農地にすると，A層やB層はくずれ，トラクタなどで耕うんする**作土層**（表土）と，その下の耕うんされない下層土とに大きくわかれて，性質がことなってくる。

❸ 日本の土壌の種類と分布

　わが国には急傾斜地が多いため農地は陸地面積の約15％にすぎないが，気候・地形は変化に富み，植物の種類も豊富で，しかも母材となる岩石の種類も多様なため，多種類の土壌が存在する。

　農地の土壌にはつぎの特色がある。

①種類が多く，いろいろな土壌が小面積ずつ接して分布している（図4-2A）。

②火山噴出物から発達した黒ボク土が多い（図4-2B）。

1 作物と土壌のかかわり ● 71

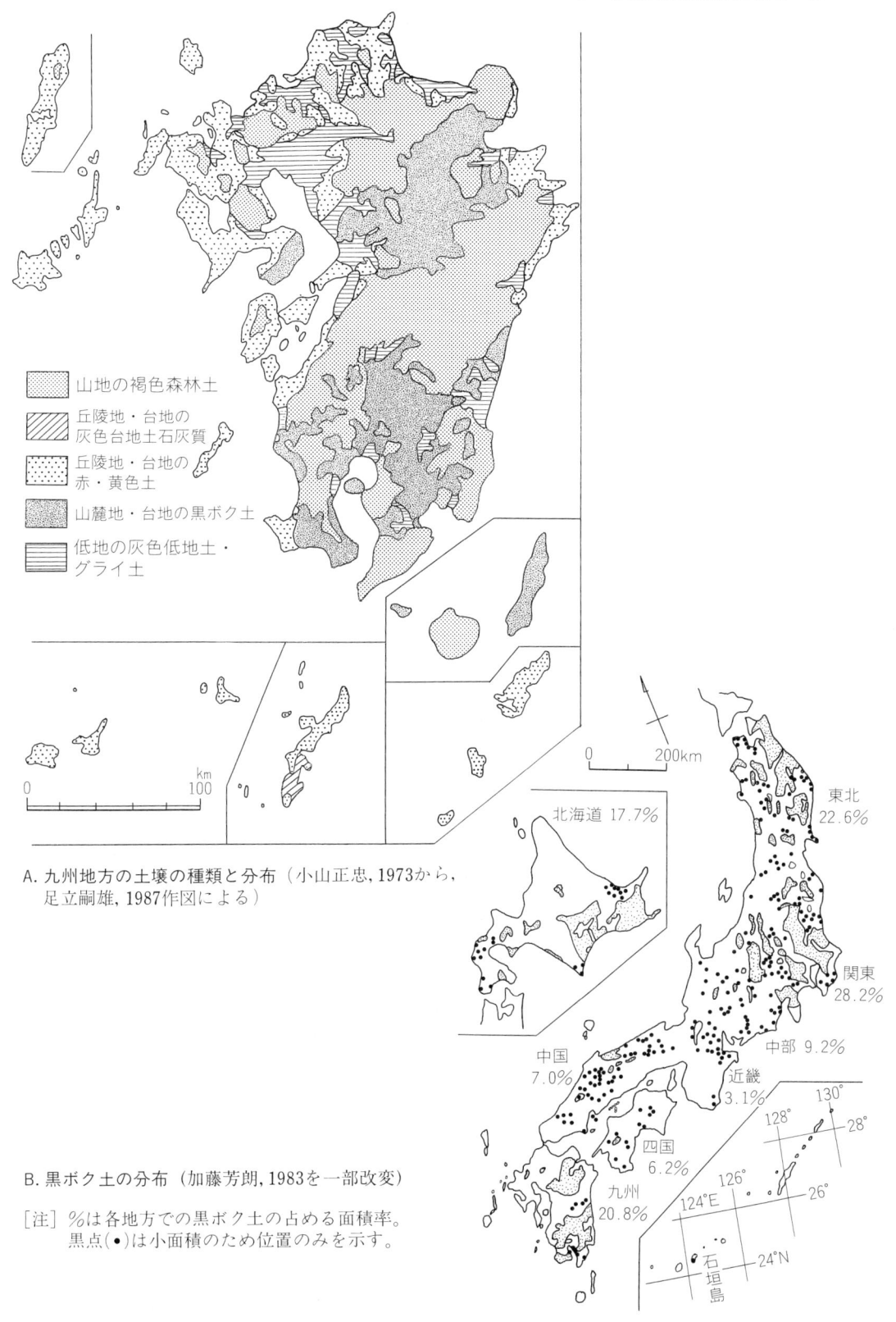

凡例:
- 山地の褐色森林土
- 丘陵地・台地の灰色台地土石灰質
- 丘陵地・台地の赤・黄色土
- 山麓地・台地の黒ボク土
- 低地の灰色低地土・グライ土

A. 九州地方の土壌の種類と分布（小山正忠，1973から，足立嗣雄，1987作図による）

B. 黒ボク土の分布（加藤芳朗，1983を一部改変）

［注］％は各地方での黒ボク土の占める面積率。
　　　黒点（●）は小面積のため位置のみを示す。

北海道 17.7%
東北 22.6%
関東 28.2%
中部 9.2%
近畿 3.1%
中国 7.0%
四国 6.2%
九州 20.8%

図 4-2　わが国における土壌の種類と分布（代表例）

表4-1　わが国の農地土壌（単位：100ha）

土壌の種類	水田	普通畑	樹園地	合計（％）	備考
岩屑土	0	71	77	148（＜1）	岩石の崩壊した礫や砂がその場でたい積した土壌
砂丘未熟土	0	223	19	242（＜1）	海岸から風で運ばれた砂のたい積した土壌
黒ボク土	171	8,511	861	9,542（19）	火山噴出物が排水良好な台地にたい積した土壌
多湿黒ボク土	2,741	722	25	3,488（7）	火山噴出物が台地の排水不良なくぼ地などにたい積した土壌
黒ボク土グライ土	508	19	0	526（1）	火山噴出物が排水不良な低地にたい積し，下層に青灰色の層をもつ土壌
褐色森林土	66	2,875	1,490	4,431（9）	排水良好な森林の下に発達した黄褐色の土壌
灰色台地土	792	719	64	1,575（3）	平たんな台地に発達し，地下水の影響で全体が灰色化した土壌
グライ台地土	402	43	0	446（＜1）	台地に発達し，地下水の影響で下層に青灰色の層をもつ土壌
赤色土	0	252	199	452（＜1）	排水良好な台地に発達した腐植の少ない赤色の土壌
黄色土	1,443	1,056	760	3,259（6）	排水良好な台地に発達した腐植の少ない黄色の土壌
暗赤色土	18	291	61	370（＜1）	石灰岩などから発達した暗赤色の土壌
褐色低地土	1,418	2,311	353	4,081（8）	水で運ばれた砂などが排水良好な低地にたい積した黄褐色の土壌
灰色低地土	10,566	751	101	11,418（22）	水で運ばれた砂などがたい積し，水の影響で灰色化した土壌
グライ土	8,894	132	21	9,047（18）	砂などが排水不良な低地にたい積し，水の影響で青灰色の層をもつ土壌
黒泥土	759	17	1	778（2）	泥炭の分解した黒い有機物の層をもつ排水不良な低地の土壌
泥炭土	1,095	323	1	1,419（3）	肉眼で植物組織の認められる泥炭のたい積した排水不良な低地の土壌
合計	28,874	18,315	4,033	51,222（100）	

［注］　下線は各地目で10％以上を占める主要な土壌。（＜1）は1％未満を示す。
（土壌保全調査事業全国協議会編『日本の耕地土壌の実態と対策』新訂版，平成3年による）

③降雨量が多く，土壌からカルシウム，マグネシウムなどの無機イオンが流れやすく，また黒ボク土も多いために，酸性の強い土壌が多い（➡p.93）。

④わが国の農地土壌は16に大別されており（表4-1），低地の水田には灰色低地土・グライ土・多湿黒ボク土などが多く，台地の畑・樹園地・草地には黒ボク土・森林褐色土などが多い（表4-1）。

低地の土壌

海岸の沖積平野，扇状地，谷底平野などの低地には，河川で運ばれた土砂がたい積して，灰色低地土やグライ土などが発達している。福岡県から近畿地方までの灰色低地土やグライ土などは，火山灰の混入をうけておらず，水田として利用すれば，リン酸の天然供給力[1]が高く，無肥料でも水稲の生産力の高い土壌である。そのため，この福岡県から愛知県付近までのベルト状地帯の低地には，弥生時代前期に稲作が急速に拡大し，わが国でもっとも古い稲作地帯となった。

そして，静岡県から東の東海・関東・東北地方では，火山灰から発達した多湿黒ボク土がふえ，混入した火山灰のためにリン酸の天然供給力が低く，こうした土壌での稲作は，水田としての土壌の熟成や農業技術の発達を待つ必要があった。

台地の土壌

火山灰におおわれていない排水の良好な台地では，夏緑広葉樹林帯には酸性の褐色森林土が発達し，東海地方以西の常緑広葉樹林帯は黄色土や赤色土とよばれる古い土壌におおわれている。両土壌とも強酸性で養分の天然供給力が低い。いっぽう，全国各地の排水の良好な台地に火山灰があつくたい積して発達したのが黒ボク土である。この土壌は腐植含量が高く，やはり酸性を示す。

これら強い酸性の土壌は，リン酸を強く固定する（→p.99）ので作物に吸収されにくく，そのままでは畑作の生産力は低い。とくに黒ボク土では，耕起して下層土を表面に出すとリン酸の固定力が一段と高まる。このため，古代以来，焼畑農業がおこなわれてきた。焼畑は，耕うんしないで，樹木を焼いたときの熱で土壌有機物からの養分の放出をうながすもので，生産力は低いが，台地の酸性土では理にかなった農法であった。

[1] 肥料からではなく，土壌やかんがい水から供給される養分の量。

❹ 農地土壌の特徴

① 自然の土壌と農地の土壌

森林や草原では，落ち葉や枯れ草などの有機物が地表にたい積するが，耕されることがない。このため，土壌はごく表面を除けば酸素不足で，微生物による有機物の分解も低くおさえられ，表層には

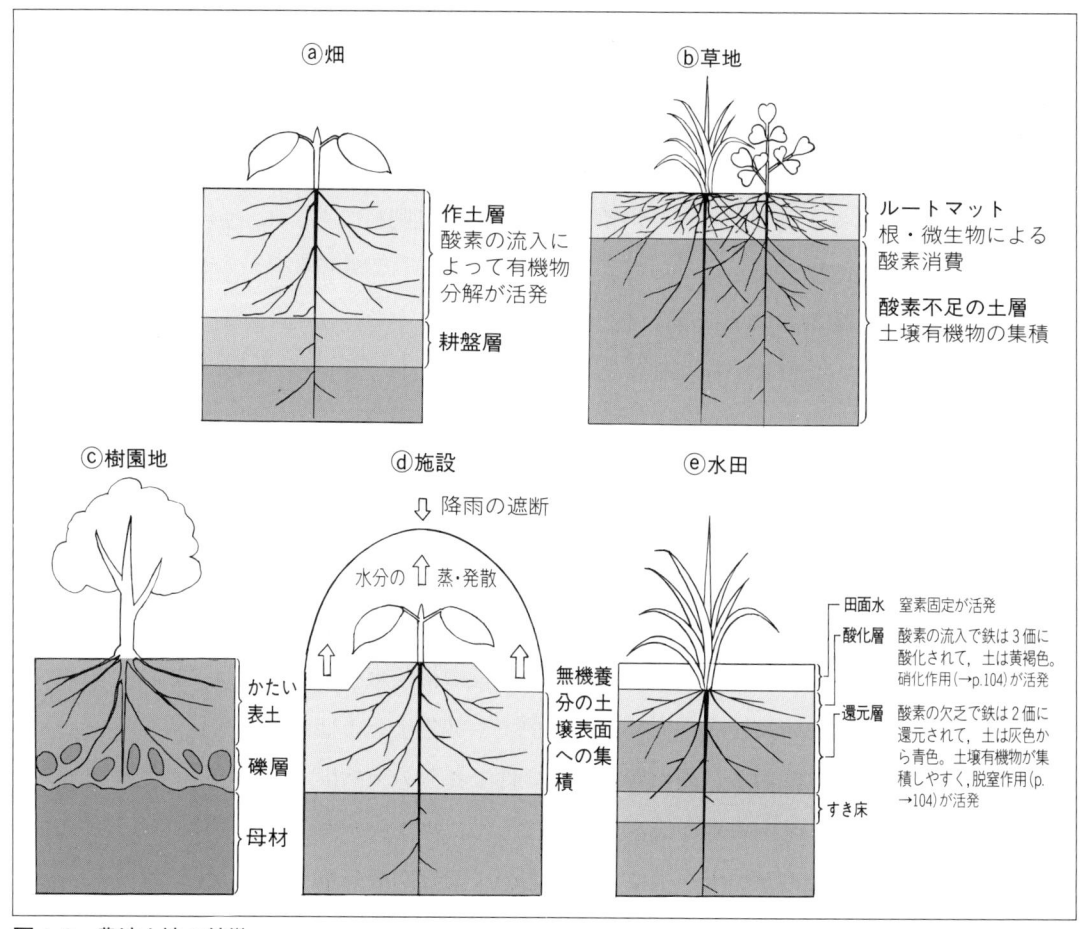

図 4-3 農地土壌の特徴

多量の有機物が蓄積している。こうした自然土壌を開墾し，耕うんしてつくられた農地土壌は，自然土壌とはその性質が大きくことなってくる。

2 農地土壌の種類と特徴

畑土壌　　畑土壌では，森林や草原にくらべると植物から土壌に供給される有機物が少ないうえに，耕うんによって土壌中の酸素が豊富になる。このため有機物の分解が活発になって，養分が急速に放出され，有機物含量が低下する。現代では，トラクタで深くまで耕うんされるので，有機物分解はいっそう活発になっている。また，畑では森林や草原にくらべると植物による地表のおおいも少ないので，雨によって土壌中の養分が流亡し，土壌はやせていく。さらに，傾斜地の土壌は雨水で流されや

すい。そのうえ，トラクタの重圧で土壌が圧縮され，耕うんされた土層(作土層)の下に耕盤とよばれるかたい土層が形成される。この耕盤によって根が進入しにくくなるとともに，傾斜地では大雨のさいに水が耕盤上を流れるため，作土層の土壌侵食がおこりやすくなる（図4-3ⓐ）。

草地土壌　開墾した土地を牧草地にすると，畑土壌のばあいと逆の過程が生じる。つまり，草地は少なくとも数年間は耕うんされないので，土壌はしだいにかたくなって，土壌への酸素の流入がわるくなる。しかも，地表から0～5cmの層に，牧草の根が多量に集中的に伸びてからみあう(**ルートマット**)。ここでは，根や微生物の呼吸によって大量の酸素が消費される。牧草は葉や根など多量の有機物を土壌に供給するが，土壌中の酸素が微生物活動には不足気味のため，有機物分解がおさえられて，しだいに有機物が蓄積していく（図4-3ⓑ）。

樹園地土壌　樹園地用に開墾した土地は，多くのばあい傾斜地である。土層が浅いうえに長年にわたって耕うんしないので，土壌はかたくなり，根も浅くなりやすい。樹木の栽植密度が低いので，落ち葉などの有機物量が不足気味なうえに，植物による土壌表面のおおいも少ないので，雨によって土壌中の養分が流亡しやすく，土壌侵食もおきやすい（図4-3ⓒ）。

施設土壌　畑土壌と同様に活発な有機物分解が生じる。しかし，被覆資材によって雨がさえぎられるので，雨による土壌養分の流亡がない。このため，塩類集積（➡p.214）によって作物に障害がおきやすくなる（図4-3ⓓ）。

水田土壌　水田では，作土層の下を固めてすき床をつくり，水もれを少なくして長期間たん水する。酸素は田面水に溶けて土壌中にはいる。このため，土壌表面から数mmのところだけに酸素があり，赤い色をしている。この層を**酸化層**とよぶ。酸化層にいる微生物が酸素を消費するので，酸化層のすぐ下からは酸素の不足した**還元層**になる。

　こうして水田土壌では，酸素不足のために微生物による有機物分解がおさえられるうえに，かんがい水から養分が流入する。さらに，土壌に生息する光合成を営む藻類や微生物によって有機物が供給さ

れるだけでなく，一部の微生物によって空気中の窒素ガスがアンモニウムに固定されて（窒素固定，➡p.103）土壌に補給される。このため，水田の天然養分供給力は他の土壌にくらべてはるかに高く，土壌の生産力を長期にわたって持続できる（図4-3ⓒ）。→p.74

転換畑土壌 水田を畑地化すると，土壌中へ酸素がはいり込みやすくなる。そのため，転換当初は有機物分解が活発で，土壌からの養分の放出が多く，ダイズなどの作物では，湿害を回避すれば，普通畑よりも高い収量が得られる。しかし，数年で養分供給力が低下し，畑土壌と同様になる。

❺ よい土壌とは何か

作物がよく育ち，生産が持続する土壌がよい土壌である。その具体的な内容は，①あつくやわらかい土壌がたい積している，②天然の養分を多く含む，③土壌pHが適切な範囲にある，④適度な排水性・保水性が保たれている，などである。中国・インド・エジプトなどの古代文明の発達した地帯の土壌は，いずれもこうした条件をそなえていた。

土壌は，人間の手が加わらない天然状態のままでも，よい土壌であることがのぞましい。しかし，たとえ天然状態ではよい土壌でなくとも，人間はよい土壌へとその性質をかえる努力をつづけてきた。

たとえば，わが国の黒ボク土は，強酸性でリン酸を強く固定しやすいので，生産力が低かった。しかし，昭和35～40年にかけて，土壌の酸性改良とリン酸供給力を一気に高める溶成リン肥（➡p.122）の多量施用技術が開発されて，黒ボク土の生産力が飛躍的に向上した。その結果，土が深くやわらかく，排水性・保水性がよいという黒ボク土本来の性質がいかされて，すぐれた畑土壌として評価されるようになった。

ただし，最近では，資材を施用しすぎて，養分過多や異常な高pHになった土壌が生じて問題になっており，資材の適正施用による持続的な土壌管理が重要になっている。

2 土壌を構成するもの

　土壌の固体の部分は，鉱物粒子，鉱物粒子以外の無機化合物，土壌有機物，土壌生物から構成されている。このことは，土壌の種類はちがってもかわらない。

❶ 鉱物粒子

① 粒子の区分と土性

粒子の大きさ　鉱物粒子は大きさによって，その粒子を構成する材料や，物理的・化学的な性質がことなっている。

　2mm以上の粒子を礫，2〜0.2mmを粗砂，0.2〜0.02mmを細砂，0.02〜0.002mmをシルト，0.002mm（2μm）以下を粘土とよぶ[1]。2μm以下の粒子は，一般にはコロイドと総称され，単位重さ当たりの表面積が大きく（表4-2），陽イオン交換（➡p.92）などの反応が活発になる[2]。

土性　大きさのことなる鉱物粒子の構成割合による土壌の類別を土性とよぶ。礫を除いた粘土・シルト・砂（粗砂と細砂の和）の3者の構成割合によって土性が区分され（図4-4，→p.78），土壌の大まかな性質を知ることができる。粘土のような細かい粒子が多いほど土壌は粘り，排水は不良となるが，水分保持力や養分保持力は高まる。大きな粒子がふえるほど，その反対の性質をもつ。農業に適した土壌は，ふつう壌土（L）や埴壌土（CL）である。

② 1次鉱物

　岩石をつくっている鉱物を1次鉱物とよぶが，1次鉱物風化によってばらばらになる。1次鉱物のなかでも，石英・正長石・白雲母などは，崩壊しにくいため土壌中に多量に残っており，土壌をくずして水で洗うと，光ってみえる。1次鉱物はケイ素（Si）の化合物を主体にしているが，同時に他の元素を含み，ゆっくり溶けて土壌の天然養分の供給源としても重要なはたらきをしている[3]。

[1] 礫は岩石の破片。粗砂は岩石の破片も含むが，その主成分は，細砂・シルトの主成分と同じく石英や長石などの1次鉱物粒子である。シルトの一部や粘土のかなりの部分は粘土鉱物（➡p.78）である。

[2] 単位重さ当たりの表面積が増加し，1 $m^2 \cdot g^{-1}$ ていどを超えると，粒子の反応性が急激に高まる。

表4-2　鉱物球状粒子の大きさと単位重さ当たりの表面積

粒径 (mm)	単位重さ当たりの表面積 ($m^2 \cdot g^{-1}$)
2	0.00120
0.2	0.0120
0.02	0.120
0.002	1.20
0.0002	12.0

[注]　土壌粒子の平均的比重を2.5として計算。
（岡島秀夫『土の構造と機能』平成1年による）

[3] なかでも，正長石・普通角閃石・黒雲母はカリウム（K），輝石・角閃石類はカルシウム（Ca）・マグネシウム（Mg）・鉄（Fe）など，黒雲母はマグネシウム，磁鉄鉱は鉄，電気石はホウ素（Bo），燐灰石はリン（P），の供給源である。

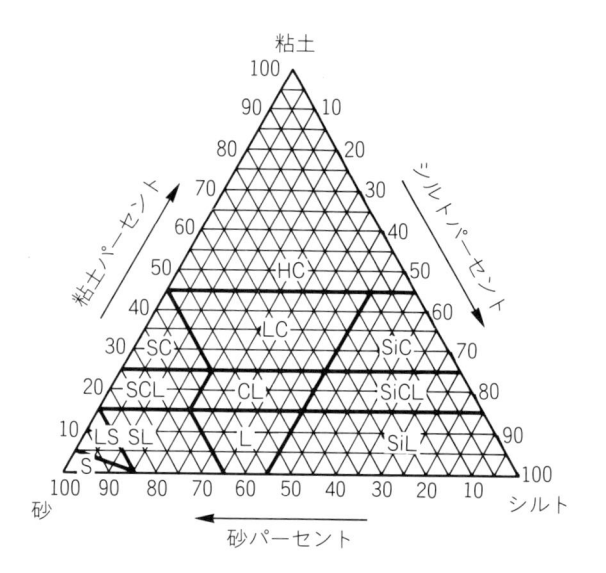

I 粘土含量15%以下の土壌	
1. 砂 土（S）	粘土5％以下
2. 壌質粗砂土（LCoS）	シルト＋粘土15％以下
3. 壌質細砂土（LFS）	シルト＋粘土15％以下，細砂40％以上，粗砂45％以下
4. 粗砂壌土（CoSL）	シルト＋粘土15～35％，細砂40％以下，粗砂45％以上
5. 細砂壌土（FSL）	シルト＋粘土15～35％，細砂40％以上，粗砂45％以下
6. 壌 土（L）	シルト＋粘土35％以上，シルト45％以下
7. シルト質壌土（SiL）	シルト45％以上
II 粘土含量15～25％の土壌	
8. 砂質埴壌土（SCL）	シルト20％以下，砂55％以上
9. 埴壌土（CL）	シルト45％以下，砂30％以上
10. シルト質埴壌土（SiCL）	シルト45％以上
III 粘土含量25～45％の土壌	
11. 砂質埴土（SC）	シルト20％以下，砂55％以上
12. 軽埴土（LC）	シルト45％以下，砂55％以下
13. シルト質埴土（SiC）	シルト45％以上
IV 粘土含量45％以上の土壌	
14. 重埴土（HC）	

図4-4　土性区分
［注］　2と3をあわせて壌質砂土（LS），4と5をあわせて砂壌土（SL）とよぶ。

３ 粘土鉱物

　1次鉱物から元素が溶け出たり，溶け出た元素が反応しあって，1次鉱物とはことなった組成と構造をもった鉱物が生成される。これを2次鉱物とよぶ。そのなかでもっとも重要なものが粘土鉱物で

ある。したがって，粘土鉱物は，1次鉱物がたんに細かく（2μm）なっただけのものではない。

粘土鉱物には，結晶性のもの（**結晶性粘土鉱物**）と結晶度の低いもの（**非晶性粘土鉱物**）とがあり，前者は非黒ボク土に，後者は黒ボク土に存在している。

結晶性粘土鉱物　結晶性粘土鉱物（図4-5）は，ケイ素四面体（ケイ酸）の層とアルミニウム八面体（アルミナ）の層が重なりあったうすい板状の結晶をしている。その基本単位によって1：1型粘土鉱物や2：1型粘土鉱物などに分けられている。

基本単位が何層にも重なって粘土鉱物がつくられ，基本単位と基本単位のあいだに水分子をはさんで膨張する種類もある。

1：1型粘土鉱物　ケイ素四面体層とアルミニウム八面体層が一つずつ対になったものが基本単位で，**カオリナイト**や**ハロイサイト**，基本単位のあいだに水分子をはさむ**加水ハロイサイト**などがある。

2：1型粘土鉱物　二つのケイ素四面体層がアルミニウム八面体層の上下をはさんだものが基本単位で，**イライト**や，基本単位のあいだに水分子をはさむ**バーミキュライト**や**モンモリロナイト**などがある。

結晶性粘土鉱物では，表面がマイナスの電気をおびているため[1]，プラスに帯電した陽イオン（➡p.92）を引きつけて保持できる。これに対して，粘土鉱物のもとになった1次鉱物には，陽イオンの保持力はほとんどない。陽イオンの保持力は，1：1型粘土鉱物よりも2：1型粘土鉱物のほうが強い。くわしくは4節で学ぶ。

非晶性粘土鉱物　火山ガラス[2]などの風化によって生成する結晶度の低い粘土鉱物である。その代表が**アロフェン**で，主成分はケイ酸とアルミナだが，その比率は結晶性粘土鉱物のように一定していない。黒ボク土の表土や下層土に存在している。なお，黒ボク土の表土には，アロフェンから発達した結晶度の多少すすんだ**イモゴライト**が存在する。アロフェンとイモゴライトのいずれも表面にアルミニウム（Al）を露出している。このアルミニウムが酸性の原因となり，さらに，リン酸と結合するため，両者ともリン酸の固定力がきわめて強い（➡p.99）。

[1] ふつう，鉱物は電気的に中性だが，結晶性粘土鉱物ではケイ素四面体のケイ素（電荷数は＋4価）などの一部が，アルミニウム（＋3価）などにおきかわってプラス（＋）電荷が不足し，全体としてはマイナス（－）の電荷をおびる。

[2] マグマが冷却されたときに生じたガラス状の小粒で，各種の元素を含んでいる。

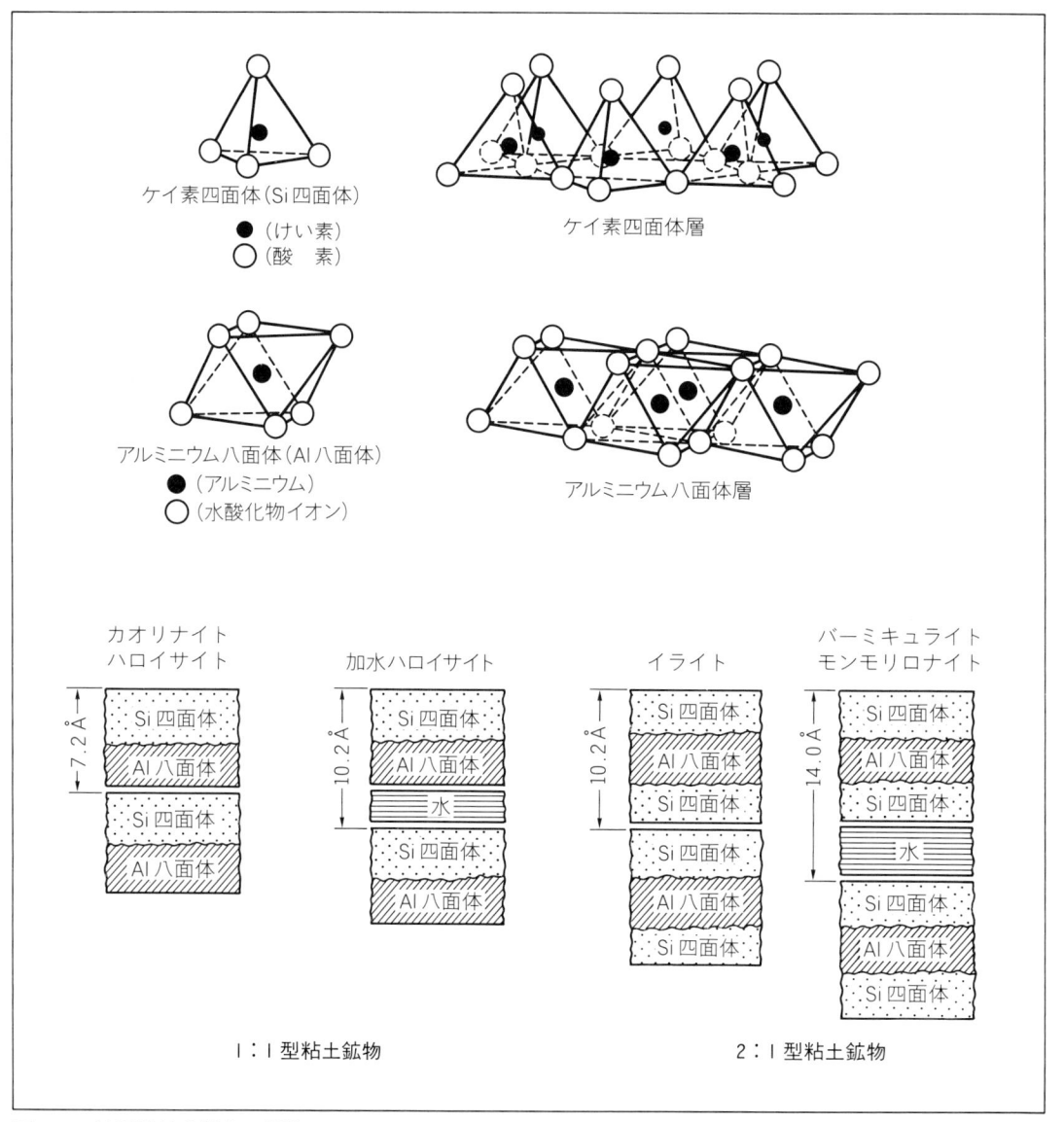

図4-5 結晶性粘土鉱物の構造

［注］(1)上段はケイ素四面体層およびアルミニウム八面体層を示し，下段はそれらの組合せによる1：1型および2：1型粘土鉱物の構造を示す。
　　(2)1Å（オングストローム）は100億分の1（10^{-10}）m。
（上段：渡辺裕『畑土壌の特性』・石沢修一ら監修『土壌肥料の新技術』昭和44年，下段：青峰重範『土壌無物』・川口桂三郎ら著『土壌学』昭和40年より引用）

❷ 無 機 物

　岩石や1次鉱物から溶け出したケイ酸（SiO_2）・鉄（Fe）・アルミニウム・マンガン（Mn）などが土壌の水のなかにイオンとして存在すると同時に，酸化物や水酸化物[1]などの化合物の状態でも沈でんして存在する。これらの無機物も粘土鉱物・有機物・リン酸などと反応

(1) 酸化物とは，酸素と結合した物質，水酸化物とは，水酸基（OH）と結合した物質のこと。

して，土壌の団粒化（➡p.85），有機物の分解（➡p.102），リン酸の固定化（➡p.99）などに関係している。

❸ 土壌有機物

　植物や動物の遺体は，土壌中で土壌動物や微生物によって，えさとして分解・利用される。

　生物を構成する有機物のなかでは，まずアミノ酸や水に溶ける低分子の糖などが微生物によって分解され，ついでタンパク質，さらには植物体中のセルロースなどの高分子成分が分解されて，微生物によって体の構成成分として再合成される。しかし，植物の細胞壁中のリグニン[1]やワックスなどの分解されにくい高分子成分は，土壌に残りやすい。

　微生物自身も，死ぬと生きている微生物に分解・利用される。しかし，細胞壁などの分解されにくい成分は，土壌に残りやすい。

　分解されなかった動植物や微生物由来の各種成分はゆっくりと化学反応をおこし，複雑な組成をもった黒い腐植物質を生成する。腐植物質は鉄やアルミニウムと結合すると，さらに分解されにくくなり，土壌の黒い色のもととなる。

　こうして土壌には，遺体となったばかりの新鮮な有機物から何万年も経過した腐植物質まで，多種多様な土壌有機物が含まれている。

　土壌有機物は微生物などによって分解されて，窒素やリン酸などの，作物が吸収できる無機養分を供給する。また，とくに腐植物質は，電気的にプラスやマイナスの部分をもち，粘土鉱物と結合して土壌を団粒化したり（➡p.85），無機養分になるイオンを保持したりして，土壌の機能を高める重要なはたらきをしている。

　土壌有機物をアルカリ試薬溶液に入れると，濃赤褐色の物質が溶け出してくる。溶けなかった沈でん物（ヒューミン）から溶液を分離して酸性にすると，溶ける有機物（フルボ酸）と沈でんする有機物（腐植酸）とに分かれる。これらは，腐植物質と新鮮な土壌有機物のいろいろな成分がまじりあったものである。このうち，腐植酸にはイオンを保持する能力の高い成分も多いので，土壌改良資材（➡p.120）としても使われる。

[1] リグニンを分解できる微生物は特殊なものに限定されており，その分解速度もきわめておそい。また，リグニンは，比較的分解されやすいセルロースやタンパク質と結合すると，それらの分解をもおそくしてしまう。

❹ 土壌生物

ふつうの畑には，10a当たり生体の重さで約700kgの土壌生物が生息している。このうちの20〜25％が細菌（バクテリア），70〜75％が菌類（おもに糸状菌類），5％以下が土壌動物である。約700kgの土壌生物には，成分にして炭素70kg，窒素8kg，リン酸8kgが含まれている。

1 土壌動物

モグラやミミズのような大形の土壌動物もいるが，量的に多いのは，体長0.2〜2mmていどのトビムシ・ダニ・センチュウ類である。多くは植物遺体を食べて増殖するが，さほど効率よく消化できるわけではない。これらの土壌動物が細かくかみ砕いたり，土壌のなかに引きずり込んだりした植物遺体の残がいを，土壌微生物がひきつづき分解していく。

2 土壌微生物

微生物とは，単細胞生物の細菌類・菌類・原生動物・微小藻類などを総称したもので，これらのうち土壌に生息するものを，ふつう土壌生物とよんでいる（図4-6）。

細菌類（バクテリア）

細胞壁をもつ，1μm前後の球ないし短い棒状の単細胞生物で，粘土鉱物よりやや大きいていどである。脱窒作用（➡p.104）や窒素固定作用（➡p.103）で活躍する微生物である。

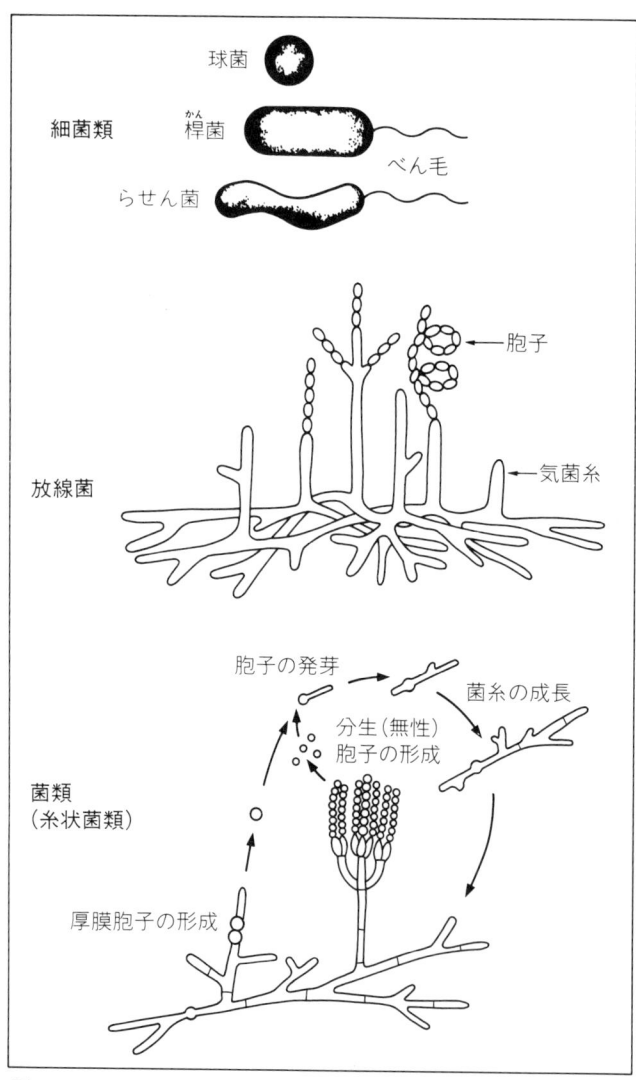

図4-6 おもな土壌微生物の形態
（西尾道徳『土壌微生物の基礎知識』平成元年による）

水田の田面水に生息し，青色の卵形の細胞を数珠のように連結して，光合成をおこなって酸素を発生する**らん藻**や，畑に多く生息し，細く長い糸状の細胞の形をした**放線菌**も細菌の仲間である。

菌　類

　からだは，細胞壁をもつ細長い細胞が長い糸状につながった菌糸からつくられ，光合成をおこなわない直径3μm前後の，微生物である。菌糸が一定のまとまった形になるキノコと，菌糸が不定形に集合する糸状菌類[1]とがある。ふつうの菌類はたくさんの胞子を形成して繁殖する。

　菌類は，セルロースやリグニンなどの植物体に存在する高分子の糖類の分解能力にすぐれ，土壌有機物の分解で重要なはたらきをしている。

原生動物

アメーバなどの細胞壁のない単細胞生物で，量は少ないが，土壌にも生息する。

微小藻類

細胞壁をもち，光合成をおこなう，細菌よりも大型の単細胞生物である。ユーグレナのような水生の微小藻類もこの仲間で，おもに水田の田面水に生息している[2]。

　土壌に生息している細菌の大部分およびすべての菌類や原生動物は，すでに他の生物が合成した有機物を分解して，必要なエネルギーや細胞成分を合成するタイプの微生物である[3]。

> **参考　嫌気性微生物と好気性微生物**
> 　微生物には，増殖に酸素を必要としない嫌気性微生物と，酸素を必要とする好気性微生物とがある。細菌の大部分は通性嫌気性微生物とよばれ，酸素があってもなくても有機物を分解して増殖できる。しかし，菌類や他の微生物は好気性微生物である。このため，たん水されて酸素の不足する水田土壌では，菌類が少なく，細菌のほうが多い。しかし，畑では酸素が多くて水が乏しいため，乾燥に比較的強く，酸素を必要とする菌類が菌体の重さで細菌の3〜4倍も存在する。

[1] 糸状菌類はかびともよばれる。

[2] 光合成をおこなう微生物を光合成微生物といい，無機物の酸化でエネルギーを獲得する無機栄養微生物とあわせて独立栄養微生物（オートトロフ）という。

[3] 有機栄養微生物（ヘテロトロフ）という。

3 土壌の孔げきの構造とはたらき

前節に述べた鉱物粒子などの構成成分は，ぎっしりつまっているのではなく，立体的に並んで，そのあいだには孔げき（すき間）が存在する。その孔げきが，土壌の水分保持・排水・通気・やわらかさなどに関係している。

① 三相分布

土壌には，前節に述べた構成成分が固体として存在し，残りの孔げきの部分には気体と液体が存在する。それぞれ固相・気相・液相ともよばれ，3者が占める容積の割合を**三相分布**とよぶ。

三相分布は，土壌のかたさや通気性・保水性などの物理的状態を示すものであるが，養分の保持や，根の伸びやすさなど，植物の生育に大きな影響をおよぼす。土壌の種類によってその割合はことなるが，気相は20％以上がのぞましいとされている。

(1) 100 ml の金属性円筒に土壌を構造を破壊しないようにとり，実容積測定器とよばれる装置で固相率を測定する。

固相率　固相の割合を固相率とよび，土壌の種類によっておおよそ決まっている（表4-3）[(1)]。固相率は土性の影響を強くうけ，一般に，粘土が少なく砂の多い土壌ほど高くなる。

しかし，固相率は土性だけで決まるのではない。黒ボク土など土壌有機物含量の高い土壌だと団粒化によって孔げきが増加し，固相率が低下する。

また，液相や気相の割合は，降雨量・地下水位・排水性などによってかわる。さらに三相分布は自然的条件だけでなく，耕うんや有機物施用などの農作業のし

表4-3　主要な耕地土壌の固相率と容積重（多数の調査の中央値）

土壌の種類	土地利用	固相率(%)	容積重(g/100ml)
多湿黒ボク土	水田	30.40	77.10
黒ボク土グライ土	水田	26.80	69.20
黄色土	水田	42.10	104.10
褐色低地土	水田	40.60	107.00
灰色低地土	水田	40.00	107.10
グライ土	水田	35.40	99.60
黒泥土	水田	32.75	95.00
泥炭土	水田・一部畑	30.40	76.20
岩屑土	畑・一部樹園地	47.35	124.00
砂丘未熟土	畑・一部樹園地	74.80	134.20
黒ボク土	畑	28.00	80.00
褐色森林土	畑	39.80	110.00
黄色土	畑・一部樹園地	41.90	116.90
黒ボク土	樹園地	30.00	90.00
褐色森林土	樹園地	42.40	123.60

（表4-1と同じ資料による）

かたによってもかわる。このため，固相率や，より簡便には容積重⁽¹⁾が，土壌のかたさや通気性などの物理的状態を大まかにとらえる尺度としてよく用いられる。

(1) 土壌 100mℓ を乾燥して水分を除いたときの重さ。

❷ 孔げき率を左右する団粒構造

孔げきの構造　土壌の孔げきの量を容積の百分率であらわしたものを**孔げき率**とよぶ。同じ大きさの球体でもつめかたによってその量がかわる。もっとも密なつまりかた（菱面体充てん）なら，理論上の孔げき率は26%，ゆるやかなつまりかた（立方充てん）なら48%になる（図4-7ⓐⓑ）。しかし，実際の土壌では，孔げき率（100から表4-3の固相率を引いた値）は，ふつう，ゆるやかなつまりかたの48%より高くなる。このおもな原因が**団粒**の存在である。つまり，図4-7ⓒのように，土壌では粒子がばらばらでなく，おたがいにくっつきあって微小団粒をつくり，微小団粒が集まって**団粒構造**を形成しているからである。

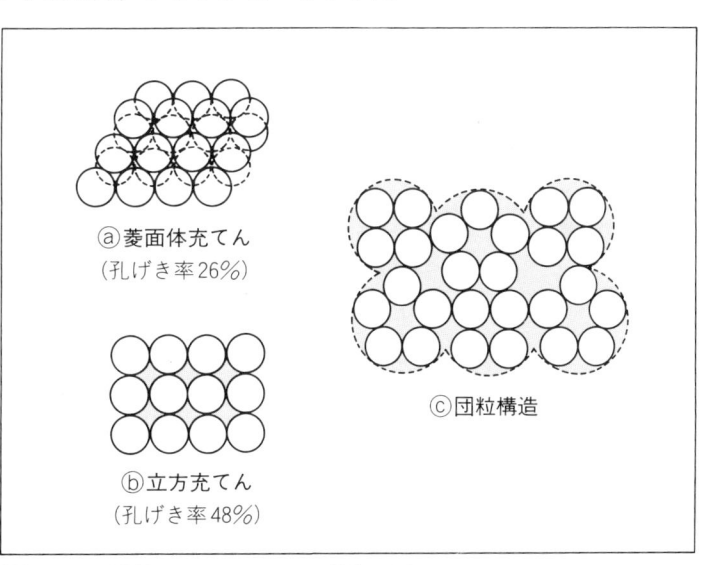

図4-7　土壌粒子のつまりかたと団粒構造

団粒の形成　団粒は図4-8のように，陽イオン（➡p.92）や粘土鉱物・有機物などのはたらきによって形成される。団粒構造が発達すると，孔げき率が高くなり，土壌の排水性・保水性・通気性がよくなる。農業生産上は水につけてもこわれない団粒が重要であり，そうした団粒を**耐水性団粒**とよぶ。

耐水性団粒の形成を促進するには，たい肥などの有機物の施用，根量や茎葉の量が多い牧草の栽培による有機物の補給，などの方法がある。最近は有機合成高分子の団粒形成促進剤（➡p.120）も市販されている。

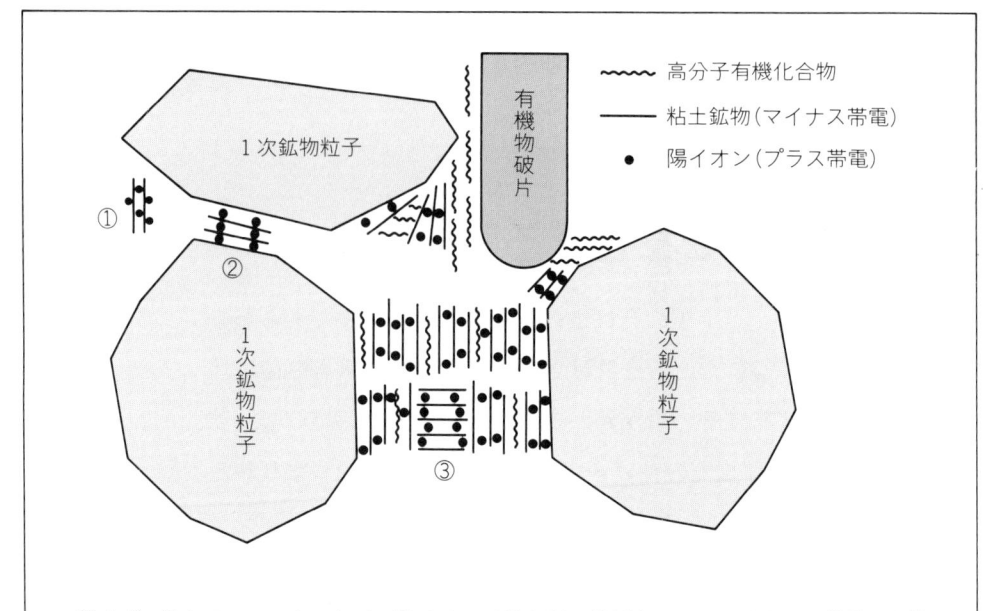

図4-8　土壌粒子の結合メカニズム　　　　　　　　　　　　　　（図4-6と同じ資料による）

凡例：
- 〰〰〰 高分子有機化合物
- ──── 粘土鉱物（マイナス帯電）
- ● 陽イオン（プラス帯電）

①まず，鉄やアルミニウムなどの陽イオンが結合剤の役割をして，マイナスに帯電した粘土鉱物を引き寄せる。
②引き寄せられた粘土鉱物が1次鉱物粒子のあいだを埋めて1次鉱物粒子どうしを結合させる。これだけでも一応微小団粒ができるが，水につけるとすぐにこわれる。
③これを腐植物質，微生物菌体などの有機物が補強して，安定した団粒が形成される。

❸ 孔げきと水の動き

毛管現象

土壌の孔げきは立体的に複雑に連結し，細いものから太いものまでいろいろな孔げきがあり，孔げきの状態によって土壌の水の動きは大きく左右される。

内径のことなる2本のガラス管を水面に立てると，細いガラス管ではより高い位置まで水が上昇する。そして，ガラス管を水面からもち上げると，太い管の水は落下してしまうのに，細い管の水はそのまま保持されている（図4-9）。こうした現象を毛管現象とよぶが，同じことが土壌の孔げきでもおこっている。

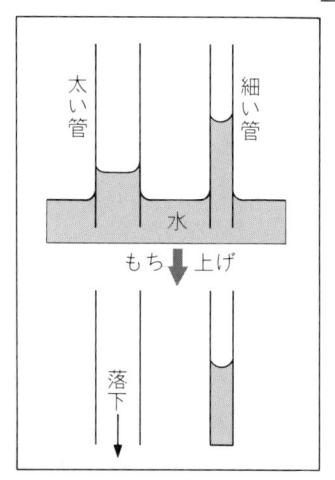

毛管孔げきと非毛管孔げき

孔げきのうち，毛管現象によって水を上昇させ，重力にさからって水を保持できる孔げきを**毛管孔げき**，保持できない孔げきを**非毛管孔げき**という。毛管孔げきが多いほど土壌の保水性は高ま

図4-9　毛管現象

るが，排水性や通気性は低下する。逆に，非毛管孔げきが多いほど保水性は低下して，排水性や通気性が高まる。

　団粒の内側に存在する孔げきの大部分は毛管孔げきで保水性が高いのに対して，団粒の外側の孔げきは非毛管孔げきで排水性や通気性にすぐれている。したがって，団粒構造の発達によって，保水性と同時に排水性・通気性にもすぐれた土壌が形成されることになる。

❹ 土壌のなかのいろいろな水

重力水と毛管水　たん水状態の水田や多量の雨が降った直後の土壌は，図4-10ⓐのように，孔げきがすべて水で満たされた状態になっている。雨がやむと，排水のよい土壌なら，非毛管孔げきの水は重力によって流れさり，そこに空気が流入して図4-10ⓑの状態になる。

　重力で流れさる水を**重力水**または**自由水**とよぶ。いっぽう，重力にさからって毛管孔げきに保持される水を**毛管水**という。下層に排水のわるい層があると，雨がやんでも重力水が抜けきれずにⓐの状態のままとなり，畑作物は酸素不足におちいってしまう。したがって，畑作物にとっては重力水はすみやかに流れさり，必要な水が毛

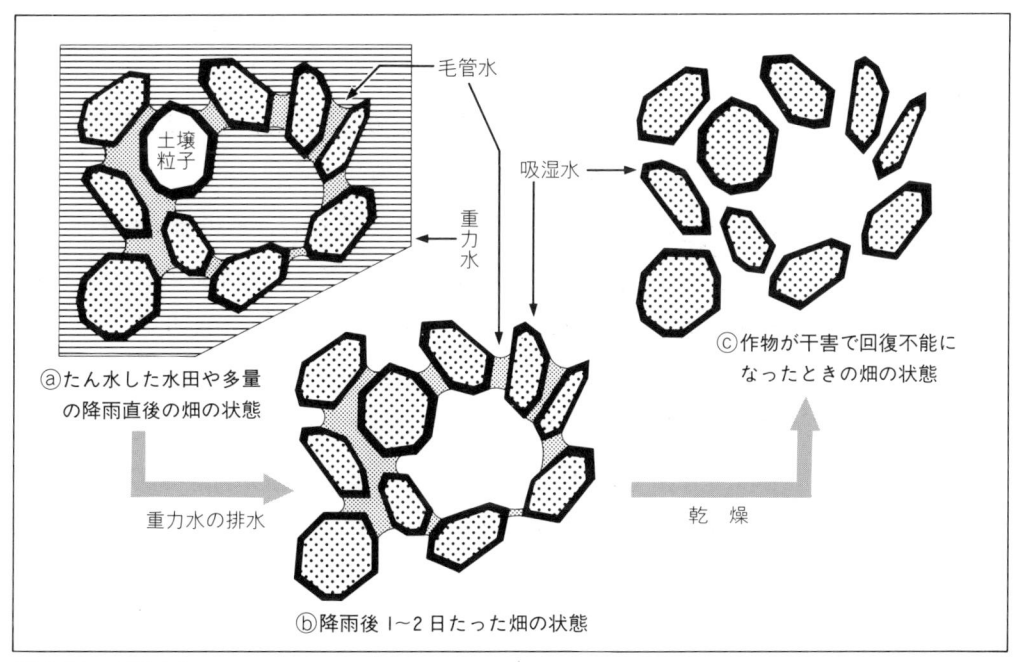

図4-10　土壌の水

管水として保持される土壌こそのぞましい。畑あるいは畑状態の水田で作物に利用される水は毛管水である。

吸湿水と膨潤水

吸湿水 孔げき中の空気に存在している水蒸気状態の水分子が、乾燥した粘土鉱物などの表面にひじょうに強い力でうすい膜状に吸着されたもので、動きにくいため作物には利用されない。

膨潤水 アロフェン(→p.79)や腐植物質などがとり込んで体積を膨張させている水分子である。吸湿水ほど強い力で保持されているのではないが、やはり作物には利用されない。

❺ 作物に有効な土壌水分のめやす

土壌固有の水分保持能力を診断したり、ある時点の水分状態を知るためには、次のような指標が用いられる。

最大容水量

すべての非毛管孔げきと毛管孔げきを水が満たした状態で、土壌が保持できる水の容量を**最大容水量**とよぶ。図4-10ⓐ(→p.87)がこれに相当し、たん水した水田土壌や多量の雨が降った直後の土壌が、この最大容水量の状態である。

ほ場容水量

すべての毛管孔げきを水が満たし、非毛管孔げきには水が存在しない状態で、土壌が水を保持できる容量を**ほ場容水量**とよぶ。図4-10ⓑ(→p.87)がこれに相当し、畑状態の土壌にじゅうぶんな降雨があったあと、1〜2日経過して重力水が流れさったときの状態である。

pF(ピーエフ)

上の二つの容水量は、その土壌に固有の値(表4-4)(→p.90)であって、土壌水分の変化を連続的にとらえるものではない。そこで、どんな土壌にも共通して、植物にとっての水の吸収のしやすさを測定する方法がくふうされている。孔げきが細くなるほど水を保持する力が強まり、そこから水を引き出すのに多くの力が必要になることを利用した方法である。

力をあらわす単位としてニュートン(N)が使われるが、慣用的にpFが使われている。

pFであらわすと、土壌の最大容水量はpF0、ほ場容水量は平均でpF1.8(多くの土壌でpF1.5〜2.0の範囲)である(図4-11)。

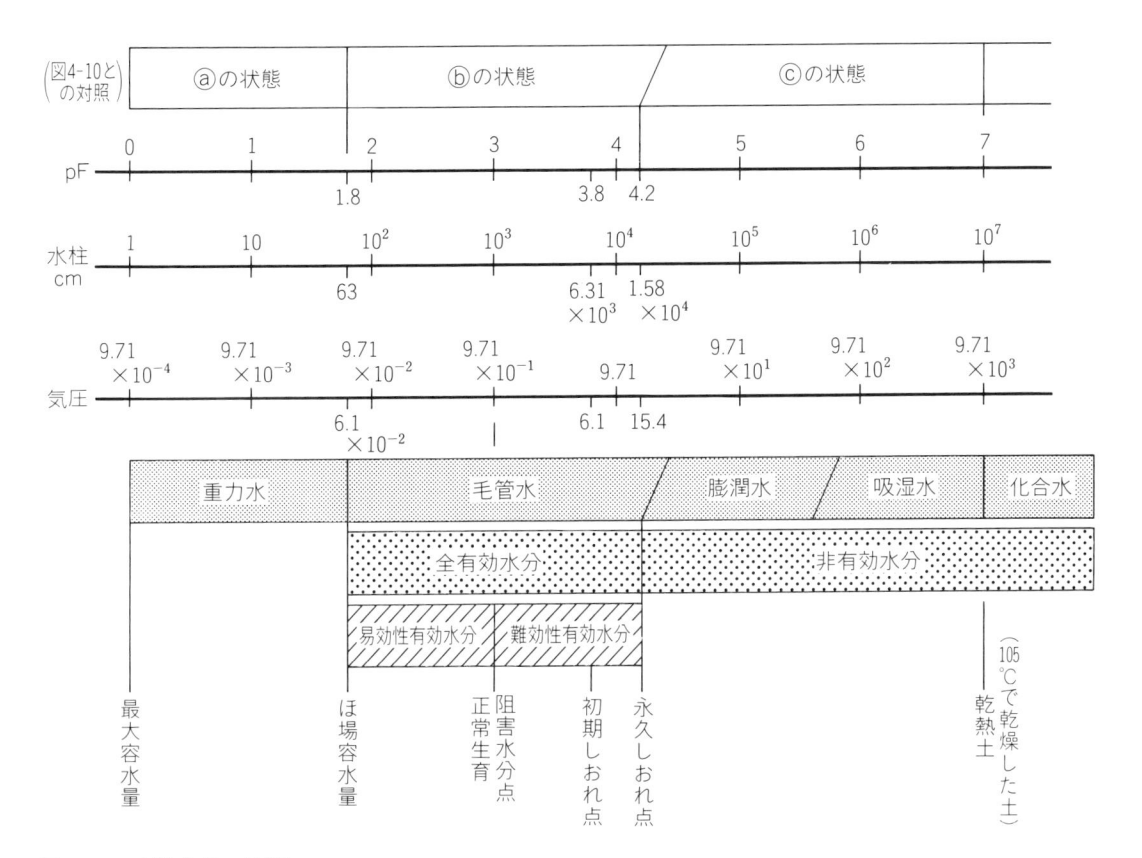

図 4-11 土壌水分の分類
[注] 初期および永久しおれ点は植物の種類によってちがうので，ここに示した値は代表的値である。

　土壌がしだいに乾燥してpFが3.0になると，水が少なくなってあちこちで毛管水が切断され，水の連続した移動が困難になる（**正常生育阻害水分点**）。そして，pF3.8になると，根が吸水できなくなってしおれはじめる。このときの水分点を**初期しおれ点**という。このときに水が補給されれば，植物は回復できるが，さらに乾燥してpF4.2

> **参考　pFのあらわしかた**
>
> 　pFは，単位の国際的整理がなされる以前に慣用的に使われていた単位で，土壌から水分をひきはなすのに必要な力を水柱の高さ(cm)の対数であらわし，土壌水分のめやすとされてきた。たとえば，1気圧（水銀柱の高さで76cm）の圧力を土壌にかけたときに土壌から押し出されてきた水のことを考えてみよう。
>
> $$76 \times 13.595 = 1033.22 (\fallingdotseq 10^3)$$
> （1気圧の水銀柱の高さ）（水銀の密度）（1気圧の水柱の高さ）
>
> 　水柱10^3の対数は3。この値がpF値で，この土壌でもっとも弱く保持されている水がpF3ということであり，それよりも強い力で保持された水も同時に存在していることを意味している。

になると，植物はもはや回復できなくなる。このときの水分点を**永久しおれ点**という。

ほ場容水量から永久しおれ点までの，おおむねpF1.8〜4.2までの水が，畑状態土壌で生育する作物の利用できる**全有効水分**とされている。このうち，pF1.8〜3.0の水がとくに植物に利用されやすく，**易効性有効水分**とよばれる。

耕地土壌の水分保持特性の例を表4-4に示す。

表4-4　台地・丘陵地の主要な耕地土壌の水分保持特性の平均値
（表層〜次層：0〜50cm，容積%）

	最大容水量	重力水量	全有効水量	非有効水量
黒ボク土	70.6	18.6	27.2	24.8
黄　色　土	54.0	18.2	15.7	20.1
褐色森林土	57.6	19.3	15.0	23.3

（土壌物理研究会編『土壌の物理性と植物生育』昭和54年より抜粋）

❻ 土壌のなかの空気

地上の空気・土壌の空気

地上の空気には，体積割合で窒素ガス78%，酸素21%，二酸化炭素0.03%などが含まれている。しかし，土壌の孔げきの気相に存在する空気のガス組成は，根や微生物の呼吸によって酸素が減少し，二酸化炭素がふえるので，地上のものとはかなりことなっている。

植物が吸収する酸素

植物は，水とともに水に溶けた酸素も吸収する。しかし，水に溶ける酸素の量は少ないため[1]，作物が必要とする酸素を吸収できるようにするためには，土壌中の空気と水，つまり孔げきの量とそのなかの気相と液相が適正に保たれていることがたいせつになる。

畑作物が正常に生育するには土壌の気相率が20%以上あることがのぞましく，最低でも10%は必要である。気相に含まれている酸素濃度が9〜12%以下になると畑作物の生育がおくれはじめ，5%以下になると生育が停止する。

(1) 空気1lには約275mgの酸素が含まれるが，水1lに溶ける空気中の酸素は，20℃のとき8mgていどにすぎない。

❼ 土壌のかたさ

孔げき量と硬度

孔げきの量は土壌のかたさにも影響し，固相率の高い土壌はかたい。土壌のかたさ（硬度）は硬度計で測定する[2]。根は細胞自体の圧力を高めて，多少かたい土

(2) ふつう，山中式硬度計で測定する。円すい形の金属を土壌にあて，一定の深さまで押し込むのにどれだけの力が必要であったかを，バネばかりで読み取る。

壌でも貫通することができるが，畑作物や果樹などでは，土壌硬度が硬度計の値で17〜20mmになると，根の伸長がおさえられはじめ，25〜27mmになると伸長が停止する。イネでは23mmで伸長が停止する。

水分の多い土壌では土壌硬度が低下するため，トラクタなどでむりに走行すれば，土を練って団粒を破壊し，さらに固相率の高い，かたい土壌になる。

下層土の影響

水分保持力・排水性・通気性などの物理的な性質は，下層土の影響も強くうける。下層にかたくて水をとおさない土層があると，作物の根は土中深くまで伸長できず，作土層の排水性や通気性もわるくなる。逆に下層土に大きな礫の層が存在すると，作土層の排水性や通気性はよいが，毛管孔げきが礫層で切断されて作土層は水分不足になりやすい。よい作土層をつくるには下層土の改良も必要である。

参考　ほ場でのpF測定とかん水

pFの測定にはテンシオメータがよく用いられる。多孔質の磁性カップを土壌に埋め込み，かたいビニルパイプで水銀溜と連結し，カップとパイプに水をつめた装置である。土壌が乾燥すると，カップの水が土壌にしみ出して水銀が上昇する。土壌が湿潤になると，土壌から水がカップにしみ込んで水銀が下がる。水銀の位置からpFを連続的に読み取る。

この装置で測定できるのはふつうpF3.0ていどまでであるが，かんがいの要否の判定に利用され，pF2.5〜3.0になったらかん水する。

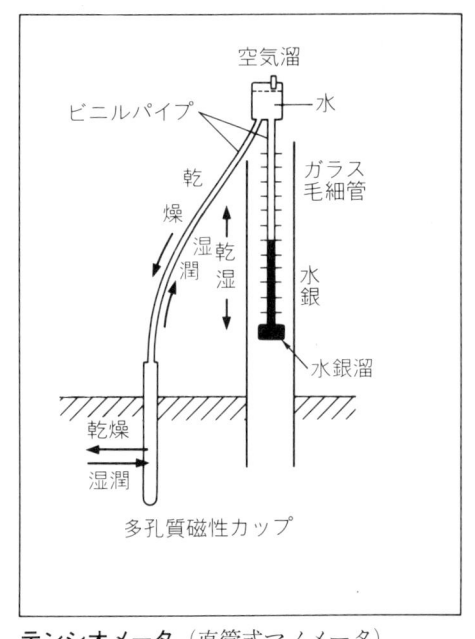

テンシオメータ（直管式マノメータ）

4 土壌の化学的性質

土壌構成成分のなかでも，粘土鉱物や腐植物質の表面は電荷をおびている。これらの電荷と，土壌の水に溶けた陽イオンや陰イオンの電荷とが反応して，土壌中での養分の動きや土壌のpH，ひいては作物の生育に大きな影響をあたえる。

❶ イオンの交換反応

陽イオンと陰イオン

作物は養分として，6節に述べる元素を必要とする。養分元素を含む肥料などの化合物を土壌に施すと，化合物は水に溶けて陽イオンと陰イオンに分かれ，作物根はイオンのかたちで養分元素を吸収する。

土壌溶液[1]には，養分元素以外にもいろいろな元素がイオンになって溶けている。

陽イオン 水素イオン(H^+)[2]・カリウムイオン(K^+)・カルシウムイオン(Ca^{2+})・マグネシウムイオン(Mg^{2+})・アンモニウムイオン(NH_4^+)・鉄イオン(Fe^{3+}とFe^{2+})・マンガンイオン(Mn^{4+}とMn^{2+})など。

陰イオン 水酸化物イオン(OH^-)・塩化物イオン(Cl^-)・硝酸イオン(NO_3^-)・リン酸イオン(PO_4^{3-})・硫酸イオン(SO_4^{2-})など。

陽イオンの保持されやすさ

結晶性粘土鉱物はマイナスに帯電しており(➡p.79)，表面に土壌溶液中の陽イオンを電気的に引きつけて保持する[3]。

陽イオンは，$H^+ > Ca^{2+} > Mg^{2+} > K^+ = NH_4^+ > Na^+$の順で保持されやすい。つまり，陽イオンでも電荷の強いイオンほど，また，同一電荷なら原子量[4]の大きいイオンほど保持されやすい傾向がある[5]。ただし，H^+は例外的に保持されやすい。

粘土鉱物表面に，ある陽イオン，たとえばカルシウムイオンが保持されているときに，硫安(硫酸アンモニウム)が施されたばあいのことを考えてみよう。外側から大量のアンモニウムイオン(NH_4^+)が近づき，瞬間的にカルシウムイオンと交換し，粘土鉱物表面に保持される。これが**陽イオン交換反応**である(図4-12)。

---

(1) 土壌が保持している水のことで，イオンなどが溶け込んでいる状態のものをよぶ。
(2) 右肩の＋や－の数字は電荷の強さを示している。
(3) このばあい，イオンが粘土鉱物表面の元素と化合物を形成するわけではない。
(4) 6.024×10^{23}個の原子を集めたときの質量で，カルシウムは40.1，カリウムは39.1，水素は1.0。
(5) ただし，粘土鉱物による陽イオンの保持の順序は溶液中のイオンの濃度(イオンの量)でかわり，1価の陽イオンが高濃度に添加されれば，表面の2価イオンとおきかわるので，絶対的なものではない。図4-12はその例である。

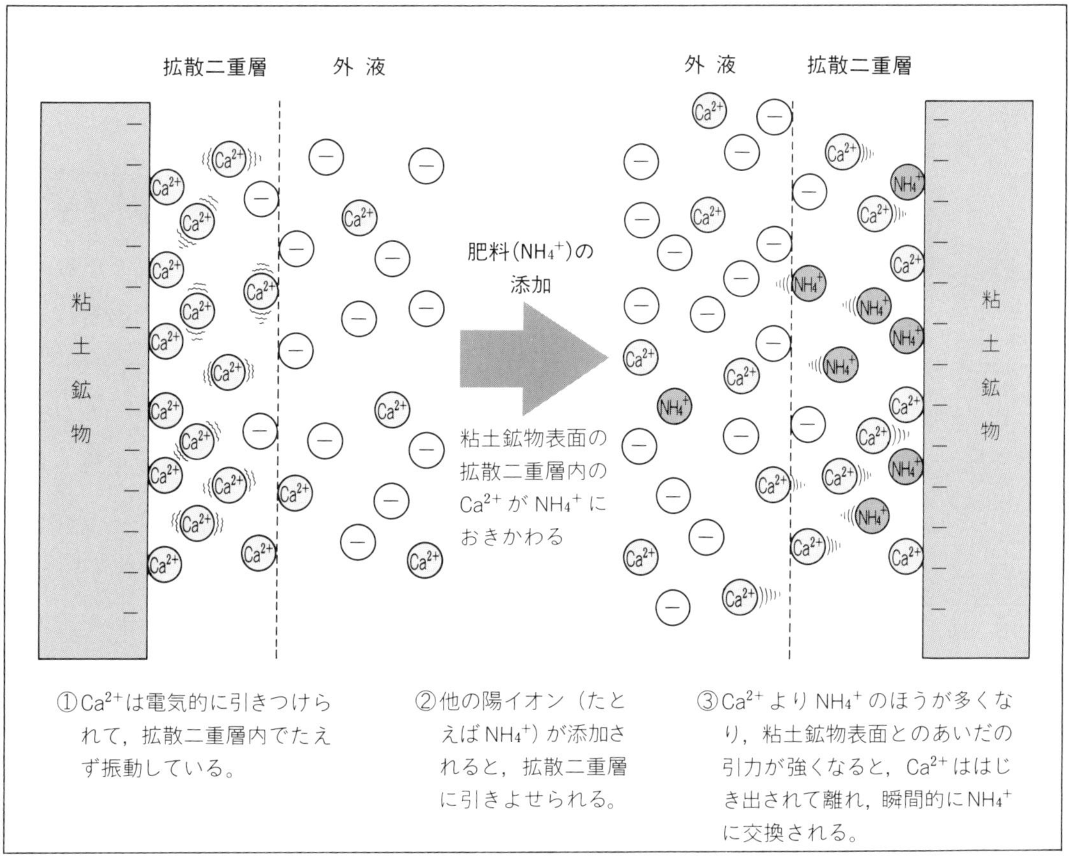
拡散二重層
外 液
外 液
拡散二重層
粘土鉱物
粘土鉱物
肥料(NH_4^+)の添加
粘土鉱物表面の拡散二重層内のCa^{2+}がNH_4^+におきかわる
①Ca^{2+}は電気的に引きつけられて，拡散二重層内でたえず振動している。
②他の陽イオン（たとえばNH_4^+）が添加されると，拡散二重層に引きよせられる。
③Ca^{2+}よりNH_4^+のほうが多くなり，粘土鉱物表面とのあいだの引力が強くなると，Ca^{2+}ははじき出されて離れ，瞬間的にNH_4^+に交換される。

図 4-12　結晶性粘土鉱物周囲の拡散二重層と陽イオン交換反応（Ca^{2+}優先のところへ，NH_4^+を添加したとして模式化）

参考

拡散二重層（電気的二重層）

粘土鉱物のマイナス荷電の影響のおよぶ範囲を拡散二重層（あるいは電気的二重層）という。この範囲では，陽イオンは粘土鉱物表面に近いほど高濃度で，離れるほど濃度を下げ，陰イオンは逆に表面に近いほど低濃度で，離れるほど濃度を上げ，やがて影響のおよばない土壌溶液のイオン組成と同じになる。この層に陽イオンが保持されていることが粘土鉱物による陽イオンの保持（吸着）の実態である。

陽イオン交換容量（シーイーシー CEC）

陽イオンを交換・保持する能力をいう。粘土鉱物の表面積によってもことなるが[1]，粘土鉱物の種類によってマイナス電荷の強さに大きな差があり，陽イオン交換容量がことなる（表4-5）。→p.94

土壌にバーミキュライトやモンモリロナイトなどの粘土鉱物や腐

(1)　CECは乾土100gの土壌が保持できる交換性陽イオンの総量をミリグラム当量(me)であらわす。加水ハロイサイト，バーミキュライト，モンモリロナイトなどは，水分子をはさむ部分の表面も加わるため表面積が大きく，CECが大きい。

表4-5 粘土鉱物および腐植物質のイオン交換容量

	陽イオン交換容量 me/100g	陰イオン交換容量 me/100g
1：1型粘土鉱物		
カオリナイト	3〜 15	
ハロイサイト	5〜 10	
加水ハロイサイト	40〜 50	
2：1型粘土鉱物		
イライト	10〜 40	
バーミキュライト	100〜150	
モンモリロナイト	80〜150	
腐植物質	30〜280	
アロフェン　pH8.6	72	3
pH7.0	33	11
pH4.5	9	35

（川口桂三郎ら『土壌学』昭和40年・飯村康二「農技研報告B・17号」昭和41年などにより作成）

植物質が多くなると，陽イオンを交換・保持できる量が増し，作物養分であるアンモニウムイオン・カリウムイオン・カルシウムイオン・マグネシウムイオンなどの陽イオンが，降雨で土壌から流されるのを防ぐ能力が高くなる。このため，陽イオン交換能力の高い土壌を保肥力の高い土壌という。

陰イオン交換容量（AEC） 陰イオンを交換・保持する能力をいう。結晶性粘土鉱物のマイナスの電荷は土壌pHによってほとんど変化しないが，表4-5でわかるように，アロフェンのような結晶度の低い粘土鉱物のマイナス電荷は土壌pHによって変化し，pHが低くなると陰イオン交換能力があらわれる。

❷ 電気伝導度（EC）

土壌溶液中のイオン量 土壌の陽イオン交換容量の範囲で肥料が施されていれば，施した肥料はイオンとして土壌に吸着されて，作物の吸収に応じて土壌溶液のなかに溶け出してくる。しかし，土壌の陽イオン交換容量を超えた多量の肥料を施用すれば，土壌溶液中に溶けて存在するイオンの量が急激に増加する。きょくたんなばあいは，土壌溶液の浸透圧が根の浸透圧よりも高くなって，根から水分が土壌溶液中にしみ出し，植物は脱水状態になって枯死する（**塩類濃度障害**）。

電気伝導度と施肥 電気伝導度は，土壌溶液中のイオンの濃度をあらわすものではないが，その尺度として使える。土壌を分散した液に微弱な電流を流すと，イオンが多いほど電流がよく流れるので，電流の測定値をイオンの総量の指標にする。単位は$S\cdot m^{-1}$（ジーメンス・パー・メーター）であらわす。土壌診断や施肥の判断に利用されている。

❸ 土壌の酸性・アルカリ性

土壌の酸性・アルカリ性は、作物の養分の吸収や、土壌微生物の種類や活動などに影響を与える(➡p.98)。一般に作物は、土壌が弱酸性から中性のときに生育が良好なものが多い。

1 酸性の原因

酸性のあらわしかた 土壌の酸性は、pHであらわすことが多い。pHは土壌溶液中の水素イオン(H^+)濃度の指標で、値が小さいほど水素イオン濃度が高い[1]。pHのほか、酸度[2]であらわすこともある。

水素イオン濃度は土壌中の化学反応、植物や微生物の酵素反応などに影響するため(➡p.98)、pHが低すぎたり高すぎたりすると作物は健全に生育できなくなる。

酸性の源 土壌溶液中の水素イオンの源は二つある。

一般的な水素イオン 酸が水に溶けると水素イオンが放出される。空気中の二酸化炭素が水に溶けて生じた炭酸、イオウやイオウ化合物が微生物によって酸化されて生じた硫酸、わらなどの有機物を分解する過程で微生物が生成した酢酸など、無機や有機の酸から放出される水素イオンがその例である。

土壌本来の水素イオン 粘土鉱物や腐植物質などに陽イオン交換で保持された水素イオンやアルミニウムイオンも、水素イオンの源になる。保持された水素イオンやアルミニウムイオン自体が酸性を示すわけではないが、しばらくたつと水素イオンが土壌溶液に放出されて酸性になる。

これにはつぎの二つのタイプがある。一つは、粘土鉱物や腐植物質に保持された水素イオンが別の陽イオンとおきかわって放出されるタイプ。もう一つは、アルミニウムイオンが水素イオンを放出するタイプで、土壌酸性のもっとも重要な原因となる(図4-13)。
→p.96

pHの測定 **蒸留水によるpH** ふつうは蒸留水を加えて土壌pHを測定する。このpHは、おもに水に溶けた酸に由来する水素イオンを測定する。

pHの測定のしかたは、ふつうは乾土10〜20gをとって、それに2.5倍量の水を加え、よくかくはんして30分ほど静置したのち、pHメータの電極をさし込んで、30秒後にメータが示した値を読み取る。ほ

[1] pH=〔水素イオン濃度(g/l)の対数〕の絶対値。0〜14の値となる。7が中性、7未満は酸性、7を超えればアルカリ性。
[2] 塩化カリ溶液を加えて、放出された水素イオンやアルミニウムイオンの酸性を、アルカリを加えていって中和し、そのために必要であった水酸化ナトリウムの量であらわす方法。

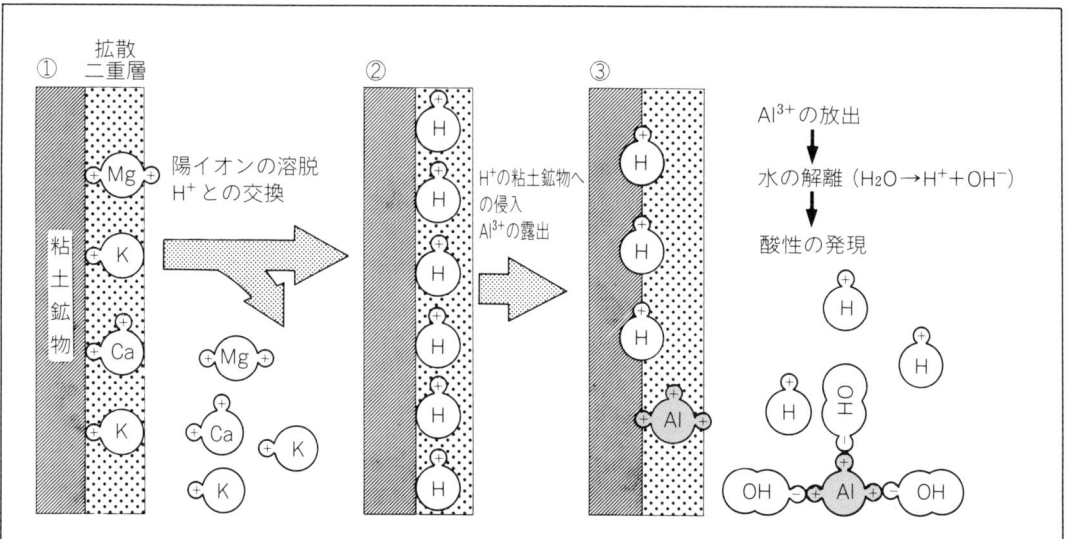

① 粘土鉱物表面の拡散二重層にいろいろな種類の陽イオンが保持されていても，粘土鉱物がH^+以外の陽イオンをほとんど含まない水で長期間洗われたり，塩酸などの酸で洗われると，保持されていた陽イオンは溶脱して，H^+に交換される。
② 粘土鉱物表面にH^+が多量に保持されると，やがてH^+は粘土鉱物の端に露出したアルミナ層に侵入して，粘土鉱物内部に組み込まれる。アルミナ層のアルミニウムは粘土鉱物の表面にAl^{3+}となって露出し，Al^{3+}が保持された粘土鉱物が生じる。
③ 表面に保持されたAl^{3+}が他の陽イオンとおきかわって溶液中に放出される。Al^{3+}は強くプラスに帯電していて，周囲に水分子のOH^-部分を引きつけるので，H^+部分は離れやすくなる。そして，土壌溶液中のH^+濃度が低下すると，水分子のH^+部分が離れて，H^+となる。腐植物質に吸着されたAl^{3+}や，酸化アルミニウムなどのアルミニウム化合物から溶け出したAl^{3+}でも，同様にH^+が生じる。

図 4-13 土壌本来の酸性の発現メカニズム（模式図）

場で測定するときには，生土を使う。ふつう，$pH(H_2O)$とあらわす。

塩化カリウムなどによるpH 蒸留水のかわりに，塩化カリウム（KCl）や酢酸カルシウム$[Ca(COOH)_2]$水溶液を加えて測定する方法で，粘土鉱物や腐植物質の表面に保持されたアルミニウムイオン（Al^{3+}）や水素イオンを，カリウムイオンやカルシウムイオンによって放出させたときのpHを測定することになる。

ふつう，$pH(KCl)$または$pH[Ca(COOH)_2]$とあらわし，当然このpHのほうが蒸留水によるばあいよりも低い。

2 土壌のpH緩衝能

水に酸やアルカリを1滴たらすと，水のpHは急激に酸性またはアルカリ性にかわる。しかし，土壌に同じことをおこなっても，pHはそれほどには変化しない。

酸を添加したばあい 土壌ではいろいろな陽イオンや陰イオンが粘土鉱物や腐植物質に保持されており，添加した酸から生じる水素

イオンの多くは、粘土鉱物や腐植物質に保持されている陽イオンとおきかわって保持される。このため、水素イオン以外の陽イオンが土壌溶液に出てくるので、pHの低下はわずかである。

アルカリを添加したばあい　アルカリから生じた陽イオンの多くが、粘土鉱物や腐植物質に保持されていた水素イオンとおきかわって保持される。放出された水素イオンと、アルカリから生じた水酸化物イオンとが反応して水(H_2O)になるため、pHの上昇はわずかである。

このように、土壌がもっている外からの酸やアルカリによる影響をやわらげる能力を、**土壌のpH緩衝能**とよぶ。これは、粘土鉱物や腐植物質のもっている陽イオン交換反応のはたらきでおこる。pH緩衝能は土壌の種類によってことなっている。

3 土壌の酸性化とアルカリ化

雨による酸性化・アルカリ化

多雨による酸性化　雨が多い地帯では、水によって陽イオンが流され、粘土鉱物や腐植物質の表面には水素イオンが多くなり、水素イオンによってアルミニウムイオンも溶かし出され、ゆっくりと土壌は酸性化する。雨の多いわが国では、大半の土壌がこうして酸性土壌になっている。

乾燥によるアルカリ化　雨の少ない砂漠などでは、粘土鉱物の発達や植物による腐植物質の集積が少なく、土壌のpH緩衝能も低い。そして、蒸発量が多いため、土壌の表面に岩石の風化で生じたイオンが塩類の結晶となって集積し、アルカリ性となる。雨を遮断した施設土壌でも、かん水量が少ないと砂漠と類似した塩類集積やアルカリ化がおきやすい。

施肥による酸性化

施肥によっても土壌は酸性化する。硫酸アンモニウム[$(NH_4)_2SO_4$]・塩化アンモニウム(NH_4Cl)・塩化カリウム・硫酸カリウム(K_2SO_4)などを施用すると、肥料は水に溶けて陽イオンと陰イオンに分かれる。

作物によって、アンモニウムイオンやカリウムイオンなどはよく吸収されるが、塩化物イオンや硫酸イオンなどはあまり吸収されな

> **参考　酸と塩基と塩**
>
> 水に溶けて水酸化物イオンを放出する物質を塩基という。一般には，水素イオンを除いた陽イオン(カルシウムやマグネシウムなどの元素)を塩基とよび，そのイオンを塩基性イオンとよんでいる。酸と塩基が反応して生じた化合物が塩で，塩類ともよばれる。たとえば，HCl(塩酸＝酸)とNaOH(水酸化ナトリウム＝塩基)を反応させてできる化合物のNaCl(塩化ナトリウム)が塩である。
>
> 肥料の硫酸アンモニウム(硫安)も，硫酸(酸)と水酸化アンモニウム(塩基)とを反応させた塩で，硫安のほかにも肥料のなかには塩がたくさんある(➡p.129)。

(1) 陽イオンと陰イオンが等量にある状態のこと。

い。これらの土壌に残ったイオンは陰イオンで存在しやすいので，電気的に中性[1]を保つために，粘土鉱物の表面などに保持されていた陽イオンである水素イオンが放出され，土壌の酸性が強まる。

また，窒素肥料を多量に施用すると，土壌中の硝化菌によって陽イオンであるアンモニウムイオンが陰イオンである硝酸イオンに酸化され，硝酸イオンが集積する。これにともなって電気的中性を保つために粘土鉱物や腐植物質から水素イオンが放出され，土壌の酸性が強まる。

石灰施用によるアルカリ化

石灰質土壌では，粘土鉱物などの表面にカルシウムイオンが保持されているだけでなく，土壌溶液中にもカルシウムイオンが溶けている。そのため，電気的中性を保とうとして水酸化物イオンが多く存在し，水素イオンが少なく，アルカリ性となっている。

石灰質資材を入れすぎたばあいも，土壌がアルカリ性になる。

④ 生育障害の原因

pHは，根の酵素のはたらきなど，植物の代謝に直接影響をおよぼす。それに加えて，土壌中の無機物質の化学反応や微生物の活動にも影響する。

酸性障害

土壌の酸性が原因になって，作物の生育が障害をうける理由は，①溶け出したアルミニウムイオンが作物生育を直接阻害する，②溶け出したアルミニウムイオンがリン酸イオンと結合して，リン酸が溶けにくくなり欠乏する(➡

p.99），③土壌中の鉄・マンガン・カルシウム・マグネシウムなどの無機化合物が酸性で溶け出して，降雨によって土壌から流れて失われ，養分元素が欠乏する，④強い酸性土壌では微生物活性も低くて，土壌有機物の分解による窒素の供給が少ない，などである。

5 **アルカリ性障害** アルカリ性では，鉄・マンガン・カルシウム・マグネシウムなどの無機化合物が溶けにくくなって作物に吸収されにくくなり，これらの養分元素が欠乏して作物に生育障害が生じる。

有害イオンや養分欠乏に耐える能力は作物によってことなるため，
10 作物によって好適な土壌pHがことなっている（表4-6）。

表4-6 作物の好適土壌 pH(H_2O) 範囲

作物	好適範囲	作物	好適範囲	作物	好適範囲
オオムギ	6.5〜8.0	キャベツ	6.0〜7.0	ニンジン	5.5〜7.0
テンサイ	6.5〜8.0	トマト	6.0〜7.0	タマネギ	5.5〜7.0
ブドウ	6.5〜7.5	ハクサイ	6.0〜6.5	キュウリ	5.5〜7.0
アルファルファ	6.0〜8.0	ナス	6.0〜6.5	カブ	5.5〜6.5
コムギ	6.0〜7.5	イネ(水稲)	6.0〜6.5	リンゴ	5.5〜6.5
エンドウ	6.0〜7.5	トウモロコシ	5.5〜7.5	ラッカセイ	5.3〜6.6
ダイコン	6.0〜7.5	ハタバコ	5.5〜7.5	ソバ	5.0〜7.0
ホウレンソウ	6.0〜7.5	ダイズ	5.5〜7.0	イチゴ	5.0〜6.5
シロクローバ	6.0〜7.2	カンショ	5.5〜7.0	ミカン	5.0〜6.0
ナシ	6.0〜7.0	エンバク	5.5〜7.0	チャ	4.5〜6.5

（鬼鞍豊編『土壌・水質・農業資材の保全』昭和60年による）

❹ リン酸の固定

土壌がリン酸を固定して，吸収できにくくするという作用（難溶化）が，わが国の畑土壌の生産力の上昇を長いあいだ制限してきた。リン酸は，アルカリ性土壌ではおもにリン酸カルシウムのかたちで沈
15 でんして難溶化し，酸性土壌ではアロフェン表面のアルミニウムイオン，土壌溶液に溶けたアルミニウムイオンや鉄イオンと結合し，やがてリン酸鉄やリン酸アルミニウムの結晶となって難溶化する。このことを**リン酸の固定**とよぶ。

乾土100g相当の土壌が固定するリン酸のmg数（P_2O_5で計算）を**リン**
20 **酸吸収係数**とよぶが，この値が高いほど固定されるリン酸量が多く

(1) リン酸についての土壌改良は7節（➡ p.116）で学ぶ。

(2) 電子を放出する反応を酸化，電子を取り込む反応を還元とよび，電子を放出する物質を還元剤，電子を取り込む物質は酸化剤とよぶ。還元剤は電子を放出してみずからは酸化され，酸化剤は電子をうけ取ってみずからは還元される。酸化と還元はかならず対になっておこり，どちらかいっぽうだけおこることはない。

なる。リン酸吸収係数は黒ボク土で1,500以上，非黒ボク土ならふつう700前後にすぎない[1]。

❺ 土壌の酸化還元反応

　土壌中の物質どうしの基本的な反応の一つとして酸化還元反応[2]があり，水田で土壌の還元状態がすすむと，イネに根腐れなどの害が発生する（図4-14）。

物質の変化　たとえば，水田土壌にたい肥などの有機物を施すと，土壌中の微生物が有機物を分解する

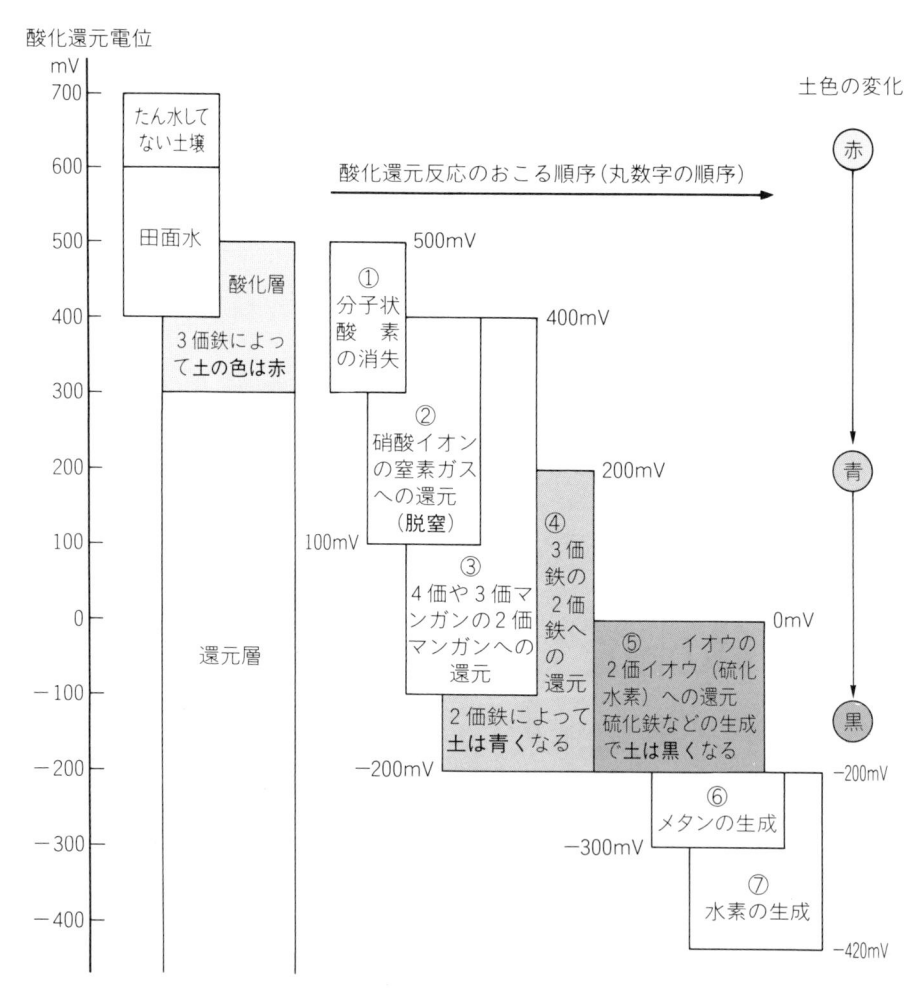

図4-14　水田土壌における酸化還元反応のおこる順序
［注］　水田土壌では，還元状態の発達にともなう酸化還元電位の低下にしたがって順次反応が生じる。ただし，水田土壌は部位によって酸化還元電位が一様でないので，土壌全体でいっせいにこの順序で反応がおこるのではない。特定の部位についてみると，この順序で反応がおこる。

ときに酸素を消費し,土壌は還元状態に変化していく。こうした変化によって,酸化状態ではイネに吸収されない3価の鉄や4価のマンガンが還元されて,それぞれ2価と3価のイオンとなって水に溶け,作物に利用できる型になったり,リン酸が溶け出してきたりする。

いっぽう,還元状態になることで,アンモニウムイオンが硝酸イオンに酸化されずに蓄積するので,pHが中性（pH6〜7）近くまで上昇する。また,硝酸イオンが脱窒菌の作用によって脱窒されたり（➡p.104）,イオウが還元されて硫化水素が発生したりする。

こうした物質の変化によって,図4-14のように,土壌の色も変化する。

酸化還元電位の測定

酸化還元反応にともなう電子の流れをごく微弱な電流として測定することができる。この電流は基準電極との差として,酸化還元電位（Eh　イーエッチ）で表現される（単位はmV）。ふつうEhメータで計測し,Ehの値が低いほど,還元的である。

水田土壌のEhの値が土層によってばらばらのほうが,水稲の生育には好ましい。土層全体のEhが硫化水素を発生するまでに一様に低下すると,根腐れが生じる。このようになった土壌を強還元土壌という。

実験　土の還元反応をみる

準備　畑の土壌,わら,ビーカー（容量1〜2l）,アルミはく

手順　①ビーカーに2分の1ほど土壌を入れる。
②5〜10mmに切断したわらを1〜2g加えてかきまぜる。
③水道水をビーカーの3分の2の深さまで加えて,棒で土壌と水とをかきまぜる。浮いたわらは土壌のなかに埋め込む。
④土壌部分に光があたらないようにビーカー全体をアルミはくでつつみ,室内に1週間ほど放置して,ときどきはずして土壌の色を観察する。

観察　表面の酸化層の色が,青灰色の還元層にかわっていないだろうか。これは,3価の鉄が2価の鉄に還元されたからである。また,わらの周囲に黒い硫化鉄はみえないだろうか。しばらく光をあてたままにしておくと,土壌部分にも緑色の藻類や赤色の光合成細菌が繁殖していくことが観察できるだろう。

5 土壌からの窒素の供給・循環と微生物のはたらき

植物と土壌のあいだには、窒素の物質循環がくり返されており、植物の安定した生育が可能になっている。そこで大きなはたらきをしているのが微生物である。

❶ 有機物の分解と窒素の無機化・有機化

有機物の分解と微生物の生育

動・植物の遺体や動物のふん尿などで土壌にもどった有機物は、微生物によって分解・吸収される。微生物は、有機物に含まれる水溶性の小さな物質を直接吸収するが、微生物よりも大きな物質や水に溶けにくい物質をそのままでは吸収できない。そのため、微生物は酵素を分泌して、その物質を分解してから吸収する。

微生物は、吸収した低分子の糖[1]を用いてエネルギーを合成したり、その糖から合成した有機化合物に窒素やリンなどを結合させてさまざまな細胞成分を合成したりして、生育する。

窒素の無機化と有機化[2]

無機化 窒素含有率の高い有機物をえさにして微生物が生育するさいには、微生物にとって窒素がよぶんになるため、作物が利用できる無機態の窒素であるアンモニア態窒素(NH_4-N)を細胞の外へ排出する。これを窒素の無機化あるいはアンモニア化成とよぶ。

有機化 窒素含有率の少ない有機物をえさにして微生物が生育するさいには、微生物の生育に不足する無機態窒素を土壌から吸収して、アミノ酸や核酸などの窒素を含む有機物を合成する。これを窒素の有機化という[3]。このとき土壌中の無機態窒素が少ないと、作物が窒素を利用できなくなり、窒素不足をひきおこす。この現象を**窒素飢餓**とよんでいる(➡p.106)。

(1) 分子量の小さな糖のことで、グルコースなどがある。

(2) 有機物施用当初に無機化と有機化のいずれがおこるかは有機物の種類でかわる。その判定のめやすは有機物中の炭素の窒素に対する重さの比率(C/N比)で、C/N比が20以下だと無機化、20を超えると有機化がおこる。

(3) 稲わらは炭素に富み、窒素に乏しいので、畑状態土壌に施用すると、稲わら1t当たり約7 kgの窒素が微生物によって有機化される。

微生物による窒素ガスの固定

大気には約78％の窒素ガス(N_2)が含まれているが，作物はその窒素ガスを利用することはできない。しかし，窒素ガスを植物が利用できるアンモニア態窒素に変換できる微生物がいる[1]（表4-7）。

根粒菌

窒素固定能力がもっとも高く，古くから農業に利用されている。細菌の一種でマメ科作物の根に侵入し，根の細胞分裂を誘発して数mm〜1cmのこぶ(根粒)をつくらせて，そのなかで生息する。根粒菌は生育に必要な有機物を根からもらい，空中の窒素ガスをアンモニア態窒素に還元して宿主作物であるマメ科作物の根に供給するため，共生窒素固定微生物ともよばれる。根粒菌の固定する窒素量は，年間100〜400kg/haに達する。

根粒菌は有機物をあたえれば植物なしでも増殖できるため（このばあいは窒素固定をしない），根粒菌を人工培養してふやし，マメ科のダイズや牧草に接種して窒素固定量を高めることがおこなわれている。

水田の窒素固定微生物

水田には多様な窒素固定微生物が生息している。田面水に生える雑草のアカウキクサ（アゾーラ）の葉の空げき部分には細菌の仲間のラン藻が共生し，アカウキクサに窒素を供給している[2]。そのほか，他の生物に共生しないで単独で生活するいろいろな単生窒素固定微生物が生息している[3]ため，水田の天然窒素供給力は畑よりも高い。

固定した窒素の利用

根粒菌やアカウキクサなど，共生窒素固定微生物の固定した窒素の95％以上は，すみやかに宿主作物に供給される。しかし，共生タイプ以外の窒素固定微生物では，窒素はまず菌体成分に合成されるため，作物はすぐには利用できない。微生物の死後，無機化されてか

表4-7　窒素固定微生物の例

単生窒素固定微生物（単独で生活できる窒素固定微生物）
　絶対好気性細菌　（アゾトバクター・アゾスピリルム）
　通気嫌気性細菌　（クレブシエラ・バチルス）
　絶対嫌気性細菌　（クロストリヂウム）
　光合成細菌　　　（紅色非イオウ細菌・紅色イオウ細菌）
　ラン藻　　　　　（アナベナ・ノストック）

共生窒素固定微生物（他の生物に共生する窒素固定微生物）
　根粒菌（マメ科植物の根粒に共生する細菌）
　ラン藻（アカウキクサの葉・地衣類・ソテツの根粒に共生するラン藻）
　放線菌（ハンノキの根粒に共生するフランキア属の放線菌）

[1] ガス状の窒素が固体の化合物に変換されるので，空中窒素の固定あるいは窒素ガスの固定という。

[2] アカウキクサはシダ植物で，古くから中国やベトナムでは緑肥として利用されている。フィリピンの水田に接種したアカウキクサは1作期間に70kg/haの窒素を固定したことが報告されている。

[3] 田面水や水田土壌には窒素固定をおこなえる光合成細菌，イネの根の表面には根の分泌する有機物を利用して1〜20kg/haの窒素を固定する微生物の存在が報告されている。

らはじめて作物が利用できるようになるので，固定した窒素の20〜50%が利用されるだけである。

❸ 土壌中の窒素の変化

硝化作用

有機態窒素は微生物に分解されてアンモニア態窒素を生じる。畑状態の土壌ではふつう，アンモニア態窒素は**硝化菌**[1]とよばれる細菌によって，硝酸態窒素（NO_3-N）に変換されてから畑作物に吸収される。このアンモニア態窒素から硝酸態窒素を生成する反応を**硝化作用**という。

硝化菌は生育に酸素を必要とするため，畑では作土全体，とくに通気のよい団粒の外側に生息するが，水田では田面水と接する土壌表面数mmの層（酸化層）だけにしか生息していない。硝化菌の最適pHは7〜8であり，pH 5以下の酸性土壌では硝化作用はきわめて弱い。

脱窒作用

硝酸態窒素を窒素ガスや亜酸化窒素ガス（N_2O）に変換する反応を**脱窒作用**，これをおこなう微生物を**脱窒菌**という。土壌に多い脱窒菌は，酸素があれば酸素を用いて呼吸をおこない，酸素がなくなれば硝酸態窒素を利用する細菌である。硝酸態窒素が酸素のかわりに利用されると，硝酸態窒素は窒素ガスや亜酸化窒素ガスに還元される（図4-15）。

水田では，元肥の窒素肥料を土壌表面の酸化層に施用すると硝化作用をうけ，やがて還元層で脱窒されて窒素ガスとなって空中に逃げていく。そのため，酸化層の下の硝化菌の生息できない還元層に元肥を施用して，硝化作用をうけるのを防止する方法（全層施肥法）が考案された[2]。

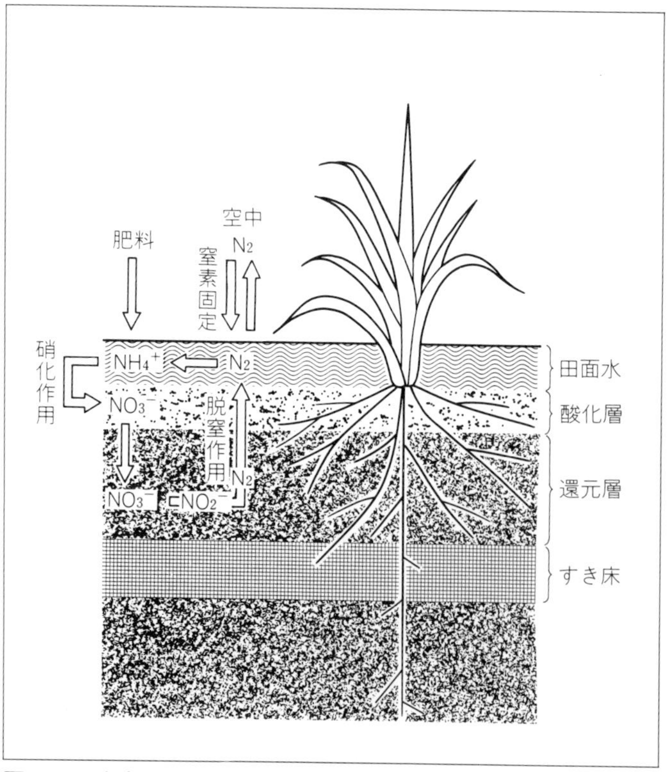

図4-15 窒素固定・硝化作用・脱窒作用のしくみ

(1) 硝化菌には，アンモニア態窒素を亜硝酸態窒素（NO_2^-）に酸化するアンモニア酸化菌（亜硝酸菌）と，亜硝酸態窒素を硝酸態窒素に酸化する亜硝酸酸化菌（硝酸菌）の2群が存在する。

(2) イネが生育してから窒素肥料を土壌表面に追肥しても，発達した根が肥料をすぐに吸収するので，脱窒はあまり問題でない。

> **参考　ハウスの亜硝酸ガス障害**
>
> 　亜硝酸イオンは作物にとっては有毒で，ふつうは土壌には蓄積されることはない。しかし，ハウスのように密閉された条件では亜硝酸ガス障害が発生し，作物を一夜にして枯らすことがある。
> 　多量の窒素肥料が施されることによって硝化作用が活発になり，アンモニアイオンから亜硝酸イオン，つづいて亜硝酸イオンから硝酸イオンへと酸化されて，硝酸イオンが蓄積して土壌pHが5近くまで低下する。このpHの低さでは硝化作用全体が低下するが，亜硝酸イオン生成よりも硝酸イオン生成の過程がすすみにくくなり，その結果，亜硝酸イオンが土壌に蓄積する。
> 　酸性土壌では亜硝酸イオンがガスになって揮発し，それが密閉されたハウスのなかに充満し，作物表面の水滴に溶けて，ふたたび亜硝酸イオンとなって亜硝酸ガス障害が発生する。

❹ 地力窒素

地力窒素とは　一般に，施肥した化学肥料の窒素のうち，作物に吸収されるのは約半分にすぎない。つまり，施肥窒素の利用率は約50%で，残りは脱窒・流亡したり菌体に合成されたりする。ところが土壌では，作物の収穫残さ，施用したたい肥などの有機物が土壌生物に利用される過程で，土壌生物によぶんになった窒素が無機態窒素として土壌中に放出されている。こうした，土壌から供給される窒素を**地力窒素**または土壌窒素とよんでいる。

　化学肥料の利用率が約50%でも，イネや畑作物は化学肥料で施肥した窒素量と同じかそれ以上の窒素量を地力窒素から吸収できる。地力窒素の供給水準を高めることが，安定した作物生産にたいせつである（➡p.132）。

地力窒素の放出促進　土壌の乾燥などによって地力窒素の放出が促進されることは古くから知られているが，現在の栽培では土壌消毒の影響が大きい。

　土壌消毒によって土壌生物のかなりの部分が死滅する。生き残った微生物が土壌生物の遺体をえさにして増殖するさいに，窒素が過剰になって無機態窒素として放出される。増殖した微生物は死んだ

菌体を食べたあともえさとなる有機物を分解して増殖する。こうして土壌を毎年消毒すると地力窒素の放出が促進されて，一定期間は作物がよく生産できるが，しだいに土壌の有機物含量は減少し，土壌はかたくなる。

土壌の乾燥や，耕うんのさいの土壌粒子による微生物のすりつぶし，石灰の施用によっても微生物が死滅し，上と同じような地力窒素の放出がおこる[1]。

(1) 水田の乾燥による地力窒素放出促進は**乾土効果**として古くから利用されてきた。しかし，乾土効果や土壌消毒による放出促進は3〜4週間しか持続しない。

> **参考　土壌微生物による病原菌の抑制**
>
> 　1節で述べたように，土壌はそのなかに生息する多様な微生物によって，病原菌の増殖をあるていど抑制する能力をもっている。このことをきっ抗作用とよんでいる。
>
> 　たとえば，ふつうの土壌では，細菌が糸状菌胞子に群がってその表面から水溶性有機物を吸収するので，糸状菌胞子は発芽できずにいる。ところが，土壌に施用された有機物や，伸びてきた根から糖やアミノ酸などの栄養分が供給されると，糸状菌胞子はいっせいに発芽する。このように，糸状菌胞子が発芽できない状態にする作用は，静菌作用ともよばれている。
>
> 　また，特定の種類の微生物が，病原菌に対する阻害物質を生成して抑制するきっ抗作用もある。

> **実験　窒素飢餓の発生をみる**
>
> 　**手順**　①最低二つの2,000分の1 aのポット（1 aの2,000分の1の面積をもつ）に畑の土壌をつめて，窒素・リン酸・カリをそれぞれ成分で0.5gずつ加えて，土壌と混合する。酸性が強い土壌のばあいは石灰を補う。
> 　②半数のポットには5〜10mmに切断したわらを100g添加して混合し，残りのポットにはわらを混合しない。
> 　③コマツナ・ムギなどの種子を10粒ずつ播種して，かん水しながら栽培する。
> 　＊使用するポットの大きさで，肥料とわらの量を加減する。
>
> 　**観察**　各ポットの植物の生育をくらべてみよう。わらを添加したポットでは，幼植物が黄色になって枯れてはいないだろうか。これは，微生物がわらを分解するさいに，土壌中の無機態窒素を菌体合成のために吸収した結果，植物は窒素飢餓になったためである。

6 養分と作物栄養

❶ 必須元素と吸収のしくみ

1 作物に必要な元素と量

作物体の重さの約60〜80%は水分である[1]。水分を完全に除いた乾物の元素組成をみると、炭素(C)と酸素(O)が約40〜45%ずつ、水素(H)が約6%を占める。これらは空気と水に由来する[2]。そして、残りの4〜8%ていどを、根を経て土壌から吸収された各種養分元素が占める。土壌から吸収された養分元素のなかでは窒素(N)がもっとも多く、乾物の約1.5〜3%を占める。

乾物の約0.2%以上を占め、すべての植物の生育に不可欠な元素を**多量必須元素**、0.2%未満のわずかな量だが、すべての植物生育に不可欠な元素を**微量必須元素**とよぶ（表4-8）[3]。

植物によっては、ケイ素(Si)やアルミニウム(Al)も生育に不可欠な元素に含まれるが、すべての植物でかならずしも不可欠ではないので、必須元素には含まれていない（表4-9）[4]。

養分吸収を問題にするときは、ふつう、多量必須元素を**多量必須要素**(多量要素)、微量必須元素を**微量必須要素**(微量要素)とよぶ。

[1] ふつう、水分含有率は生育初期で80%前後、成熟期で60%前後。
[2] 植物体成分中の酸素と水素は、土壌から吸収した水に由来し、炭素は空気中の二酸化炭素に由来する。
[3] 必須元素のうち、炭素・酸素・水素を除く元素を無機元素とよぶ。動物と植物の必須元素は一部ことなるが、動物では炭素・酸素・水素・窒素・イオウを除いた元素をミネラルとよんでいる。
[4] ケイ素・アルミニウム・ナトリウム(Na)・セレン(Se)・コバルト(Co)・ニッケル(Ni)・ストロンチウム(Sr)・ルビジウム(Rb)は、特定の植物だけに要求されたり、ある条件のときだけに要求される元素で、有用元素とよばれる。

表4-8 植物の必須元素

多量必須元素			微量必須元素		
炭素(C)	窒素(N)	マグネシウム(Mg)	塩素(Cl)	ホウ素(B)	銅(Cu)
酸素(O)	カリウム(K)	リン(P)	鉄(Fe)	亜鉛(Zn)	モリブデン(Mo)
水素(H)	カルシウム(Ca)	イオウ(S)	マンガン(Mn)		

表4-9 植物（175種）における無機元素の平均含有率（%）

カリウム	カルシウム	マグネシウム	リン	鉄	マンガン	ホウ素	けい素	アルミニウム
2.52	1.57	0.23	0.31	0.044	0.021	0.0019	0.58	0.12

[注] ケイ素を好む作物にイネ、アルミニウムを好む作物にチャなどがある。
（高橋英一「日本土壌肥料学雑誌47」昭和51年より作表）

2 作物根による養分の吸収

作物が吸収する養分には、土壌溶液に溶けているイオンと、粘土

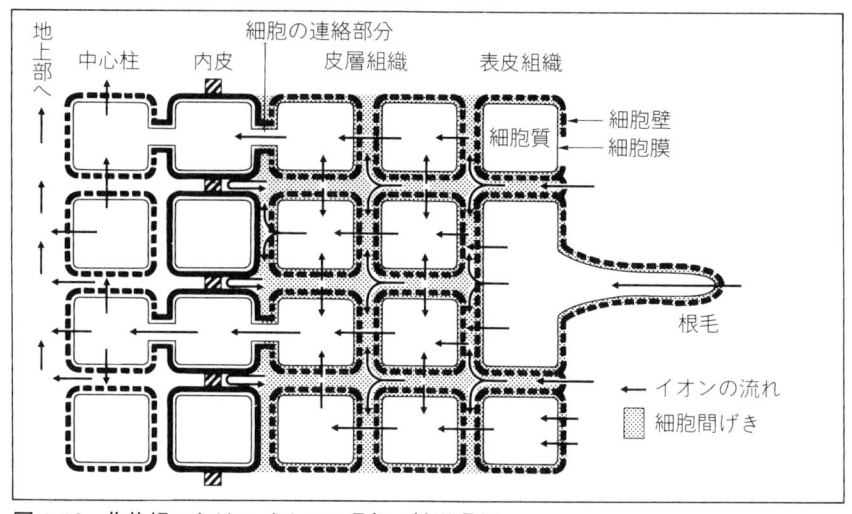

図4-16 作物根におけるイオンの吸収・輸送過程

鉱物に保持されているイオンとがある。それらが作物に吸収されるしくみはつぎのとおりである(図4-16)。

土壌溶液に溶けたイオンの吸収

根の近くの土壌溶液に溶けている陽イオンや陰イオンは,根表皮組織の細胞壁の穴や細胞間げき(細胞と細胞のあいだのすき間)に直接はいり込む[(1)]。この過程は,根の吸水による水の流れがあると促進される。

粘土鉱物などに保持された陽イオンの吸収

粘土鉱物などに保持された陽イオンは,根表皮の細胞壁の穴や細胞間げきにはいり込むまでにつぎのような経過をたどる。

根自体もマイナスに帯電しており,水素イオンを多く保持している。その水素イオンが粘土鉱物などに保持された陽イオンとおきかわり,陽イオンが根の表面に保持される。そして,根の表面でとなりの水素イオンと順次おきかわって,根表皮組織の細胞壁の穴や細胞間げきに運ばれる。実際には根の吸水による水の流れといっしょになってイオンが根に流入する。

根内部へのイオンの輸送

イオンは水といっしょに根内部の細胞間げきを伝わったり,細胞内を通過したりして,内皮に向かって運ばれる。そして,内皮の特定部分にできている細胞の連絡部分を通過して[(2)],中心柱に運び込まれる。中心柱に運び込まれると水の流れに乗って地上部に輸送される。

---

(1) 細胞間げきや細胞壁の穴はイオンが水といっしょに自由に出入りできる領域(フリースペースとよばれる)で,根組織の全容積の8〜28％におよぶ。

(2) 未成熟の根では内皮が発達しておらず,そのまま中心柱にはいることもある。

エネルギーを使ったイオンの吸収

イオンが細胞壁の穴や細胞間げきにはいるまでは，根はエネルギーを必要としない。しかし，イオンが細胞膜を通過するには，根が呼吸で得たエネルギーを使う必要がある。この過程があるから，根は土壌中の濃度の低い養分イオンであっても，浸透圧にさからって必要なイオンを吸収できる（**選択的吸収**という）。どのイオンを選択的に吸収するかは，作物の種類によって多少ことなっている。たとえば，イネはK＞Ca≧Mg＞Naだが，ダイズはK＞Ca＞Mg＞Na，テンサイはNa＞K＞Mg＞Caの順序で吸収する。

なお，この吸収の順序は，エネルギー源となる光合成で生産された有機物や，酸素の供給量によっても変化する。

③ 作物根圏の養分の動き

根のまわり数mmの土壌は，根の活動の影響をうけるため，根から離れた土壌とは養分のイオン組成や微生物相の種類や量がことなっている。この根のまわりの土壌を根圏土壌とよび，根と根圏土壌を含めた範囲を**根圏**とよぶ[1]（図4-17）。

[1] 根圏の外側の土壌を非根圏土壌という。

根圏での無機イオンの動き

根がイオンを吸収すると，根圏土壌では陽イオンと陰イオンの均衡がくずれる。すると，そこでは土壌溶液の電気的中性を保つように

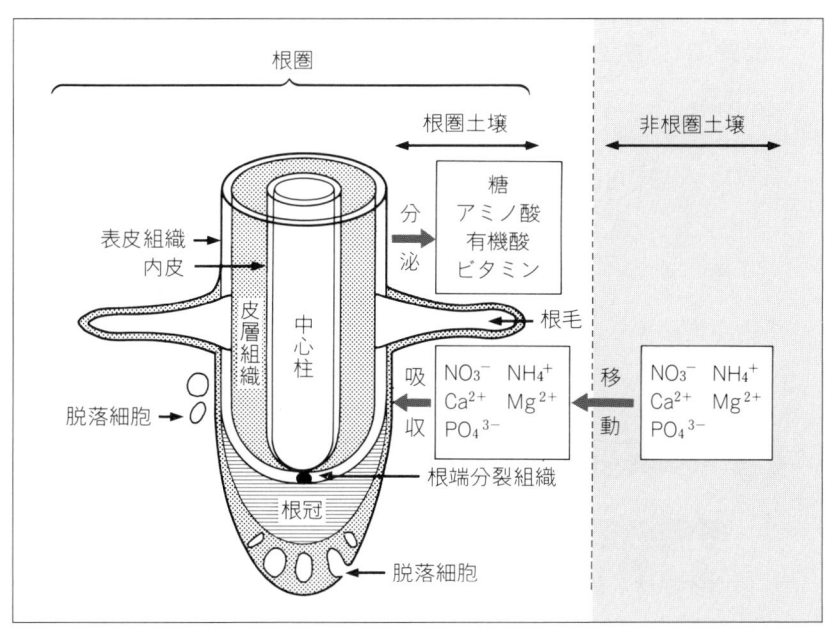

図4-17 作物根と根圏の構造（模式図）

イオン組成がたえず変化する。

たとえば，硝酸イオンが根に吸収されて陰イオンが減少すれば，電気的中性を保つために，陽イオンの水素イオンやカルシウムイオンが粘土鉱物などに吸着され，土壌溶液から減少する。

逆に，土壌溶液中に硝酸イオンが増加すれば，水素イオンが粘土鉱物などから放出されて増加する。

また，呼吸によって放出された二酸化炭素が土壌溶液に溶ければ，根圏土壌では炭酸イオン(HCO_3^-)などが生じる。

土壌中での移動速度のおそいリン酸イオン(PO_4^{3-})などのイオンは，根に吸収されたあと，根圏にはすぐには補給されない。

(1) カルボキシル基(-COOH)をもった酸で，クエン酸・リンゴ酸・シュウ酸など多くの種類があり，植物の種類やおかれた環境によってその量や種類がことなっている。

根圏での有機化合物の分泌

根圏土壌には根から糖・アミノ酸・有機酸[1]・ビタミンなどの有機化合物が分泌されており，そのなかには土壌中で難溶化した養分元素を溶かして吸収されやすくする成分もある。

たとえば，高pH土壌では鉄はリン酸と結合しリン酸鉄となって難溶化するが，ムギ類は根からムギ根酸とよばれる有機酸を分泌してリン酸鉄を溶かしてその鉄を吸収できる。また，多くの作物は根からクエン酸などの有機酸を分泌し，リン酸カルシウムやリン酸鉄のかたちで難溶化しているリン酸を，あるていどは溶かして吸収できる。

根圏での微生物の集積

根圏土壌には，根から有機酸などが分泌されるとともに，老化した根の細胞も脱落してくる。そのため，根圏には微生物のえさとなる有機物が比較的豊富で，微生物が集積している。

根圏には土壌から微生物が定着するが，そのなかから根圏での条件に適した微生物が選択されて集積してくる。どのような種類の微生物が集積するかは作物の種類や栽培管理のしかたなどでことなる。

❷ 必須要素の役割と生理障害

① 多量必須要素

必須要素は，細胞成分の合成などの代謝に欠かすことができない(表4-8)。欠乏ないし過剰条件下で作物を生育させると，異常代謝
→p.107

を生じて、作物の種類で症状はややことなるが、生理障害をおこす。

炭素・水素・酸素

光合成でつくられる有機物をかたちづくっている元素で、その有機物から合成される各種の有機酸・多糖類・脂質などもこの3元素から構成されている。そして、多糖類や有機酸に窒素やリン酸が結合して、アミノ酸・核酸[1]などがつくられる。

つまり、炭素・水素・酸素は、植物体の構造成分やエネルギー生産に必要であると同時に、各種の機能をもつ細胞成分の基本骨格となっている。

窒素

吸収された無機態窒素は、植物体内でアミノ酸となり、さらにはタンパク質に合成される。タンパク質重量の約15%を窒素が占めている。タンパク質は光合成をおこなう葉緑体の約50%、遺伝子を含む核の約70%を占めている。また、タンパク質は各種の物質代謝に関与する酵素[2]の主成分であり、核酸・植物ホルモン[3]・ビタミンなどにも含まれる。

窒素が欠乏すると、下葉や古い葉から葉全体が淡緑色ないし黄色になり、生育がおとろえる。過剰だと、葉色は暗緑色となって過繁茂で徒長する。

また、土壌中にアンモニア態窒素が多いとカルシウムの吸収が阻害されて、カルシウム欠乏症が発生する。

リン

核酸の成分となっているほか、植物の代謝調節に関与するとともに、呼吸で生産されたエネルギーを貯蔵して、必要とする酵素に伝達するATP(アデノシン三リン酸)の成分である。また、酵素のはたらきに不可欠な補酵素[4]の成分でもある。

リン酸が欠乏すると、下葉から葉色が赤みを含む黄色ないし赤紫色となり、生育がおとろえる。リン酸自体の過剰吸収はほとんど問題にならない。

土壌中にリン酸が過剰にあると鉄と結合して難溶性のリン酸鉄となるため（➡p.99）、むしろ、鉄欠乏症が発生することがある。

カリウム

植物体中ではタンパク質や核酸などの有機成分に組み込まれることなく、水溶性の無機成分や有機成分と電気的に結合したり、イオンとして存在し、細胞質

[1] 細胞の核などに存在している遺伝情報をになう物質。リボ核酸(RNA)とデオキシリボ核酸(DNA)に大別される。

[2] 生体内の化学反応に触媒としてはたらくタンパク質。

[3] 植物の体内でつくられる、成長や生理的機能を調節する物質。

[4] 酵素と結合して触媒の機能を発揮させるはたらきをするタンパク質。

構造の維持やそのpHや浸透圧の調節，酵素の活性化などをおこなう。

カリウムが欠乏すると，下葉から症状があらわれる。作物によって症状はことなるが，葉に白色ないし褐色のはん点が出たり，葉脈間や葉脈が黄化し，葉が外側に巻いて生育が低下したりする。

土壌中にカリウムが過剰にあると，カルシウムやマグネシウムの吸収が阻害され，それらの欠乏症が生じる。

イオウ

数種のアミノ酸の成分で，タンパク質の0.5〜1.6%を占める。酵素のはたらきにとって不可欠である。

欠乏すると，上葉が淡緑化ないし黄化する。過剰害は，根から吸収された硫酸イオンによるものはあまり問題になっていないが，亜硫酸ガスや硫化水素によって根腐れなどの障害が問題である。

カルシウム

細胞壁や細胞膜の形成と機能の維持，過剰な有機酸の中和，酵素の活性化などに必要な養分である。体内で移動しにくく，古葉ほど多く含まれている。

欠乏すると，若い葉ほど生育が異常となる。トマトやナスではしり腐れ，タマネギでは心腐れなど，可食部の異常も生じる。カルシウム自体の過剰吸収は問題にならない。

しかし，石灰の過剰施用で土壌pHが上昇すると，微量元素が不溶化し，鉄やマンガンなどの微量要素の欠乏が生じやすくなる。

マグネシウム

葉緑素の構成成分であると同時に，タンパク質に結合してその構造の維持にはたらいたり，イオンのかたちでリン酸化合物の代謝や体内でのリン酸の移行に関与したりする。

欠乏すると，収穫期に下葉や果実の近くの葉で，葉脈の黄化，葉脈にそった黄白化や葉縁の黄化がおこる。

マグネシウム自体の過剰は問題でないが，土壌中に過剰だとカルシウムやカリウムの吸収が阻害される。

2 微量必須要素

鉄・銅・亜鉛・モリブデンは，酵素の成分であり，酵素のはたらきにとって不可欠である。また，マンガン・ホウ素・塩素は，タン

パク質の構成成分にはならず，イオンあるいは有機成分と電気的に結合して存在し，酵素の活性化，タンパク質の構造の安定化などの役割を演じている。

鉄 葉緑素の合成や呼吸などに関与しており，植物体中を移動しにくい養分である。欠乏すると，先端葉や新葉が緑色の葉脈を残して淡緑化ないし黄白化し，やがて葉全体が黄白化する。過剰害は，強還元土壌（➡p.101）のイネであらわれ，葉に褐色のはん点が生じる。

マンガン 植物体内を移行して地上部に集積しやすい。欠乏すると，中上位の成葉の葉脈間が淡緑化ないし黄化し，さらに小はん点が生じるばあいもある。過剰になると，葉脈がチョコレート色になったり，葉脈間にチョコレート色のはん点が生じたりする。

銅 欠乏すると先端葉が淡緑化し，しおれたように垂れ下がる。上葉の葉脈間に黄色の小はん点が出る。過剰になると，鉄欠乏が誘発されて葉が淡緑化し，根が褐色化して太くなり，側根の伸びが悪化する。

亜鉛 欠乏するとタンパク質含量が低下し，アミノ酸やアミドなどの水溶性窒素化合物が増加する。葉は奇形となって外側に巻き，アントシアン[1]の赤色はん点があらわれ，葉脈間が淡緑化ないし黄化する。過剰になると，鉄欠乏が誘発され，葉が淡緑化ないし黄化し，根の成長も低下する。

ホウ素 欠乏すると茎葉がかたくてもろくなり，先端部の成長が停止し，葉は小さくなって茎にき裂がはいったりする。果実が落下しやすくなり，果実の表面や内部にも異常が生じる。過剰になると，下葉の縁が黄化ないし褐色化し，葉が外側に巻きやすくなる。

モリブデン 硝酸還元酵素[2]の成分となる。欠乏すると，下葉から葉幅のせまい葉が発生したり，葉脈間が黄化ないし白化しやすくなる。そして，植物体内に硝酸が集積する。過剰になると，下葉から黄化する。

塩素 欠乏すると下葉が小さくなり，やがてしおれて黄褐色化する。しかし，野外で欠乏症状が

[1] アントシアンは植物色素の一つで，紫や青や赤の色を示す。

[2] 植物の吸収した硝酸イオンは，アンモニウムイオンに還元されてアミノ酸合成に使われるが，硝酸イオンをアンモニウムイオンに還元するのが硝酸還元酵素である。

あらわれることはない。過剰障害はふつう問題にならないが，海水をかぶったり，塩分を含む水をかんがいしつづけたばあいには，葉の先端や周縁が焼け，黄化し，やがて落葉する。

❸ 連作障害の発生要因

連作障害は，同じ種類の作物を同じ畑に連作したときに，生育や収量，品質などが低下する現象であり，原因としては病原菌[1]や有害センチュウの増加などの生物的要素の悪化によることがもっとも多い。しかし，要素欠乏，土壌の酸性化，塩類の集積，有害物質の蓄積などの化学的要素の悪化が原因となるばあいもある。

(1) 植物病原菌のうち，土壌に生存し，根や土にふれた茎葉から侵入して病気をおこす菌のことで，土壌伝染病菌ともよばれる。

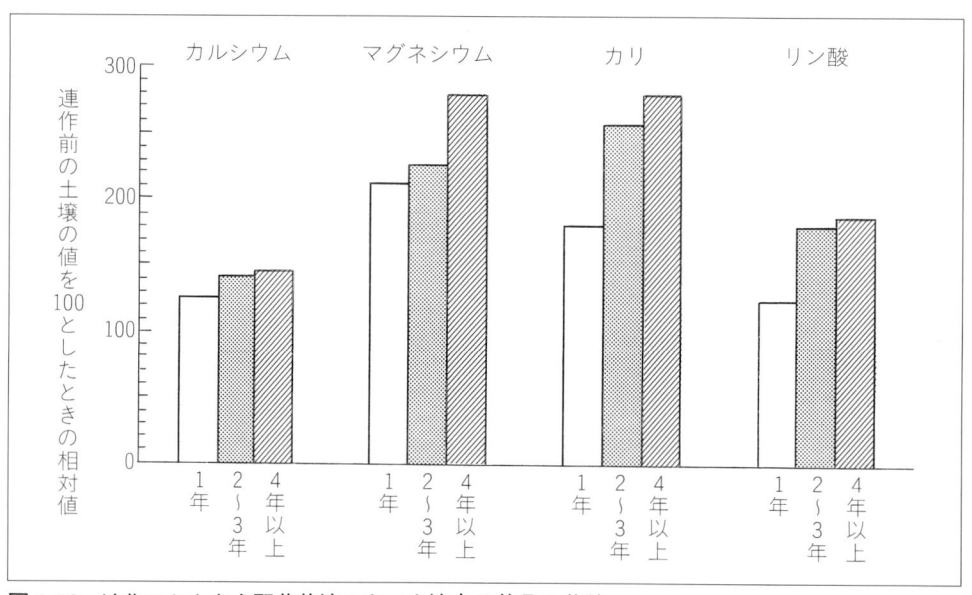

図4-18 連作にともなう野菜栽培ハウス土壌中の養分の蓄積
（山本公昭・梅原久稔ら，昭和45年により作図）

[注] 各養分はそれぞれ交換性 CaO，交換性 MgO，交換性 K_2O，トルオーグ態 P_2O_5。

養分の過剰・不均衡　野菜栽培では，野菜の吸収量以上の化学肥料が施用されることも多く，跡地土壌にはかなりの養分が残る。残存量を配慮しないで毎作同じ量の化学肥料を施用しつづけると，土壌の養分は過剰になり，しかも養分の不均衡が生じる(図4-18)。

こうした施肥管理上の問題は，野菜の連作にともなって発生することが多く，連作障害の原因に加えられている。

塩類の集積による濃度障害　塩類集積（➡p.214）がひどいばあい

は，高い養分濃度によって土壌溶液の浸透圧がいちじるしく高まり，発芽ができなくなったり，生育中の作物が枯れたりする。

土壌の酸性化・アルカリ化　多量に施用された肥料の窒素が硝化菌によって硝酸イオンに酸化されて（➡p.98）土壌が強酸性になったり，多量の石灰資材の施用によって土壌がアルカリ性になったりして，作物が障害をうけることもある。

要素欠乏　とくにカリウムが相対的に過剰になると，カリウムがマグネシウムやカルシウムなどの吸収を妨害して，生理障害が出やすくなる。

養分過剰による病気の多発　たとえば，タマネギ乾腐病は土壌の塩類濃度（電気伝導度，➡p.94）が高いほど，ホウレンソウ萎凋（いちょう）病は土壌のカリウムの割合が高いほど，病気がひどくなるなど，実際のほ場では，施肥管理上の問題によって病気の発生がふえることが多い。

連作と病原菌密度

ふつうの病原菌は，感染できる作物の種類が限定されている。したがって，病原菌が感染可能な作物を栽培したときに，その作物の根に侵入して増殖し，病原菌密度が高まっていく。もし，菌密度が高まった状態の畑につづけて同じ種類の作物を栽培すると，収穫後に胞子などのかたちで残っていた病原菌はふたたび根に侵入してさらに増殖し，病原菌密度がますます高まり，やがて病気が多発する。

しかし，その病原菌が感染できない数種類の作物を3年ていど輪作すれば，土壌微生物のきっ抗作用（➡p.106）によって菌密度は低下し，深刻な病気による被害は出ないですむ。病気予防の基本は輪作である。

7 土壌の改良と管理

これまで土壌の基本的性質を学んできた。その目的の一つには，作物生産にとって不良な土壌を改良し，安定した収量を持続できるようにすることにある。この節では，そのための基礎的な技術を学ぶことにしよう。

❶ 土壌診断と改良目標の設定

1 土壌診断

作物の生産を左右する土壌の性質を調査し，問題点を明らかにして対策を導きだすのが土壌診断である。つぎの3段階で診断する。

基礎診断　土壌診断では，まず深さ1mまで掘って土壌断面の特徴を把握する基礎診断をおこなう。色や土性などで区別される土層の分布，作土のあつさ，土壌のかたさの分布，礫層の出現位置など，おもに物理的な性質の面から生産力を阻害している要因を明らかにする[1]。

土壌改良診断　基礎診断の結果をもとに，土壌硬度・孔げき率・水分保持能力などの物理的性質と，陽イオン交換容量・リン酸吸収係数・pH・養分含量[2]・電気伝導度などの化学的性質を分析する。化学的性質には，陽イオン交換容量やリン酸吸収係数のようにかんたんには変化しないものと，pH・養分含量・電気伝導度のように施肥管理で容易に変化するものとがある。

基礎診断，物理的および化学的性質の測定結果から，土壌の改善目標を達成するための処方せんをつくるのが土壌改良診断である。

施肥診断　土壌の改善目標を立てたら，作物の種類ごとの施肥設計を立てるための施肥診断をおこなう。施肥設計の立てかたの基本は8節で学ぶ。

施肥診断のための土壌分析は，土壌改良診断と共通するので，土壌改良診断と施肥診断をいっしょにおこなうばあいも多い[3]。とくに野菜栽培では，吸収量以上の養分を施肥することが多く，栽培を重ねているうちに，pH・養分含量・電気伝導度などが大きくかわり

(1) 既存の耕地については，農林水産省と各都道府県が共同でおこなった土壌調査にもとづいて，土壌分布図（土壌図）と生産力阻害要因の分布図が作成され，各土壌の断面の特徴が記載されている。
(2) 作物に吸収されやすい状態で存在する養分含量のことで，土壌溶液中にイオン状態で存在するもの，粘土鉱物に交換・保持されているもの，作物の根が出す酸でかんたんに溶けて利用されるもの，微生物によって容易に無機化されるもの，などが含まれ，それぞれの養分ごとに一定の測定法が定められている。
(3) 化学分析を中心にした土壌改良診断は，農業改良普及所・農業協同組合・経済連などの分析センターなどでもおこなっている。

やすい。このため，ときどき施肥診断をおこなって施肥量を調節し，土壌の生産力を長期的に持続することが重要である。

2 土壌の改善目標値

水田・普通畑・樹園地については，各種の作物に共通する土壌改善目標値が地力増進法（➡p.126）によって定められている[1]（表4-10，4-11，4-12）。

(1) 特殊な作物では，好適条件がこれらの値とはことなるものもある。たとえば，オオムギやテンサイは土壌pHが8.0でもよいが，畑では輪作によって他の作物も栽培するので，土壌pHの改善目標は6.0～6.5に設定してある。

表4-10 水田土壌の基本的な改善目標値

土壌の性質	土壌の種類	
	灰色低地土・グライ土・黄色土・褐色低地土・灰色台地土・グライ台地土・褐色森林土	多湿黒ボク土・泥炭土・黒泥土・黒ボク土グライ土・黒ボク土
作土のあつさ	15cm以上	
すき床層のち密度	山中式硬度で14～24mm	
主要根群域の最大ち密度	山中式硬度で24mm以下	
たん水透水性	日減水深で20～30mm	
pH（H_2O）	6.0～6.5（石灰質土壌では6.0～8.0）	
陽イオン交換容量（CEC）	乾土100g当たり12me（ミリグラム当量）以上（ただし，中粗粒質の土壌では8me以上）	乾土100g当たり15me以上
塩基状態 塩基飽和度	カルシウム（石灰）・マグネシウム（苦土）・カリウム（加里）イオンが陽イオン交換容量の70～90%を飽和すること。	同左イオンが陽イオン交換容量の60～90%を飽和すること。
塩基状態 塩基組成	カルシウム：マグネシウム：カリウム含有量の当量比が（65～75）：（20～25）：（2～10）であること。	
有効態リン酸含有量	乾土100g当たり P_2O_5 として10mg以上	
有効態ケイ酸含有量	乾土100g当たり SiO_2 として15mg以上	
可給態窒素含有量	乾土100g当たり Nとして8～20mg	
腐植含有量	乾土100g当たり 2g以上	—
遊離酸化鉄含有量	乾土100g当たり 0.8g以上	

［注］塩基飽和度：その土壌の陽イオン交換容量のうち，カルシウムイオン・マグネシウムイオン・カリウムイオンが何%保持されているかをあらわしたもの。
　　　有効態リン酸含有量：トルオーグ法による分析値。100g当たりの含量であらわしたもの。
　　　有効態ケイ酸含有量：酢酸－酢酸ナトリウム緩衝液で浸出したケイ酸量。
　　　可給態窒素含有量：土壌を風乾後30℃で4週間培養してアンモニア態窒素の生成量をあらわしたもの。
　　　腐植含有量：土壌中の炭素含有量に係数1.724をかけて算出した推定値。

表4-11 普通畑土壌の基本的な改善目標

土壌の性質	土壌の種類		
	褐色森林土・褐色低地土・黄色土・灰色低地土・灰色台地土・泥・炭土暗赤色土・赤色土・グライ土	黒ボク土・多湿黒ボク土	岩屑土・砂丘未熟土
作土のあつさ	25cm 以上		
主要根群域の最大ち密度	山中式硬度で22mm 以下		
主要根群域の粗孔げき量	粗孔げきの容量で10%以上		
主要根群域の易効性有効水分保持能	20mm/40cm 以上		
pH（H_2O）	6.0〜6.5（石灰質土壌では6.0〜8.0）		
陽イオン交換容量（CEC）	乾土100g 当たり12me 以上（ただし,中粗粒質の土壌では8me 以上）	乾土100g 当たり15me 以上	乾土100g 当たり10me 以上
塩基状態 — 塩基飽和度	カルシウム・マグネシウム・カリウムイオンが陽イオン交換容量の70〜90%を飽和すること。	同左イオンが陽イオン交換容量の60〜90%を飽和すること。	同左イオンが陽イオン交換容量の70〜90%を飽和すること。
塩基状態 — 塩基組成	カルシウム：マグネシウム：カリウム含有量の当量比が（65〜75）：（20〜25）：（2〜10）であること。		
有効態リン酸含有量	乾土100g 当たり P_2O_5 として10mg 以上		
可給態窒素含有量	乾土100g 当たり N として5mg 以上		
腐植含有率	乾土100g 当たり3g 以上	———	乾土100g 当たり2g 以上
電気伝導度	0.02S·m^{-1}以下		0.01S·m^{-1}以下

参考　上限値のない改善目標値の扱い

土壌改善目標値の上限値がない項目がある（表4-10, 4-11, 4-12）。→p.117　その大部分はいくらあってもよい。ただし，有効態リン酸含有量は注意を要する。改善目標値は乾土100g当たりP_2O_5として10mg以上となっているが，これは最低値であって，土壌や作物の種類でことなるが，多くの作物で乾土100g当たり20〜100mgの有効態リン酸含有量までは増収する。リン酸では過剰害が出にくいが，これ以上増加させても増収効果はあらわれず，乾土100g当たり100〜500mg以上になると，減収がはじまる。

表4-12 樹園地土壌の基本的な改善目標

土壌の性質	土壌の種類		
	褐色森林土・黄色土・褐色低地土・赤色土・灰色低地土・灰色台地土・暗赤色土	黒ボク土・多湿黒ボク土	岩屑土・砂丘未熟土
主要根群域のあつさ	60cm 以上		
主要根群域の最大ち密度	山中式硬度で22mm 以下		
主要根群域の粗孔げき量	粗孔げきの容量で10%以上		
主要根群域の易効性有効水分保持能	30mm/60cm 以上		
pH（H_2O）	6.0〜6.5（石灰質土壌では6.0〜8.0）		
陽イオン交換容量（CEC）	乾土100g 当たり12me 以上（ただし、中粗粒質の土壌では8me 以上）	乾土100g 当たり15me 以上	乾土100g 当たり10me 以上
塩基状態 / 塩基飽和度	カルシウム・マグネシウム・カリウムイオンが陽イオン交換容量の70〜90%を飽和すること。	同左イオンが陽イオン交換容量の60〜90%を飽和すること。	同左イオンが陽イオン交換容量の70〜90%を飽和すること。
塩基状態 / 塩基組成	カルシウム：マグネシウム：カリウム含有量の当量比が（65〜75）：（20〜25）：（2〜10）であること。		
有効態リン酸含有量	乾土100g 当たりP_2O_5として10mg 以上		
腐植含有量	乾土100g 当たり3g 以上	———	乾土100g 当たり2g 以上

❷ 土壌改良技術

改善目標値を下回っている土壌の性質を改良するには、客土や深耕などの土地改良をおこなうばあいと、土壌改良資材[1]（表4-13）を施用するばあいとがある。

(1) 養分供給と土壌の化学的性質を改良するリン酸肥料やケイ酸肥料などの肥料も含み、土壌の性質の改良に用いられる資材すべてが、慣用的には土壌改良資材とよばれている。

① 作土のあつさの増加

客土 礫層が浅い位置に存在して作土層が浅いばあい、他の場所から運んだ土壌を混入して作土層をあつくする客土がおこなわれる。排水不良な泥炭土壌でも、客土によって作土層の水分状態が改善される。

深耕 下層土（➡p.70）がち密なばあい、50cmていどの深さまで耕うんして作土層のあつさを増す。

山土を客土するばあいや、深耕によって下層土が作土層に混入す

表4-13 土壌改良資材の例

種類	性質	効果	使用法と施用量
ベントナイト（透水性抑制）	水分子をはさんで膨張する粘土鉱物のモンモリロナイトを主成分とする粘土。	水を吸収して膨張し、水もれの原因となる空げきを埋めて透水性を抑制する。	1〜2 t/10a。全面散布し混合。または、一部すき床にまぜ、残りを作土層に。
パーライト（水分保持）	ガラス質の多孔質火山岩（真珠岩）を粉砕して、高温加熱した粉末。全孔げき率77〜93%。陽イオン交換容量はほとんどない。	孔げきによぶんな水を吸収して保持する。	5 Kl/10a 以上。全面散布し混合。
泥炭（水分保持）	多湿条件下の酸素不足で、分解途中のままたい積した植物遺体。多孔質。陽イオン交換容量は比較的高い。	ミズゴケ泥炭の風乾物は約100 g/100cm³の水を保持する。	200〜300kg/10a。このていどの量では陽イオン交換容量の増加は期待できない。
有機合成高分子（団粒形成促進）	合成された高分子の有機物で、水溶性。	水に溶けた高分子が、土壌粒子を結合させる。	土壌容積の0.05〜0.2％混合。
ゼオライト（陽イオン交換容量の増強）	フッ石を含む凝灰岩の粉末（栃木県の大谷石もその一種）。市販製品の陽イオン交換容量は200〜300me/100g（乾物）と大きく、リン酸吸収係数も小さい。多量の交換性陽イオンを含む。	大量に施用することで、土壌全体の陽イオン交換容量を高め、交換性陽イオンを補給する。火山灰土への施用は、リン酸吸収係数の低下ももたらす。	2 t/10a 前後を散布。
腐植酸（陽イオン交換容量の増強）	石灰や亜炭を酸で分解してできる腐植酸を材料にしたもの。陽イオン交換容量は300〜800me/100g。	高い陽イオン交換容量をもっているので、土壌全体の陽イオン交換容量を高める。	50〜60Kg/10a 散布。

［注］「地力増進法」（➡ p.126）では、作物に養分を供給するか、土壌の化学的変化をもたらすだけの、石灰・リン酸肥料・ケイ酸肥料などは肥料として扱い、土壌改良資材からは除外している。ただし、土壌の物理的性質などもかえるたい肥は、肥料と同時に、土壌改良資材としても扱っている。

るばあいは、炭酸カルシウム・溶成リン肥・たい肥などの資材投入による土壌改良が必要となる。

2 排水・透水性の改良

暗きょ よぶんな水が停滞する畑では、地下1〜1.2mに、穴のあいた土管や塩化ビニル管などをつないで埋設し、水を管に集めてほ場の外に排出する。この地下排水路を暗きょという。

明きょ ほ場への水の流入を防いだり、暗きょで集められた水を河川に排水するために、ほ場周辺に排水用のみぞ（明きょ）を掘る。

心土破砕 暗きょと明きょを組み合わせても排水が不じゅうぶん

なばあいにおこなう。鉄製の支柱の先に装着した三角形の鋭い刃をトラクタでけん引し，ふつう30〜40cmの土を砕いてやわらかくすると同時に，地下に細い空洞をつくって排水するのが心土破砕である。

粘土質の重い土壌の排水性の改善には，砂の混入が有効である。

水田の透水性 水田土壌の異常な還元（➡p.101）を防ぐには，田面水が1日に減少する深さ（減水深）が20〜30mmあるようにする。すき床層がち密すぎて減水が少ないばあいは，すき床層を心土破砕し，下層土がち密すぎるばあいは下層土に暗きょを敷設する。逆に，下層土に砂礫層があって水もれが大きいばあいは，ブルドーザで踏み固めるか，粘土鉱物のモンモリロナイトを主成分とするベントナイトを施用して，空げきを埋めて透水性を抑制する。

3 水分保持力の向上と土壌団粒形成促進

いろいろな土壌改良資材があるので，目的にあわせてじょうずに利用していくとよい。

パーライトと泥炭 土壌の水分保持力の向上には，多孔質のパーライトや泥炭を施用して，水分を保持する力を高めてやる。

有機合成高分子 非火山灰土の団粒形成促進には，土壌粒子を結合させて団粒化をすすめる有機合成高分子[1]が有効である。

4 陽イオン交換容量の増強

ゼオライト 市販のゼオライトは，フッ石[2]を含む凝灰岩（ぎょうかいがん）の粉末である。陽イオン交換容量が大きい。そのほか，多量の交換性陽イオンを含有している。

腐植酸 石炭や亜炭を酸で分解して生じる腐植酸を材料にしたもので，陽イオン交換容量がきわめて高い。

5 土壌酸性の矯正

炭酸カルシウム 土壌酸性の中和に使用される。容器にとった一定量ずつの土壌に炭酸カルシウムの量をかえて添加し，pHを測定する。作成したpH緩衝曲線から，土壌を目的pHに上昇させるのに必要な炭酸カルシウム量を計算し，施用する（図4-19）。

[1] 有機合成高分子の土壌改良資材にはクリリウムなどがある。

[2] ナトリウム・カルシウム・アルミニウムなどの含水ケイ酸塩鉱物で，ホウ砂と熱するとふっとうするのでこの名がついている。

図 4-19 緩衝曲線による中和石灰量の算出例

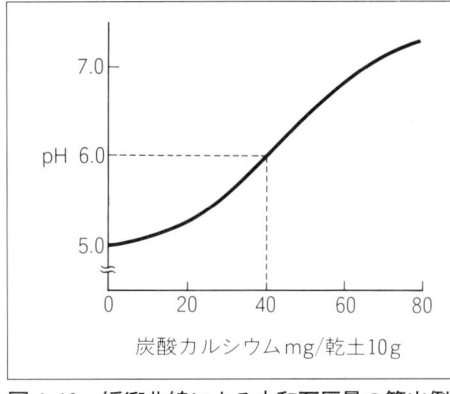

手順　一定量の土壌に，ことなる量の炭酸カルシウムを添加して，じゅうぶんかくはん・放置してから，土壌懸濁液に空気を送って，過剰な二酸化炭素を追い出し，土壌のpHを測定する。
　図でpH5.0の土壌をpH6.0にするのに，乾土10g当たり40mgの炭酸カルシウムが必要である。

算出　この畑10aを20cmの深さまでpH6.0にするには，$40 \times 10^{-3} g \times 0.65$（土壌の容積重g/ml）$\times 20cm$（土壌の深さ）$\times 10^6 cm^2 = 520 \times 10^3 g = 520kg$の炭酸カルシウムが必要となる。

（土壌肥料学会監修『土壌標準分析・測定法』昭和61年による）

溶成リン肥　火山灰土のばあい，炭酸カルシウムだけではリン酸を固定するアルミニウムの活性（➡p.99）をおさえきれない。そこで，溶成リン肥と過リン酸石灰を4：1で混合してpHを調整し，土壌のリン酸吸収係数の5〜10%相当のリン酸量を施用して土壌とよく混合する[1]。

(1) 土壌のリン酸吸収係数が2,000だとすると，その5%にあたるリン酸（P_2O_5）量は97.4kgとなり，これを溶成リン肥と過リン酸石灰を4対1の割合で混合したもので計算すると，10a当たり487.5kg施用することになる。

6 有機物施用の効果

前項で，土壌の水分保持力や団粒形成促進，陽イオン交換容量を増大させる資材についてふれたが，土壌改良の基本となるのはたい肥などの有機物の施用である。ここでは，たい肥による土壌改良の効果についてみてみよう。

たい肥は，わら・家畜ふん尿・その他有機物をたい積腐熟させたものである[2]。肥料効果（➡p.132）以外にいろいろな土壌改良効果をもっている。

①未分解の粗大有機物[3]が土壌に孔げきをつくり，通気性がよくなる。

②有機物の微生物分解で生じる腐植物質によって，団粒が強固になり，耐水性団粒が増加する。

③①②にともなって，孔げき率（➡p.85）の増加，容積重（➡p.84）の低下，土壌の膨軟化，通気性や保水量の向上などの効果がある。

④腐植物質によって陽イオン交換容量が増加する。

⑤有機物が徐々に分解されて土壌の窒素供給力が高まる。

⑥腐植物質がアルミニウムと結合してリン酸固定力を低下させる

(2) わらなどの植物質を腐熟させたものをたい肥，家畜ふん尿を敷料とともに腐熟させたものをきゅう肥，と古くからよび，両者を総称してたいきゅう肥とよんだ。今日では，たい肥に統一し，主原料と副資材を併記して，たとえば，稲わらだけのたい肥なら稲わらたい肥，牛ふんを主原料にしておがくずを副資材にしたものなら牛ふんおがくずたい肥，などとよぶ。

(3) 微生物の分解をあまりうけていない，形の大きな作物残さなどの有機物断片のこと。

ため，リン酸の肥効が高まる。

　これらの土壌改良効果のていどは，たい肥の種類によってことなる。効果が出るまでには，何年か施用しつづけることが必要となる。施用量については8節（➡p.134）で学ぶ。

❸ 土壌侵食と対策技術

　土壌侵食には，表土を水で流す水食と，風で飛ばす風食とがある。いずれも肥沃（ひよく）な表土をうばって農業生産に大きな損害をあたえる。

水食　雨で土壌の団粒が破壊され，そのばらばらになった土壌粒子が水によってほ場の外に運ばれることで生じる。作物による土壌の被覆面積が小さく，有機物含有量が少なくて耐水性団粒が発達していない土壌だと，雨で団粒が破壊され，水食がおこりやすい。また，透水性の悪い土壌のばあいは水が表面に滞留しやすく，傾斜のあるほ場だと，一気に表土が流されやすい。傾斜が5°以上，斜面が長いほど流れる水が加速され，水食がはげしくなる。土壌損失量が年間1 t/10a（あつさで約1 mm）以上なら対策が必要となる。

　対策としては，土壌表面を流れる水をへらすための排水路の設置，畑を分割して畑ごとの斜面の長さを短くする，牧草などの被覆面積の大きな作物への切りかえ，樹園地の草生栽培，有機物の施用，透水性の改善，等高線にそった作物栽培，などをおこなう。

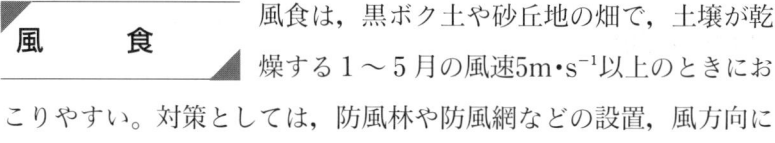

風食　風食は，黒ボク土や砂丘地の畑で，土壌が乾燥する1〜5月の風速5m・s^{-1}以上のときにおこりやすい。対策としては，防風林や防風網などの設置，風方向に直角にしたうね立て，冬作物の不耕起栽培，などをおこなう。

❹ 重金属類による土壌汚染と対策技術

　土壌汚染とは，作物の生育がそこなわれたり，人体に有害な収穫物が生産されたりするほど，土壌に有害物質が蓄積していることをいう。なかでもカドミウム（Cd）・銅（Cu）・ヒ素（As）などの重金属類[1]による土壌汚染が深刻である。

[1] 有毒なヒ素は本来の重金属ではないが，重金属類というばあいには含めて考える。

1 原因と有害濃度レベル

汚染原因 低濃度の重金属類は自然界にひろく存在しているが，汚染原因となっている有害物質は，鉱山排水・工場廃水が流入したかんがい水，工場のばい煙，直接投棄(不要となった工業製品，重金属類を濃縮した都市の下水汚泥)，農業資材(肥料・農薬など)によって土壌に混入する。

ヒ素を除く重金属の土壌中濃度は，畑よりも水田で若干高い。これは，低濃度の重金属が水田にかんがい水として長期間流れ込んだためである。かんがい水が高濃度の重金属類を含む鉱山排水・工場廃水の流入した水であれば，水田土壌は重金属類によって容易に汚染されてしまう。

有害濃度 重金属類の種類によって，作物や人体にとっての有害な濃度レベルがことなる。

作物生育を低濃度でそこなうもの　銅・亜鉛・マンガン・ニッケル(Ni)

人体を低濃度でそこなうもの　カドミウム・水銀・鉛(Pb)・セレン(Se)

両者を低濃度でそこなうもの　ヒ素

なかでもカドミウム・銅・ヒ素に汚染された水田が多く，これらは法律で特定有害物質に指定されている（➡p.126）。

2 土壌条件と重金属類の溶け出しかた

pHとの関係 一般に，重金属類は酸性で溶けやすく，イオンとなって土壌に交換・保持され，作物に吸収されやすくなる。pHが高くなり，とくにpH 7以上のアルカリ性になると，水に溶けにくい水酸化物となるため，作物には吸収されにくくなる。

酸化・還元との関係 土壌が酸化的条件にあるか還元的条件にあるかによっても，溶け出しかたがことなる。重金属類の種類によって，つぎのような変化を示す。

酸化的条件で溶けやすいもの　カドミウム・銅・亜鉛。これらの重金属類は，還元的条件では硫化物となって溶けにくくなる。

還元的条件で溶けやすいもの　鉄・マンガン・ヒ素。これらの重

金属類は，酸化的条件では溶けにくい酸化物となる。

たとえば，カドミウムや銅のばあい，水田を落水すると土壌が酸化的条件になって溶け出して吸収されやすくなるが，たん水すると還元的条件となり，pHの上昇や硫化水素の発生によって硫化物となって難溶化し，吸収されにくくなる。

ヒ素のばあいは，酸化的条件ではヒ酸(H_3AsO_4)で存在するが，還元的条件では亜ヒ酸(H_3AsO_3)に還元されてイネに吸収されやすくなるうえに，毒性が高まって，その被害が大きくなる。

③ 汚染土壌の改良

重金属類で高濃度に汚染された土壌では，土壌の交換がおこなわれる。それほどでない土壌では，カドミウムや銅などの汚染のばあい，溶け出しにくくするためのたん水栽培，有機物の施用による土壌還元の促進，硫化水素源となるイオウを含んだ資材の投入，pH上昇のために石灰質資材の投入，などによる対策がとられる。

逆に，ヒ素のばあい，高うね栽培や間断かんがいによる還元的条件発達の防止，鉄資材の投入によるヒ素の難溶化などの対策がとられる。

また，重金属類を含む農薬の連年散布，多量の重金属類を含む下水汚泥などの有機物の施用も，土壌汚染防止のうえからさける必要がある。

❺ かんがい水の水質

かんがい水は，水稲生育や土壌汚染に大きく影響するので，農業用水水質基準が定められている。水稲用の水質基準は，

pH(H_2O)：6.0〜7.5
COD(化学的酸素要求量)：6 mg/l以下
SS(浮遊物)：100 mg/l以下
DO(溶存酸素，➡p.228)：5 mg/l以上
T-N(全窒素)：1 mg/l以下
EC(電気伝導度)：0.3 mS/cm以下
ヒ素：0.05 mg/l以下

亜鉛：0.5mg/*l*以下

銅　：0.02mg/*l*以下

※カドミウムは玄米中濃度で規制となっている。

> **参考** 地力増進法と土壌汚染防止法（略称）
>
> **地力増進法**
>
> 　第2次世界大戦後の食料不足を解決するために，昭和27年(1952)に耕土培養法が制定された。全国的な土壌調査事業と土壌の化学的性質の改善事業が実施され，とくに，秋落ち水田（成熟期になって急にイネの成長がおとろえて，収量があがらない水田）・酸性土壌・火山灰土壌の改良に大きな貢献を果たした。昭和59年に耕土培養法は廃止され，「地力増進法」が制定された。
>
> 　この法律は，耕土培養法にはなかった土壌管理についての科学的な基本的技術指針（土壌改善目標値，土壌改良資材の品質基準など）と，それにもとづく基本的な営農技術を定め，農業生産の将来にわたる生産基盤である土壌について，意欲をもった農業者が正しい土壌管理をおこなうのを，国および都道府県の行政機関が積極的に支援するわく組みを定めたものである。表4-10，4-11，4-12は同法律で定められたものである。（→p.117　→p.118　→p.119）
>
> **土壌汚染防止法（略称）**
>
> 　昭和45年(1970)，公害反対運動の盛り上がりのなかでこの法律が制定された。正式名称は「農用地の土壌の汚染防止等に関する法律」で，このなかで三つの重金属類（カドミウム・銅・ヒ素）が特定有害物質に指定されている。この法律に付随する政令によって，汚染対策事業がおこなわれることになっている。

8 肥料の種類と施肥

　作物は，天然に供給される養分だけでは高い収量を達成できず，肥料の施用が必要である。本節ではこれまでの基本的知識のうえに立って，高収量を持続させる施肥技術の基礎を学ぶ。

❶ 肥料の種類と肥料の必要性

　肥料は，植物の正常な生育に必要な養分を供給する資材である。入手形態からいえば，販売されているもの（販売肥料）と，農家が自分で製造するもの（自給肥料）に区分される。

```
販売肥料 ┬─ 化学肥料（合成無機質肥料）
         └─ 有機質肥料（魚かす，油かすなど）
自給肥料 ─── たい肥など
```

　作物は，窒素・リン酸・カリ[(1)]の3要素のどれか一つを欠いても，減収する（表4-14）。とくに窒素を施用しないと，収量はいちじるしく減少する。ついで，畑ではリン酸を施用しないと収量の減少が大きい。

　わが国の化学肥料施用量の推移をみると，窒素は昭和30年代後半には必要量がほぼ満たされていたが，リン酸およびカリ肥料は不足しており，その施肥量が増加しはじめたのは昭和40年以降からである（図4-20）。3

(1) 3要素の量は，通常，窒素(N)，リン酸(P_2O_5)，カリ(K_2O)で表示する。

表4-14　わが国の3要素試験結果（3要素区の収量を100とする収量比）

作物	無肥料区	無窒素区	無リン酸区	無カリ区	調査点数
水稲	78	83	95	96	1,161～1,187
陸稲	38	51	84	75	117～ 126
ムギ類	39	50	69	78	822～ 841

［注］農林省助成事業の施肥標準調査における大正5～昭和21年の結果の川崎一郎によるまとめ。いずれも現地ほ場でのデータ。
（奥田東『肥料学概論第2次改著』昭和37年による）

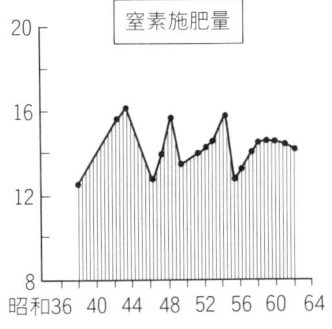

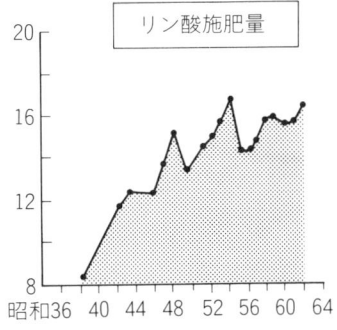

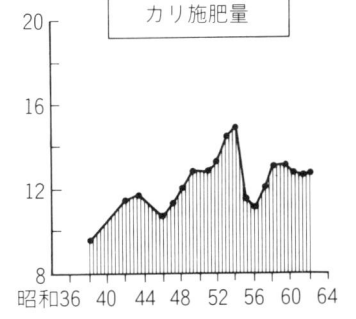

図4-20　わが国における耕地への化学肥料の施肥量（単位はkg/10a）
［注］昭和38年の施肥量は，昭和36～41年の平均値であらわしている。

(1) 昭和36年にくらべて平成9年の単収は，水稲で約1.3倍，ハクサイで約2.1倍，牧草で約1.7倍に増加している。

要素ともにその施用量が必要レベルに達してから，わが国の作物の単位面積当たりの収量（単収）は飛躍的に増加した[1]。

❷ 化学肥料

① 一般的化学肥料

窒素を主とするものを窒素肥料，リン酸を主とするものをリン酸肥料，カリウムを主とするものをカリ肥料という。現在よく使用されている一般的な化学肥料を表4-15に示す。

化学肥料の長所 化学肥料には，①速効性で肥効が高い，②成分量がはっきりしていて施用量の調節がしやすい，③施肥に労力がかからず相対的に値段が安い，という利点がある。化学肥料は，日本だけでなく世界の食料生産に大きく寄与している。

化学肥料の欠点 しかし，つぎのような欠点もある。
①水溶性で速効的なものが多く，過剰施用で濃度障害をおこしやすい。
②窒素がアンモニウムのかたちではいっている肥料（アンモニア系肥料）のように，硝化作用にともなって生成する硝酸イオンや，窒素やカリウムが作物に吸収されたあとに残る陰イオンが，土壌に残留して土壌を酸性化しやすいものがある。
③有機物を含有しないため，たい肥などの有機質肥料にくらべると，土壌の団粒化に役立つことが少なく，地力窒素として徐々に放出されることも少ない。

こうした点を注意して化学肥料を使用することがたいせつである。

> **参考 アンモニアの合成**
>
> 　1913年ドイツで，大気中に多量に存在する窒素ガスに水素ガスを反応させてアンモニア(NH_3)を合成する工業生産にはじめて成功し，化学肥料製造の歴史がはじまった。
> 　この技術は，ハーバーの理論をボッシュが技術化して工業生産が成功したため，ハーバー・ボッシュ法とよばれている。この成功によって肥料だけでなく，火薬の原料である硝酸をも合成できるようになった。今日では，水素ガスを軽質油（ナフサ）や液化石油ガス（LPG）から合成し，窒素ガスと反応させてアンモニアを合成している。

表4-15 主要な化学肥料

	肥料の名称（俗称）	成分含有量	肥効特性	特徴
窒素肥料	硫酸アンモニウム（硫安）〔$(NH_4)_2SO_4$〕	20.5～21%のNと23～24%のSを含有	水溶性で速効的	硝酸化成や土壌に残るSO_4^{2-}によって土壌の酸性化をまねきやすい。Sを含まない肥料の連用で生じやすい野菜や牧草のS欠乏に有効。鉄含量の少ない水田土壌では硫化水素が発生して、根をいためやすい。
	塩化アンモニウム（塩安）〔NH_4Cl〕	25～26%のNを含有	水溶性で速効的	土壌の酸性化をまねきやすい。Cl^-によって硝化作用が若干おそくなりやすい。
	尿素〔NH_2CONH_2〕	45～46%のNを含有	水溶性で速効的	尿素自体は流亡しやすいが、土壌中の微生物の酵素作用で炭酸アンモニウム〔$(NH_4)_2CO_3$〕にすみやかに変化して土壌に保持される。$(NH_4)_2CO_3$は溶解するとアルカリ性となる。土壌表面散布ではpHの上昇にともなってアンモニアとして揮散しやすくなる。尿素は葉からも吸収されやすく、葉面散布にも利用される。
	硝酸ナトリウム〔$NaNO_3$〕	16%以上のNを含有	水溶性で速効的	NO_3^-は流亡しやすく、かつ、水田では脱窒されやすい。NO_3^-の吸収されたあとの土壌pHは上がる。Na^+によって土壌粒子は分散して土壌が緊密になりやすい。
	硝酸アンモニウム（硝安）〔NH_4NO_3〕	ふつう33.5%のNを含有	水溶性で速効的	NH_4^+とNO_3^-の両者とも吸収されて土壌pHは変化しない。ただし、NO_3^-は流亡しやすく、水田では脱窒されやすい。
	カルシウムシアナミド（石灰窒素）〔$CaCN_2$〕	20～23%のNを含有	水溶性、ふつう1～2週間で肥効発現	$CaCN_2$は土壌中で遊離のシアナミド〔H_2CN_2〕をへて尿素となり、さらにNH_4^+に変化してから肥効を発現する。シアナミドは殺草効果があるので、播種の1～2週間前に施用する。シアナミドは殺菌効果もある。
リン酸肥料	過リン酸石灰（過石）	15～26%のP_2O_5を含有（その90～97%がクエン酸塩可溶性リン酸）*	リン酸としては速効	りん鉱石に硫酸を反応させて製造したもの。主成分はリン酸－カルシウム〔$Ca(H_2PO_4)_2$〕で、硫酸カルシウム（セッコウ）も含有する。遊離のリン酸を少量含み、pH2～3だが、土壌を酸性化させない。
	溶成リン肥（溶リン）	17～25%のP_2O_5を含有（その90%以上がクエン酸可溶性）	肥効は緩効的	リン鉱石とケイ酸マグネシウム鉱物（ジャモン岩）を高温で融解したのち、急冷したガラス状の肥料。クエン酸に溶ける Ca・Mg・ケイ酸なども含む。土壌改良資材としても利用される。
カリ肥料	塩化カリウム（塩加）〔KCl〕	61～63%のK_2Oを含有	水溶性で速効的	Cl^-によって土壌の酸性化をまねきやすい。
	硫酸カリウム（硫加）〔K_2SO_4〕	50～53%のK_2Oを含有	水溶性で速効的	SO_4^{2-}によって土壌の酸性化をまねきやすい。

［注］ ＊ 植物は、根からクエン酸などの有機酸を分泌して、あるていど難溶性の物質を溶解して養分を吸収できるので、作物の吸収できる養分量を推定するのに、水溶性成分とともにクエン酸塩（クエン酸アンモニウム）可溶性成分やクエン酸可溶性成分の量も表示する。

② 緩効性肥料

　化学肥料でも，リン酸肥料には溶成リン肥のように緩効的なものがあるが，ふつうの窒素やカリ肥料は速効的である。そこで，ゆっくりと土壌溶液に溶け出して肥効を長つづきさせ，作物が濃度障害をおこしにくい緩効性肥料が合成され，よく使用されるようになった。

緩効性窒素肥料　二つのタイプに大別される。一つは，微小な穴をもつ難溶性の膜で窒素肥料を被覆し，穴の大きさで肥料成分の土壌溶液への溶け出し加減を調節する被覆肥料(コート肥料)である。被覆尿素肥料などが使用されている。

　もう一つは，窒素を含む難溶性の合成有機化合物を使った肥料である。土壌中で酸または微生物によって分解されてアンモニア態窒素を放出するため，肥効がゆっくりあらわれる。ウレアホルム・IB(アイビー)(IBDU)・CDU(シーデーユー)・グアニル尿素・オキサミドなどがある。IB(IBDU)は酸分解，CDUは酸分解と微生物分解の両者，ほかは微生物分解をうけてから緩効的に肥効を発現する。

　これらは，元肥として一度に施用しても濃度障害をおこしにくく，肥料の効果が長つづきしてその利用率を向上させる。流亡する量もへるので，省力だけでなく，環境保全の目的でも使用がふえている。

緩効性カリ肥料　カリウムイオンは土壌粒子に保持されるとはいえ，多雨地帯では流亡しやすい。ケイ酸カリウム肥料[(1)]のカリウムは，水溶性でなく，クエン酸加溶性[(2)]の酸化カリウム(K_2O)を20%強含んでいるので，流亡しにくく，緩効的で濃度障害をおこしにくい。同時にケイ酸(SiO_2)を30%強含み，ケイ酸を必要とするイネでよく利用される。

③ 微量要素肥料

　微量要素の種類別につくられた肥料もあるが，複数の成分を含む微量要素肥料や3要素に微量要素を加えた肥料がよく使用される。
　前者には，FTE(エフティーイー)とよばれる微量要素複合肥料がある。これは，各種の鉱石を融解して製造したもので，クエン酸可溶性のマンガンやホウ素などを含む。

---

(1) カリウム・マグネシウム・アルミニウム・ホウ素を含むケイ酸塩。
(2) 2%のクエン酸溶液に溶ける性質のことで，根が分泌する有機酸で溶けるように想定されてつくられている。

4 複合肥料

　3要素のうち，1種類しか含まない肥料を単肥とよぶのに対して，2種類以上を含む肥料を複合肥料とよぶ。このうち，複数の原料となる肥料に化学的操作を加えて，造粒・成形したものが化成肥料で，もっともよく利用されている[1]。また，原料肥料を混合しただけのものは配合肥料とよばれる。

❸ 販売有機質肥料

　植物油かす・魚粉・骨粉・乾血・乾燥菌体などの有機物を，粉末にするなどの加工処理をしたもの[2]（表4-16）で，化学肥料にくらべて成分量当たりの価格は高いが，肥効を長つづきさせる，濃度障害をおこしにくい，土壌を酸性にしにくい，高品質栽培が期待できるといったことから，よく利用されている。しかし，肥料成分の利用率が低く，また，油かすを土壌中に施すとタネバエの幼虫が発生したり，魚粉の施用でノネズミが集まってきて，作物への食害が出たりする，などの欠点もある。

(1) 化成肥料のうち，3要素の合計成分量が15～30％のものを普通化成，30％以上のものを高度化成とよぶ。

(2) 肥料取締法（➡ p.138）の適用をうけ，肥料成分として3要素の合計濃度がおおむね5％以上，個々の成分濃度が1％以上で，有害物質を含まず，同法律の指定をうけたものが有機質肥料として販売されている。

表4-16　販売有機質肥料の成分含有量（％）

	窒素			リン酸			カリ		
	最高	最低	平均	最高	最低	平均	最高	最低	平均
ダイズ油かす	8.0	7.1	7.5	1.9	1.7	1.8	2.4	2.2	2.3
ナタネ油かす	6.7	3.8	5.1	3.4	1.3	2.5	1.6	0.8	1.3
綿実油かす	7.2	5.0	5.7	3.4	1.6	2.6			1.7
イワシしめかす	9.3	6.9	8.0	8.3	3.7	6.9			
乾雑魚	11.7	5.1	8.0	14.8	2.9	7.1			
蒸製骨粉	5.3	2.8	4.1	27.1	18.3	22.3			
肉かす	12.0	4.8	8.2	6.5	0.3	2.2			
蒸製蹄角骨粉	12.6	5.0	10.5	18.5	4.1	8.4			
蒸製皮革粉	12.7	5.6	7.1						
乾燥菌体肥料	9.6	2.1	6.2	6.6	0.4	3.3	10.7	0.3	3.8

（栗原淳・越野正義『肥料製造学』昭和61年による）

ボカシ肥

　窒素含量の高い有機質肥料は施用後すぐに窒素が放出されるが，幼植物には利用されずにむだになりやすい。また，ダイズ粕などの有機質肥料を直接土壌に施用すると，タネバエの幼虫が発生して，発芽直後の作物を加害する。そこで，原料の有機質肥料を山土などに混ぜて短期間たい積して微生物分解させたものがボカシ肥で，アンモニア態窒素は山土に保持されたり微生物細胞の成分になって，養分のむだが少なくなる。また，分解のとき発生する熱などによってタネバエの幼虫の発生はなくなる。

表4-17 自給肥料の成分含有量 (%)

	窒素	リン酸	カリ
たい肥（現物）	0.5	0.2	0.5
きゅう肥（現物）	0.5	0.3	0.6
人ぷん尿（現物）	0.6	0.1	0.2
乳牛ふん（現物）	0.3	0.4	0.1
乳牛尿（現物）	0.8	0.1	1.5
豚ぷん（現物）	0.6	0.4	0.3
豚　尿（現物）	0.4	0.1	0.4
鶏ふん（風乾物）	3.0	3.1	1.3
鶏ふん（火力乾燥）	3.3	4.3	2.3
レンゲ（新鮮物）	0.4	0.1	0.2
青刈ダイズ（新鮮物）	0.6	0.1	0.6
野　草（新鮮物）	0.3	0.1	0.4
草木灰		1.7	5.3
木　灰		2.3	7.8
稲わら（風乾物）	0.6	0.2	1.0
麦わら（風乾物）	0.4	0.2	1.0
もみがら（風乾物）	0.6	0.2	0.5
米ぬか	2.0	3.9	1.5

（栗原淳・越野正義『肥料製造学』昭和61年，奥田東『肥料学概論第2次改著』昭和35年による）

［注］成分含有量は標準値であり，変動の幅は大きい。

❹ 自給肥料

たい肥，きゅう肥，わら，緑肥，草木灰，米ぬか，家畜・家きんの排せつ物などの標準的組成を表4-17に示す。

肥効の出かた　有機質肥料のばあいは，表4-16，→p.131
4-17に示した成分含有量のすべてが植物に利用されるわけではない。ほとんどすべてが利用可能な成分はカリウムだけで，窒素やリン酸には微生物分解をうけにくいものも多く，利用できる割合も有機質肥料の種類によってことなる。

また，有機質肥料の種類，おもにC/N比によって微生物による分解速度がことなり（➡p.102），施用後にアンモニア態窒素が放出される時期や量が大きくことなる（表4-18）。

有機物を毎年ほ場に連用すると，有機物から放出される窒素量が年々増加してくる。このため，多量の有

表4-18 有機物の分解特性による群別と施用効果

初年度の分解の特徴		有機物の例	C/N比	初年度の窒素肥効	連用したときの作物の窒素吸収の増加
窒素	有機物の分解速度				
放出群	すみやか（年60〜80%分解）	余剰汚泥・鶏ふん・野菜の残さ・クローバ	10前後	大	大
	中速（年40〜60%分解）	牛ふん・豚ぷん	10〜20	中	大
	ゆっくり（年20〜40%分解）	ふつうのたい肥類	10〜20	中〜小	中
	ひじょうにゆっくり（年0〜20%分解）	分解のおそいたい肥類（樹皮を材料としたバークたい肥など）	20〜30	小	小
とり込み群	すみやか（年60〜80%分解）	わら類	50〜120	初期　マイナス／後期　中	中
	中速〜ゆっくり（年20〜60%分解）	イネの根・製糸かす・未熟たい肥	20〜140	初期　マイナス／後期　中	小〜中
	ひじょうにゆっくり（年0〜20%分解）	おがくずなど	200以上	マイナス	マイナス〜小

（農水省農業研究センター編『農耕地における有機物施用技術』昭和60年による）

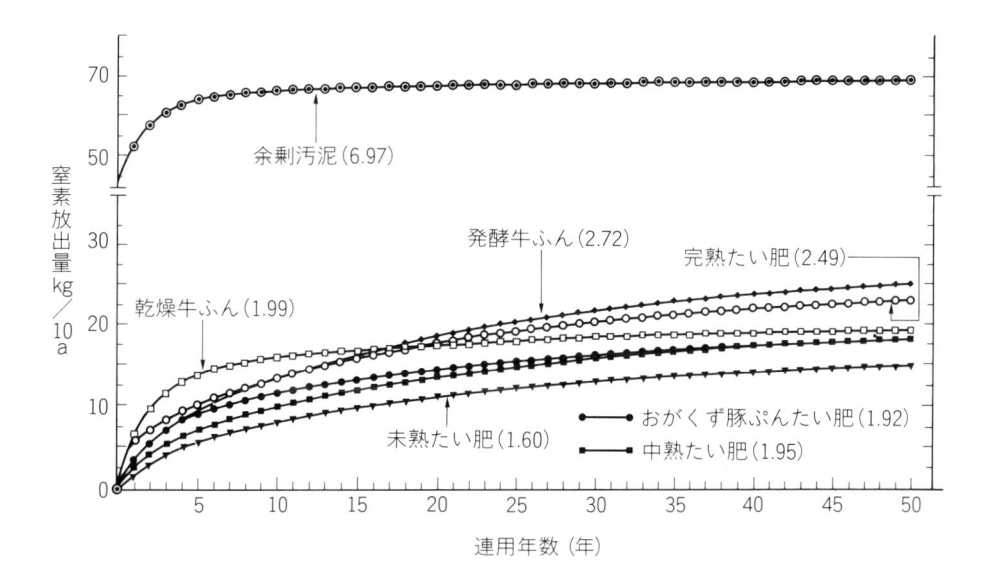

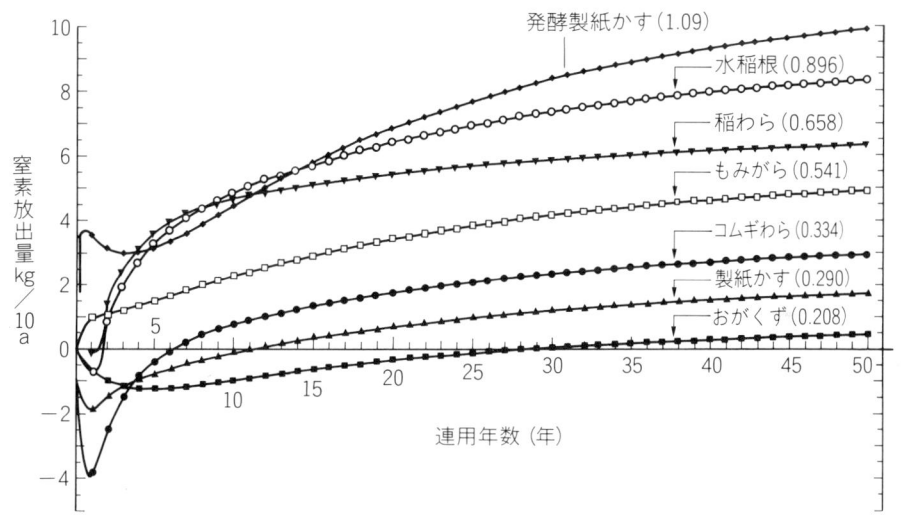

図4-21 各種有機物を水分を除いた乾燥物で毎年1t/10a連用したときの無機態窒素の放出量の経年変化

[注] (1) ( ) 内の数字は, 図中有機物の乾燥物中の窒素含量の％を示す。
(2) 連用をつづけると, やがて毎年施用した有機物中の全窒素が1年間にすべて放出されるようになる。

(農林水産技術会議事務局『研究成果166』『農耕地における土壌有機物変動の予測と有機物施用基準の策定』昭和60年を参考に作成)

機物を施用すると, 最初の数年間は土壌からの窒素の放出量が少なく, やがて適正な範囲になったのち, 過剰になるので, 注意が必要である (図4-21)。

たい肥化の目的

窒素飢餓を防ぐ わらなどのC/N比の高い有機物では, 炭素にくらべて窒素が相対的に不足しており, そのまま土壌に施用すると, 微生物が増殖するさいに

土壌中の無機態窒素をも菌体合成に利用する(有機化,➡p.102)。作物にとっては無機態窒素がきょくどに不足して,窒素飢餓におちいることが多い。

そこで,C/N比の高い有機物は施用前にたい肥化して,C/N比を20ていどまで下げてから施し,作物が窒素飢餓におちいるのを防ぐようにする。

過剰養分の除去・土壌改良効果の強化　逆に,家畜・家きんの排せつ物のようにC/N比が低い有機物のばあいは,そのまま施すと窒素などの肥料としての効果は大きいが,施用量が多いと養分の過剰をもたらすこともある。そこで,施す前に微生物に無機態窒素を菌体合成に利用してもらって減少させたり,雨ざらしなどによって流亡させたりする。

また,C/N比の低い有機物をそのまま施したのでは土壌改良の効果は小さいので,わらなどを加えてC/N比を高め,微生物に分解させてから施す。

有害物質の除去・病原菌の回避　新鮮な作物の茎葉のように糖類の多い有機物を施すと,微生物によって,分解の初期に植物に対する有害物質が合成されたり,一次的に植物に有害な病原菌が増殖したりする[1]。これらをたい肥化して回避する。

(1) 新鮮な有機物をそのまま施用したばあいは,ふつう,施用してから30日間で病原菌の増殖や有害物質の合成は終了するので,播種はその後におこなう。

❺ 施肥量算出の基本

最少養分律　作物の生育には,光,水,養分,土壌の物理的条件,など多くの因子が関係している。他の条件がじゅうぶんでも,一つの因子が満たされていないばあいは,いちばん不足している因子によって,作物生産は制限をうける。もし,それが養分のばあいは,養分のなかのもっとも不足している養分によって支配される。これは古くから最少養分律とよばれている。

収穫漸減の法則　農耕地ではふつう,窒素が最少養分になっており,窒素の施用量に比例して,ある段階までは生産量が直線的に増加するが,しだいに窒素施用量に対する増加割合が鈍化しはじめ,やがて生産量は頭打ちになる。ばあいによっては,生産量が低下することもある。

このように，施肥効果がしだいに低下することを収量漸減の法則という。

養分の不足を補ってもなお生産量が低下する段階では，制限している因子は養分ではなくなる。たとえば，作物が茂りすぎて，光のあたらない下葉や茎での呼吸による合成有機物の消費量がふえたり，過剰な養分による生育障害が生じたりして，生産量の低下や品質低下がおこる。

施肥量の算出

適切な施肥量を決めるには，図4-22のような考えかたでおこなう。

まず，目標とする収量をあげるために，作物が吸収しなければならない単位面積当たりの養分量（養分吸収量）①をもとめる。この値はほ場試験で正常に生育させた作物の分析からもとめられており，その例を表4-19に示す。→p.136

この養分吸収量①のうちには，肥料に由来するものと土壌からの天然養分に由来[1]するもの②がある。したがって，作物には，養分ごとに①－②の量を肥料から吸収させる必要がある。

①－②を肥料から吸収させるのだが，これだけの養分を肥料であたえればよいのではない。肥料養分のうち，作物に実際に吸収される割合（利用率または吸収率）は，ふつうの化学肥料なら，窒素は水田で20～50％，畑で40～60％，リン酸は5～15％，カリウムは40～70％ていどで，水田・畑とも同じと考えてよい。したがって，①－②を利用率で割った量が施肥量となる。この施肥量が1作のあいだに施用すべき総量となる。

(1) ②の量はふつう，無肥料で栽培した作物の吸収した養分量である。

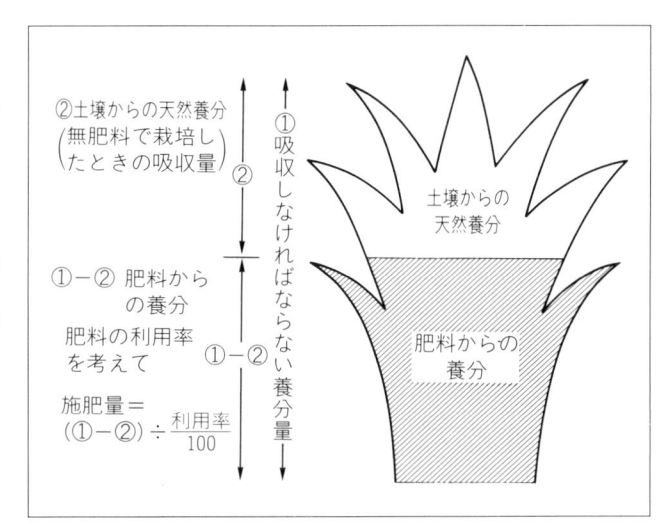

図4-22　施肥量の算出方法

②土壌からの天然養分（無肥料で栽培したときの吸収量）

①－② 肥料からの養分　肥料の利用率を考えて

施肥量＝（①－②）÷ $\dfrac{利用率}{100}$

① 吸収しなければならない養分量

土壌からの天然養分

肥料からの養分

［注］有機物を混用施用するときは，算出した施肥量から，有機物からの養分供給量をさし引く。

有機物施用時の施肥量調節

化学肥料のほかに有機物を施用するばあいは，施肥すべき総量から有機物からの養分供給量をさし引く必要がある。過剰になると問題の出やすいのは窒素とカリウムである。

表4-19 作物の収量と養分吸収量

作物名	目標生産物収量(kg/10a)	養分吸収量(kg/10a)				
		窒素	リン酸	カリ	カルシウム**	マグネシウム**
イ ネ	450	10	4	10	2	1
ム ギ	300	9	4	6	2	1
トウモロコシ(実とり)	500〜900	15〜21	4.5〜7	13〜25	4〜6	2.5〜4.5
ダ イ ズ	250〜308	24〜35	4.4〜7.3	16〜21	14〜16	—
サツマイモ	3,000	10	6	27	—	—
ト マ ト	9,320	26	7	47	21	5
ナ ス	5,040	17	4	26	6	2
ピーマン	5,000	25〜30	4〜6	35〜40	10〜15	4〜6
キュウリ	8,340	20	7	34	23	6
スイカ	7,000〜8,000	16〜21	5〜6	22〜26	—	—
キャベツ	4,750	20	6	23	19	3
ハクサイ	5,500	24	8	25	13	3
ホウレンソウ	2,830	12	2	14	6	3
セ ル リ	4,000	18	9	61	15	2
温州ミカン		417*	67*	241*	543*	69*
ナ シ	3,750	16〜17	6〜8	15〜18	—	—
イネ科牧草	5,000	23.4	5.4	27	3.6	2.7
マメ科牧草	5,000	27	5.4	25.2	9	2.7
混播牧草	5,000	25.2	5.4	26.1	6.3	2.7

［注］ * は，1樹当たりのg数。**カルシウムはCaO，マグネシウムはMgOで表示。
(速水昭彦・松村安治『東海近畿農試研報20』 昭和45年，植物栄養・土壌・肥料大事典編集委員会編『植物栄養・土壌・肥料大事典』昭和51年による)

窒素 有機物からの窒素の初年度の放出量は，表4-17の含有量と表4-18の初年度の分解の特徴からあるていど予測できる。初年度の分解率が40〜60％あるいはそれより少ない牛ふんやたい肥などを連用しつづけると，図4-21のように，土壌からの窒素放出量がしだいに増加しつづけてくる。このため，施用量が多いばあいには，図4-21を参考にして，有機物か化学肥料の施用量をひかえる必要がある。

カリウム 有機物中のカリウムは水溶性で，ほとんどすべてがすみやかに有機物から放出されるので，表4-17の自給肥料の標準的成分含有量からあるていど予測できる。

❻ 施肥時期

作物は，生育時期で必要とする養分の量がことなり，しかも生育期間中に養分の流亡もおこる。そのため，施用すべき総量を一度に

あたえないで，生育に応じて分けて施用する。

イネのばあい

図4-23に示すように，カリウムやカルシウムは，全生育期間にわたって活発に吸収するが，その他の養分については，生育時期によってことなっている。

発芽から幼穂形成まで　窒素・リン酸・イオウを活発に吸収する。そして，さかんに茎を分げつして，将来，穂をつける茎の数を確保する。

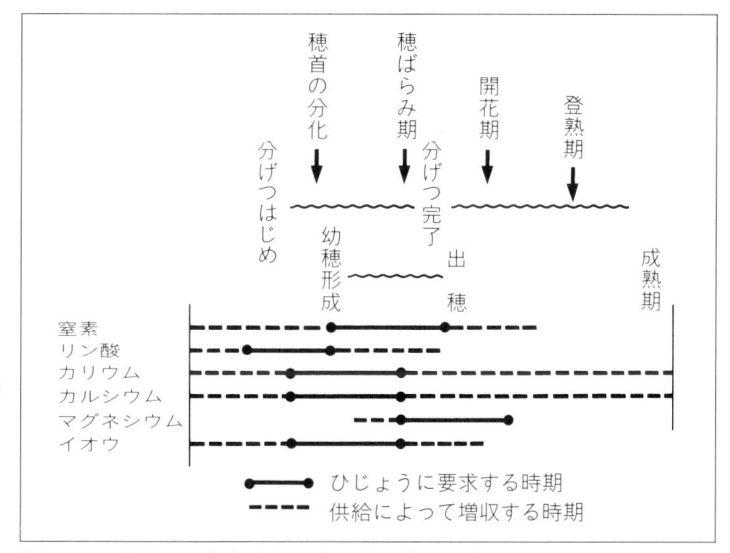

図4-23　水稲の生育各時期の各要素の養分要求ていど
（高橋英一ら『作物栄養学』昭和44年より作成）

幼穂形成から開花まで　ひきつづき窒素を吸収するとともにリン酸やマグネシウムを吸収する。穂首の分化がはじまる時期から穂ばらみ期までの期間の栄養状態が，1穂につく粒数を左右する。

開花から成熟まで　窒素・リン酸・イオウは茎葉から穂に移行するので，外部からあまり吸収させる必要はない。それ以前の，穂ばらみ期から開花期までに吸収された窒素が，登熟期の窒素含有率を高く維持し，光合成を持続させて，登熟歩合をあげ，千粒重を大きくする。

このため水稲では，収量構成要素である単位面積当たりの穂数・1穂粒数を多くし，登熟歩合を高め，千粒重を大きくするのに有効な時期にあわせて，追肥という技術によって施肥されている。しかも，茎数や葉を多くしすぎて光があたりにくくなって光合成が阻害されたり，倒伏したりしないように，施肥量や肥料の種類などもくふうされている。

野菜のばあい

葉菜類・果菜類　葉や茎をつくる栄養成長の途中で収穫する葉菜類や，栄養成長と花や実をつける生殖成長を同時にすすめる果菜類は，連続して養分を吸収し，個体の成長とともに1日当たりの養分吸収量を増大しつづける。したがって，追肥によって収穫期まで養分を供給する必要がある。

根菜類・ネギ 生育の途中まで養分吸収量を増大しつづけるが，可食部が肥大する時期には，イネと同様に茎葉から養分が移行するので，後期の追肥はあまり必要ない。

❼ 施肥基準

作物の種類・品種や，気候による作物の生育のしかたがことなると，必要な養分の量や時期がことなる。それに加えて，土壌からの天然養分供給量やその利用率も土壌の種類や地域によってことなるし，さらには作物によって収穫後に土壌に残存している養分量もことなる。

そうした多様な組合せに対応するため，各都道府県が，作物ごとに有機物の種類や土壌型などを配慮した標準的な施肥基準をつくっている。

土壌残存養分量は，前作の施肥量やその生育や収量によってことなっているため，ときどき土壌診断をおこなって施肥量を調節することがたいせつである。また，土壌診断だけでなく，作物の生育のようすを観察して，葉の色やはん点の状態から微量要素過不足を見つけて対策を講じることもたいせつである（➡p.112）。

> **参考　肥料取締法**
>
> 　粗悪な肥料の販売・流通を防止するために肥料取締法がある。この法律では，肥料とは，①植物の栄養に供することを目的にして土地に施されるもの（ふつうの化学肥料や有機質肥料）に加えて，②植物の栽培に資するために土壌に化学的変化をもたらすことを目的にして土地に施されるもの（土壌pH矯正用の石灰質資材），③植物の栄養に供することを目的にして植物に施されるもの（葉面散布用の肥料）も含めている。ただし，土壌の物理性だけを改良する資材は肥料ではない。
>
> 　また，植物養分への有効成分が一定濃度以上のものでないと，肥料として認定しない。

第5章
生物的要素

ミズガヤツリの出芽

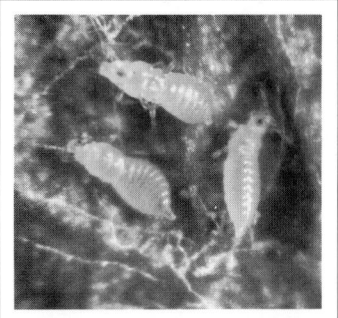

ブドウの葉上の
チャノキイロアザミウマ

べと病の病はん

いもち病菌の胞子

1 作物の病気とその防除

❶ 作物の病気の症状－病徴と標徴

作物が病気にかかると，さまざまな症状があらわれる。それぞれの病気に特有の症状を病徴・標徴といい，病気を診断するうえでたいせつな指標となる。とくに，標徴は病原体そのものであるので，これにより正確な判断ができる。

病徴

作物が病気にかかったために，細胞・組織・器官にあらわれる外部形態の変化を**病徴**という。病徴が局部的なばあいを**局部病徴**といい，はん点・褐ぱん・条はんなどがこれにあたる。病徴が全身にあらわれるばあいを**全身病徴**といい，作物全体の萎縮・萎凋（しおれ）などがこれに属する。

病徴は，病原[1]の生理的作用や，それに対する宿主植物[2]の反応の結果のあらわれであるが，つぎの三つに大別することができる。

崩壊性病徴 組織の部分的あるいは全体的な死をともなう病徴をいい，病原菌の生産する毒素や有害な酵素の作用によることが多い（図5-1ⓐ）。

増生病徴 細胞の異常分裂・異常肥大などのために，根毛が多くなったり，こぶができたりする病徴で，病原菌が植物ホルモンを生産するときにみられる（図5-1

(1) 作物の正常な生育を乱す原因となるものを病原という。
(2) 他の生物の寄生をうけ，栄養を依存される植物のことで，病気では宿主，害虫では寄主とよばれている。

イネ紋枯れ病　サクラ苗木の根頭がんしゅ病
ⓐ崩壊性病徴の例

←ⓑ増生病徴の例

イネばか苗病

ⓒ減生病徴の例
イネ黄化萎縮病

図 5-1 病徴の例

ⓑ)。

減生病徴 病原が作物の正常な生理作用を阻害するために，正常な植物より生育が劣るばあいをいい，葉が黄色くなるような色素の形成阻害などもこれに含まれる（図5-1ⓒ）。

標徴 病気にかかった植物体の表面に病原体があらわれるためにおこる，外観の異常を標徴といい（図5-2），うどんこ病にみられる白い粉（分生胞子），さび病の胞子層[1]，菌核病の菌核などがそれである（図5-2）。

オオムギうどんこ病　　コムギ黒さび病

図5-2　標徴の例

[1]　さび病菌・黒穂病菌などの胞子のかたまりを胞子層という。

❷ 病原とおもな病気

1 病原の種類

病原は，生物性病原，非生物性病原[2]，ウイルスとウイロイド[3]に分けられる。これらのうち，伝染性が問題となるのは，生物性病原のうちの菌類（おもに糸状菌類）・細菌類・マイコプラズマなどの微生物と，生物と非生物の中間的な性格をもつウイルスおよびウイロイドである。

地球上には，約10万種の菌類，約1,600種の細菌類が生存しているが，そのほとんどの微生物に病原性はなく，動植物の残がいを栄養源として生活し，自然界の物質循環に大きな役割を果たしている。約2万種いるセンチュウ類も同じで，その多くは水中で生活し，他の微生物を栄養源としている。

こうしたたくさんの種類の微生物のなかから，植物をおかして栄養を吸収できるように適応してきたものが，**植物病原微生物**である。

病原のうちで，糸状菌類が作物にもっとも大きな被害をあたえている。

[2]　非生物性病原には，光・地温・気温・湿度の気象的要素や，肥料・土壌pHなどの土壌的要素，植物自身が生産する毒などがある。
[3]　ウイルスよりはるかに小さい低分子RNAで，「ウイルスもどき」の意味。

2 糸状菌類による病気

糸状菌類の多くは，栄養器官である菌糸と繁殖器官である胞子とをもっている（➡p.82）。胞子には，生殖細胞（配偶子とよばれる）が関係しないでできる**無性胞子**と配偶子によってできる**有性胞子**とがある。無性胞子には分生胞子・遊走子などがあり，有性胞子には子のう胞子・担子胞子などがある。

糸状菌の生活　病原性をもった糸状菌の一例として，子のう菌類に属するムギ類のうどんこ病菌の生活環を図5-3に示す。うどんこ病は，秋まきのムギ類では，早春に下葉の表面へ子のう胞子がつき，これが発芽して葉の表皮細胞内に吸器をつくって養分を吸収し，菌糸を成長させる。最初の症状として白いはん点がみられるが，これは菌糸である。菌糸がふえると，やがて病はんはうどん粉のような白い分生胞子でおおわれる。分生胞子は伝染力が強く，ほかの葉や個体への感染・発病をくり返す。

ムギ類が成熟期になると，病はんは灰色にかわり，有性生殖によって黒い小粒の子のう殻（かく）が形成される。これが，被害わら上で越夏・越冬し，翌年の早春，子のう殻中の子のうのなかで核融合・減数分裂がおこなわれ，8個の子のう胞子ができる（図5-4）。これが飛散して新たな感染をひきおこす。このようにして，生活環を完成する。

糸状菌の分類①　植物分類学から　植物分類学上は，有性胞子のできかたと，菌糸の隔膜の有無によって，藻菌類・子のう菌類・担子菌類・不完全菌類に分類されている。

藻菌類　菌糸に隔膜がなく，有性生殖によって，卵胞子または接

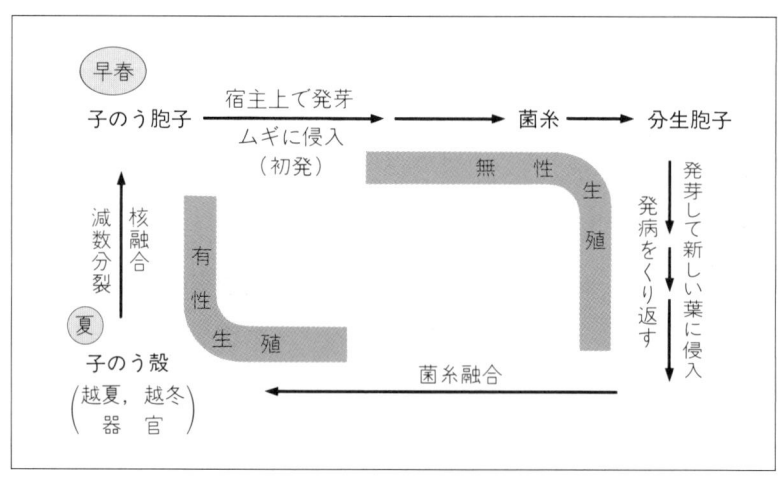

図5-3　オオムギうどんこ病の生活環

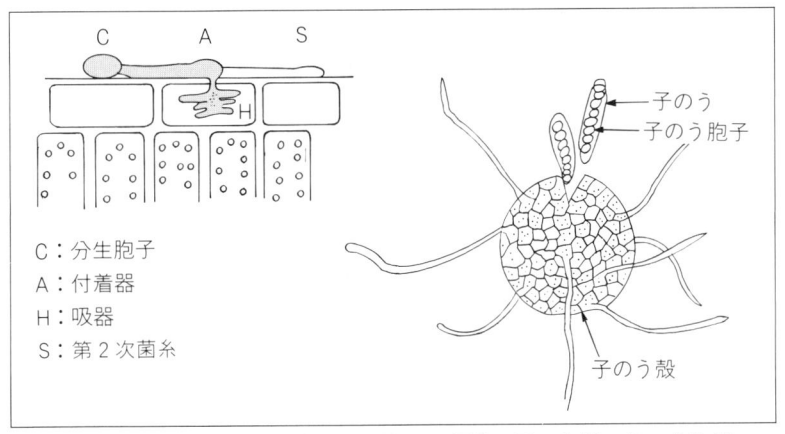

図5-4　オオムギうどんこ病菌の分生胞子・吸器・子のう殻・子のう胞子

合胞子をつくる。キュウリ・ホウレンソウ・ブドウなどのべと病菌，トマトやジャガイモの疫病菌などが属している。

　子のう菌類　菌糸に隔膜があり，有性生殖によって，子のうという袋のなかにふつうは8個の子のう胞子をつくる。これらの子のうをとりまく殻（かく）があることが多い。いろいろな植物をおかすうどんこ病菌がこれに属する。

　担子菌類　菌糸に隔膜があり，有性生殖によって，ふつう，一つの担子基の上に4個の担子胞子をつくる。いろいろな作物のさび病菌や黒穂病菌などが属している。また，マツタケやシイタケなどのキノコも担子菌類に属している。

　不完全菌類　有性胞子が見つかっていない糸状菌をまとめて，不完全菌類とよんでいる。道管萎凋病をひきおこすフザリウム属菌などがこれに属している。

糸状菌の分類❷　植物病理学から

植物病理学の分野では，栄養のとりかたによって，腐生菌・非絶対寄生菌・絶対寄生菌に分ける。

　腐生菌　死んだ動植物の遺体を栄養源として生活している菌で，病原菌ではない。この腐生菌から，寄生的な病原菌が生まれてきたと考えられている。

　非絶対寄生菌　腐生菌としての性質を残しながら，生きている植物にも寄生できる菌で，ひじょうに多くの植物病原菌がこれに属し，絶対寄生菌に近いものから，腐生菌に近いものまである。培地の成分が適当であれば人工培養ができる。

絶対寄生菌 寄生的性質がもっともすすんだもので、生きた植物細胞からしか栄養がとれなくなった病原菌である。多くの作物のうどんこ病菌・さび病菌・べと病菌がこれに属し、宿主植物の細胞が死ぬと栄養がとれなくなり、病原菌自身も死ぬ。したがって、一部の例外を除いて、人工培養はできない。

非絶対寄生菌による作物の病気

ジャガイモ疫病 病原菌は藻菌類に属し、ジャガイモの重要病害である。寄生の様式としては絶対寄生に近いが、人工培養もできる。葉・葉柄・茎に発生し、地下部の塊茎を腐らせる。最初、葉に暗緑色水浸状の円形病はんを生じ、やがて淡褐色の大型病はんとなる。葉柄がおかされると葉全体が黄化し枯死する。病はんの裏には分生胞子を生じる。気温20℃くらいの降雨時にはげしくまん延する。本州では梅雨の時期に発生するが、冷涼地や北海道では8〜9月ころ発生する。

イネいもち病 病原菌は不完全菌に属するとされるばあいが多いが、最近、他のイネ科植物のいもち病菌と交配し、子のう胞子が形成されることが判明したので、子のう菌として扱われることもある。わが国ではもっとも重要な病害の一つで、古くから飢饉の原因となる病気として、おそれられてきた。

葉に発生すると、はじめは灰緑色のはん点を生じ、しだいに大き

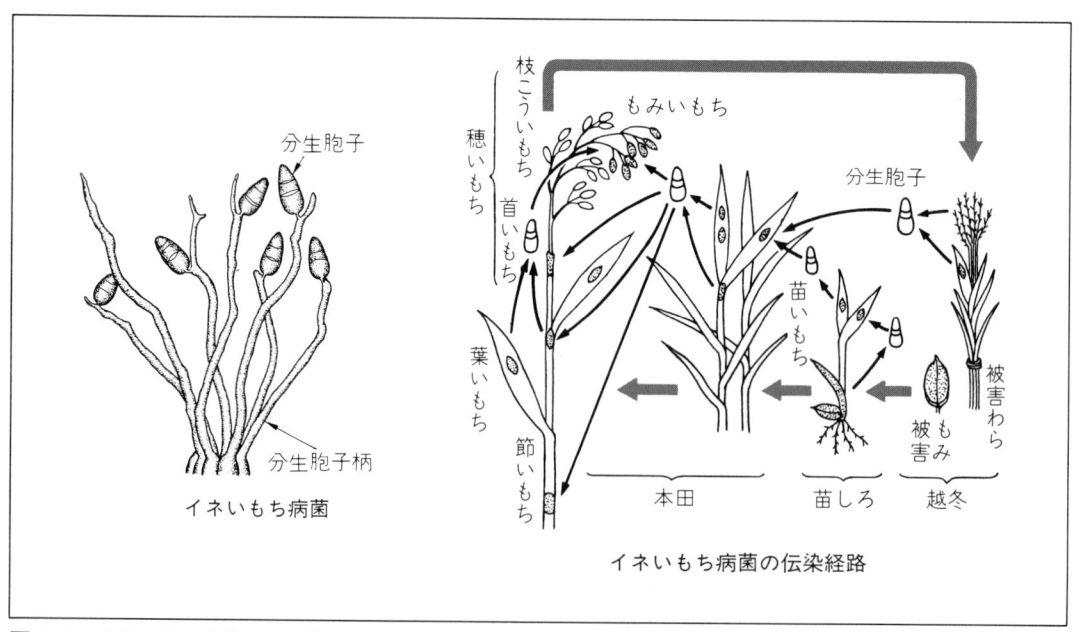

図5-5 イネいもち病菌とその伝染経路　　（岡本大二郎・大畑貫一『イネの病害虫』昭和48年による）

くなり紡錘形となる。穂では穂首節や枝こうの部分が黒褐色になり，病はんは上下にひろがる。本田で初期に発病すると，株全体が萎縮して，枯死する。このようなはげしい発生を，ずりこみいもちという。

夏，日照が不足したり，冷涼な天候がつづいたり，出穂期に雨が多いとはげしく発病する。おかされる部分によって，苗いもち・葉いもち・節いもち・穂いもちなどとよばれる。また，水温が低い水田の水の取入れ口に発生しやすく，このばあいを水口（みなくち）いもちという。窒素肥料を多く施したばあいにも多発するが，このばあいを肥（こえ）いもちという。

イネいもち病菌とその伝染経路を図5-5に示す。

イネ紋枯れ病　病原菌は担子菌類に属し，菌核と担子胞子を形成する。地表に落ちた菌核は土中で越冬し，苗を植え，田に水を入れたときに浮き上がり，イネに付着して発芽し侵入する。病はん上に形成された菌糸によって，隣接した茎葉に病気がひろがる。発病は高温・多湿の年に多い。早生（わせ）のイネに被害が多いが，これは止め葉の葉鞘（ようしょう）のできる時期が，紋枯れ病菌の生育に適した高温の時期と一致するためである。

病原菌は，イネのほかトウモロコシ・ダイズ・ノビエ・メヒシバなど多くの植物に寄生する。

フザリウム属菌による道管萎凋病　フザリウム属菌は，土壌のなかで生存し，植物の地下部から侵入する。侵入したあとに形成された小型分生胞子（図5-6ⓑ）が道管内を転流することによって植物体内の水分の流れが阻害され，植物をしおれさせる。組織が死ぬと外部に多量の大型分生胞子（図5-6ⓐ）をつくる。

病原菌は不完全菌類に属し，形のうえでは見分けがつかない同じ種に属する菌でも，おかす作物がことなるばあいがある。[1]

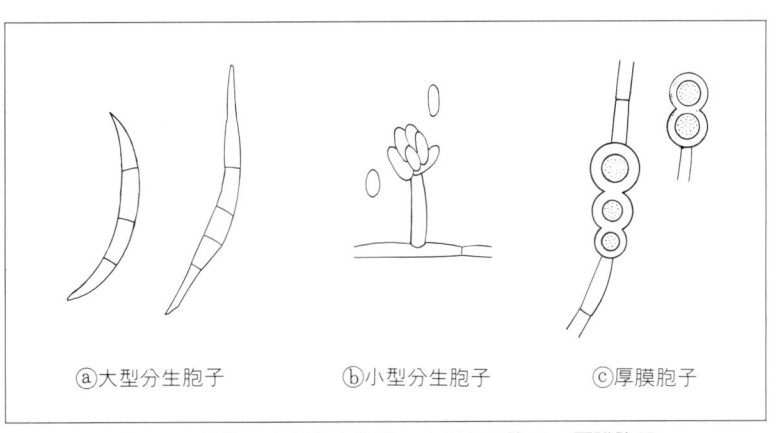

トマト萎凋病・スイカつる割れ病・ダイコン萎黄（いおう）

(1) 寄生性の分化という。

ⓐ大型分生胞子　　ⓑ小型分生胞子　　ⓒ厚膜胞子

図5-6　フザリウム属菌の大型分生胞子・小型分生胞子・厚膜胞子

病などをひきおこす。

　いずれの病原菌も，連作によって伝染型の厚膜胞子が土壌中に増加し，はげしい被害をひきおこす。厚膜胞子は，図5-6ⓒのように菌糸の細胞が変形し，あつい膜でおおわれて，無性的にできた耐久体で，5〜6年間は土中で休眠状態で生存している。しかし，作物が栽培されてその根が厚膜胞子の近くまで伸び，根から分泌される糖・アミノ酸・有機酸などの栄養の供給をうけると10時間以内に発芽する。栽培された作物がその菌の宿主であったばあいにはそれをおかす(1)。

　この属の菌による病害は薬剤による防除が困難なので，いろいろな生物的防除が試みられている（➡ p.156）。

(1) このように，おもに土壌中に生存していて作物を発病させる微生物を土壌病原微生物といい，病気を土壌病害という。

絶対寄生菌による作物の病気

うどんこ病　うどんこ病菌は子のう菌類に属し，現在の科学技術をもっても人工培養ができない。ムギ類・野菜・果樹・観賞植物など，いろいろな植物がうどんこ病にかかる。うどんこ病菌は，寄生する植物が決まっていて，それぞれの植物のうどんこ病は別の種類のうどんこ病菌によっておこる。うどんこ病菌の生活環は糸状菌類の項で述べたとおりである。

さび病　さび病菌は担子菌類に属し，人工培養に成功したものもあるが，野外の植物の上では絶対寄生をおこなっている。ムギ類・果樹・樹木など多くの植物をおかすさまざまな種類がある。

　ムギ類をおかすさび病菌には4種類あるが，わが国でふつうにみられるのは，コムギの赤さび病とオオムギの小さび病である。さび病菌は原則として5種類の胞子型をもち，胞子の種類によってことなった植物に寄生する。

　さび病菌の生活環を，**ナシ赤星病**の例で図5-7に示す。

　4〜5月ころ小生子がナシの葉に侵入し，表面に黄色のはん点をつくる。これがしだいに大きくなって，濃い褐色の粒ができる。これを柄子殻といい，このなかに柄胞子を生じる。その裏に5〜6月ころさび子腔ができ，そのなかにさび胞子を生じる（図5-7ⓐ）。さび胞子は，ナシの葉に対しては病原性はなく，中間宿主（➡p.156）であるビャクシンをおかしてそこに冬胞子を生じる。翌春，冬胞子が発芽してその上に小生子ができ（図5-7ⓑ），その胞子が飛散してナシの葉に感染する。このようにナシ赤星病菌は4種類の胞子型をもつ。

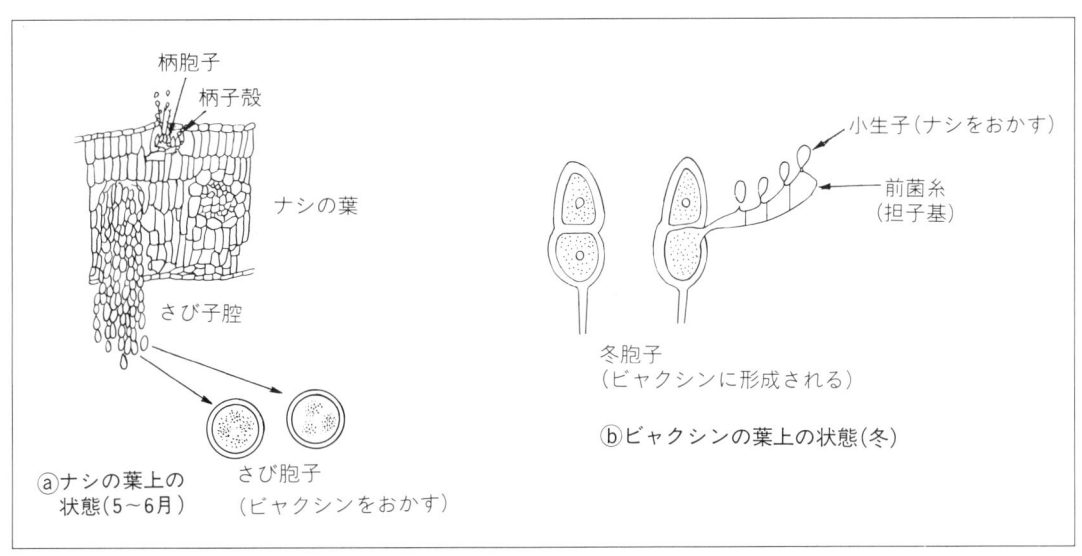

図5-7 ナシ赤星病菌の生活環

べと病 べと病菌は藻菌類に属し，人工培養はできない。ウリ科野菜・ホウレンソウ・ブドウなどのべと病が農業上重要な病害である。病徴は作物によってことなるが，ふつうは葉裏に肉眼でかすかに認められるていどの白色・灰色・淡紫色のかび状のはん点があらわれる。葉の表面には，はじめは淡黄色の小さなはん点ができ，しだいに葉脈に囲まれたやや角ばった淡黄色の病はんとなる。病はんには，分生胞子がたくさんつき，これに水があたえられると発芽して遊走子を生じ，伝染する。気温20℃ていどで多湿のときに多く発生する。

黒穂病 黒穂病菌は担子菌類に属し，生活環のある時期には人工培養できるが，宿主植物上では絶対寄生をおこなっている。オオムギ・コムギ・トウモロコシなどの作物をおかす菌がある。

　黒穂病菌におかされると花が変形し，黒い粉状物（黒穂胞子）ができる。黒穂胞子は，風で飛散し，宿主のめしべの柱頭で発芽して子房内に侵入するので，感染した植物から収穫したたねは汚染しており，汚染種子を播種したばあい，これから生じる植物の茎頂分裂組織に菌糸が達し，かならず発病する。

③ 細菌類による病気

　細菌と同じ仲間に放線菌があり，一般に両方含めて細菌類という。

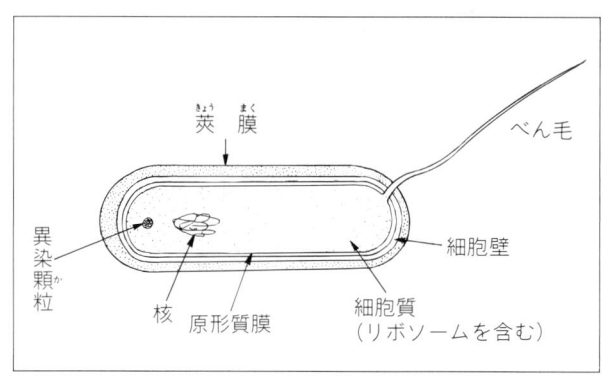

図5-8 植物病原細菌（模式図）

(1) 細菌は，染色体・紡錘体などをともなわない核分裂によって増殖する。

細菌は1個の細胞からなり，図5-8のような構造をしている。核には核膜がなく，増殖は細胞分裂によっておこなう[(1)]。また，ミトコンドリアをもっていない。細菌は形により，球菌・かん菌・ビブリオ・らせん菌・放線菌などに分類されるが，植物病原細菌のほとんどが，かん菌とわずかの放線菌である。

イネ白葉枯れ病　病原細菌（図5-9ⓐ）は葉縁の水孔，または葉や根の傷口から侵入し，道管内で増殖する。はじめは葉縁に病はんができ，しだいに拡大し波形に白く枯れる病徴があらわれる。わが国では最近は被害がへったが，東南アジアなど熱帯地方では，病原性の強い病原細菌が分布していて，いぜんとして重要病害である。

わが国では，冬，イネが栽培されていないときには，水田付近のサヤヌカグサの根や，イネの切り株の生きた根の部分から栄養を吸収して生き残り，翌年，イネが栽培されたときに感染する。イネ白葉枯れ病菌は，図5-10のようにして生活環を完結する。

イネもみ枯れ細菌病　イネのほか，数種の牧草にも寄生し，日本の西南暖地に発生する。乳熟期ころからえい花の一部が白く乾燥し，のちに灰白ないし淡黄色となり，不稔となることが多く，発生すると大被害をこうむる。病原細菌は，たねもみや刈り株で越冬し，出穂期の高温多湿が発病を促進する。

野菜類の軟腐病　ハクサイやレタスなど多くの植物をおかす。最初は水にひたしたような小はん点ができ，急速に拡大し，あめ色に

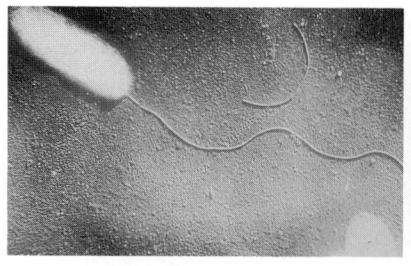

ⓐイネ白葉枯れ病菌
（九州農試病害第1研究室による）

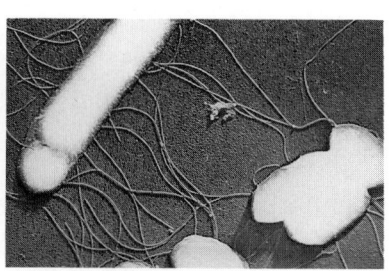

ⓑ野菜の軟腐病菌（脇本哲による）

図5-9　植物病原細菌の電子顕微鏡像

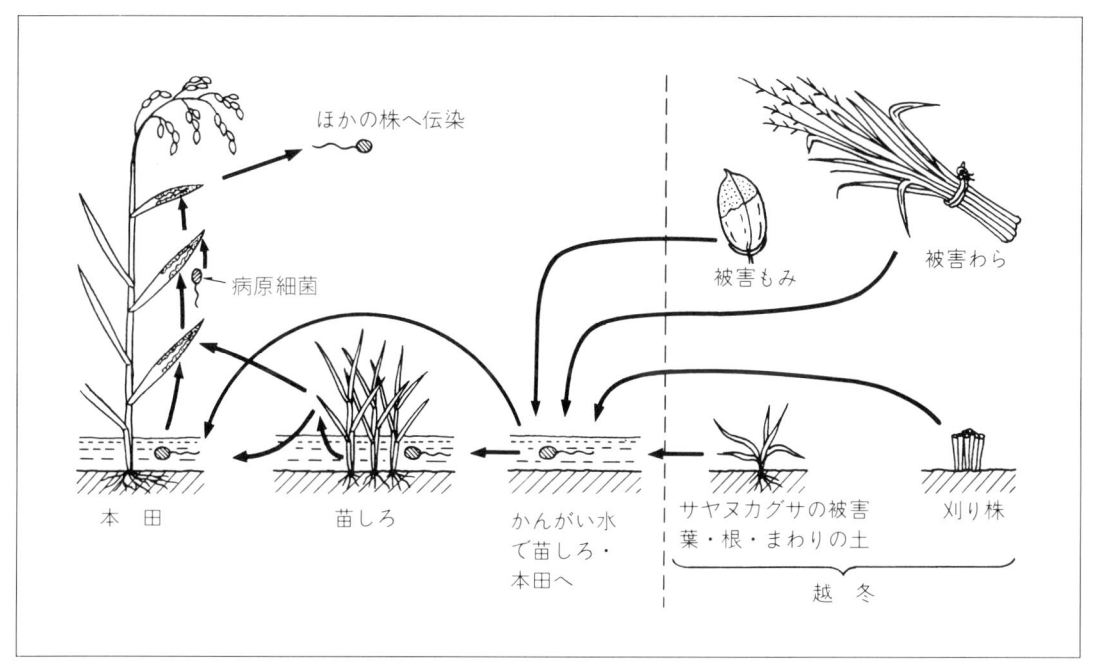

図5-10 イネ白葉枯れ病菌の伝染経路と発病　　　　　　　　　（図5-5と同じ資料による）

なって腐る（図5-9ⓑ）。

　カンキツかいよう病　各種のカンキツに寄生し，葉・茎・果実にかいよう状の病はんをつくり，早期に落葉させ，茎を枯れさせる。

　根頭がんしゅ病　カキ・ナシ・クリ・ブドウ・リンゴなどの果樹にとっては重要病害である。多くの植物の地ぎわ部・根・茎にがんしゅ（こぶ）をつくる（図5-1）。病原菌は土壌中に長期間生存し，植物の傷口から侵入する。

4 マイコプラズマ様微生物による病気

　マイコプラズマ様微生物（MLO）は，細菌よりもずっと小さく，細胞壁がないので，不整な球形をしている。

　クワ萎縮病・エゾギク萎黄病・イネ黄萎病など，かつてはウイルス病と考えられていた病気のいくつかがMLOによることが判明している。なお，MLOが植物病原体であることは，1967年に世界ではじめてわが国で発見された。多くのものがヨコバイなどの昆虫類によって媒介される。

5 ウイルスとウイルス病

ウイルスは，ふつう，核酸のまわりをタンパク質がとり囲んでいる核タンパク体であり，生物の細胞内にはいらないと増殖できない。多くの植物病原ウイルスの核酸部分はRNAであるが，DNAのばあいもある。これらの核酸のなかに，コートタンパク[1]・自己増殖・植物体内の移行・病徴などに関する情報をになう遺伝子が組み込まれている。

増殖には，宿主細胞の成分や，機能を利用する。たとえば，コートタンパクを合成するばあい，図5-11のように，まず，ウイルスRNAは宿主の核のなかにはいって自分の複製をつくらせる。新たにできたウイルスRNAがタンパク質合成の計画書の伝令となり，この計画書にもとづいて，宿主のポリリボソーム上で宿主のアミノ酸を材料として，コートタンパクがつくられる。

ウイルスの形態は，棒状のものと球状のものに大別することができるが，その大きさはひじょうに小さく，電子顕微鏡でないと観察することはできない（図5-12）。

(1) 核酸の外側をとり囲んでいるタンパク質のことをいう。

(2) DNAはタンパク質合成などの遺伝情報（製造計画書）をもつ遺伝子の本体である。宿主の健全な細胞では，DNAの情報をメッセンジャーRNA（m-RNA）が写しとり，核外のポリリボソームに移動し，ここで情報にもとづいて必要なタンパク質などが合成される。ウイルスが感染したばあいは，ウイルスRNAがm-RNAにとってかわる状態となる。

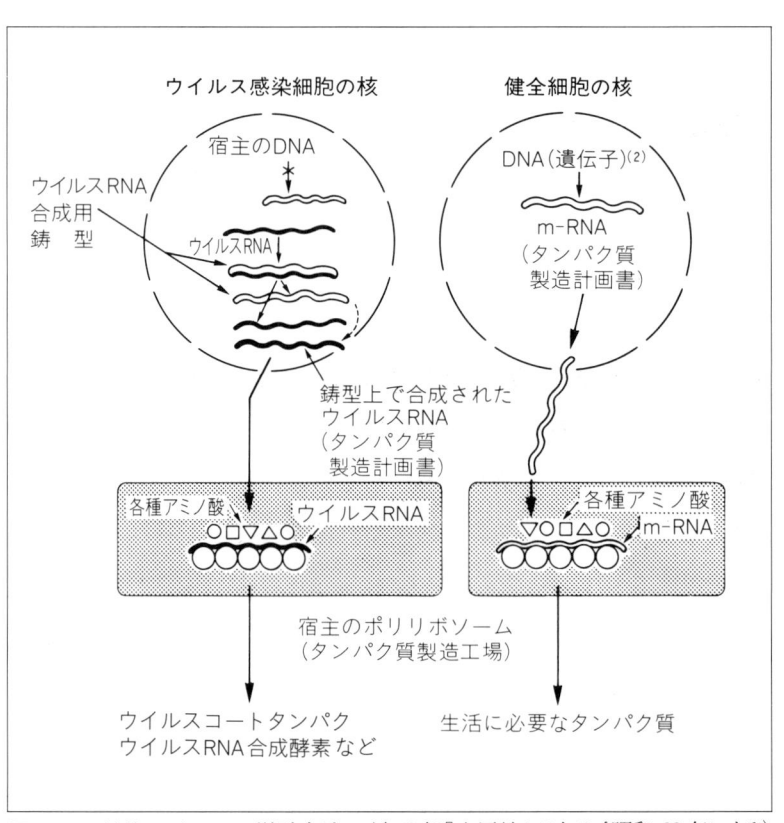

図5-11 植物ウイルスの増殖方法 （奥八郎『病原性とは何か』昭和63年による）

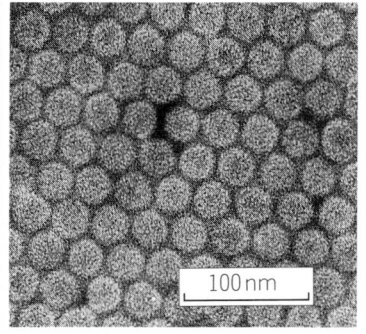

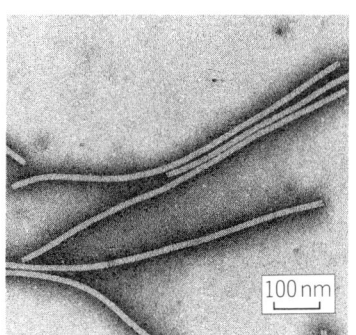

タバコモザイクウイルス　　キュウリモザイクウイルス　　ジャガイモYウイルス
図5-12　植物病原ウイルスの電子顕微鏡写真　　　　　　　　　（久保進らによる）

　植物がウイルスに感染すると，モザイク（葉や花弁に濃淡のふ入りが生じる。タバコ・チューリップのモザイク病など），萎縮（ダイズ・ムギ類・イネの萎縮病など），巻き葉（タバコ・ジャガイモの巻き葉病など）などの病徴があらわれる。
　多くのウイルス病がアブラムシ類，ウンカ・ヨコバイ類などの昆虫によって媒介され，イネ萎縮病のばあいのように，ウイルスが媒介昆虫のツマグロヨコバイの体内で増殖するものもある。

❸ 病気の伝染

　病原体はいろいろな方法で分散する。分散した病原体が宿主植物に到達し，感染を果たして伝染を完了する。

1　病原体の分散

　直接分散と間接分散とに分けられる[1]が，植物病原のばあいは，風媒・水媒・虫媒などの間接分散によるばあいが多い。その他，間接分散には病原菌に汚染した土壌が運ばれるばあい，種子や球根などが病原体をもっているばあい，病気にかかった植物と触れあって感染する接触分散，農作業による分散などがある。直接分散の例としては，藻菌類の遊走子の水中での近距離の分散があげられる。

[1] 直接分散とは病原微生物自体の運動で分散するもの。間接分散とは，ほかの物体の移動にともなって運ばれるもの。

2　病原体の宿主への侵入方法

　分散して宿主に到達した病原体は，栄養をとるために宿主に侵入する。侵入方法は，病原体としての進化のていどによってさまざま

であるが，つぎの四つに分けることができる。

傷口侵入 下等な糸状菌や細菌のおこなう侵入方法で，なんらかの原因で植物表面にできた傷口から侵入する。多くの木材腐朽菌，モモ胴枯れ病菌などがこの方法で侵入する。ウイルスは，害虫や糸状菌などの加害や侵入によってできた傷口から侵入することが多い。

自然開口部侵入

気孔侵入 もっとも進歩した侵入方法で，さび病菌の夏胞子，べと病菌の被のう胞子[1]などが侵入する（図5-13）。植物の表面で発芽した病原菌の発芽管が気孔の上にくると，付着器というふくらみを生じ，ここから細い侵入菌糸を出して気孔をとおり，細胞間げきへと侵入していく。付着器が気孔の上にできると，あいていた気孔はとじるが，侵入菌糸はこれをこじあけて侵入する。

水孔侵入 キャベツの腐敗病菌やイネ白葉枯れ病菌のような病原細菌は，葉縁にある水孔をとおって侵入し，維管束内で増殖する。

角皮侵入[2] 植物表面に胞子の発芽管が付着器をつくり，酵素で角皮を溶かしたり，機械的な圧力で孔をあけたりして植物体内に侵入する（図5-14）方法で，さび菌の小生子，炭そ病菌・灰色かび病菌の分生胞子などがこの方法で侵入する。

局所侵入 植物の表面には，保護表皮の発達していない部分があり，そのようなところから侵入する方法である。

柱頭侵入 ムギ類の黒穂病菌やリンゴモニリア病菌の分生胞子などは，開花中のめしべの柱頭に付着すると，ただちに発芽して侵入し，子房に達して種子のなかに潜伏する。

腺侵入 麦角病菌の胞子は，昆虫によって運ばれてきて，発芽管を伸ばし，開花中のムギ類の蜜腺から侵入する。

(1) 遊走子は，気孔上でべん毛を失い被のう胞子となってから侵入する。

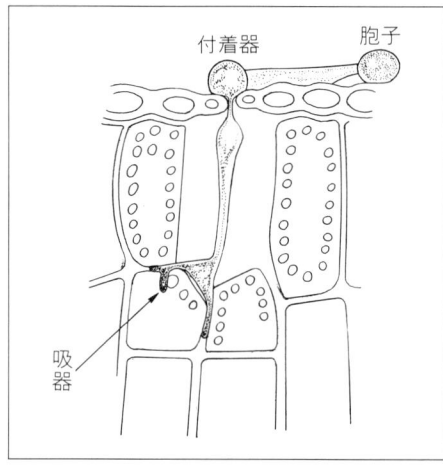

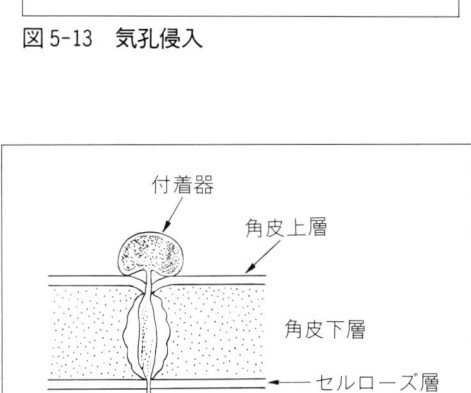

図5-13 気孔侵入

図5-14 角皮侵入（カキ炭そ病）
（鋳方末彦による）

(2) 角皮はクチクラともいう。病原体の宿主への侵入方法のばあいには，角皮侵入を使うことが多い。

❹ 宿主－病原間の相互関係

① 病気に対する植物の抵抗性

　それぞれの生物は，進化の過程で自分の種をまもるために，いろいろな自己防御の手段を獲得してきた。植物も同様で，とくに微生物の寄生に対して防御しようとする性質のことを**抵抗性**といい，大きくつぎの二つに分けることができる（図5-15）。

静的抵抗性　植物が生まれながらにしてもっている性質，たとえば表皮があつい，あるいはかたい，気孔の数が少ないなど，植物体表面の構造のちがいによる抵抗性がまずあげられる。また，植物成分として抗菌性物質を含むばあいなども病気に対して抵抗性をもつことになる。

　たとえば，いもち病に対するイネの抵抗性は，一般に，葉に針をさして貫通することに対する抵抗性の強さに比例する。また，タマネギの橙色の外皮にはカテコール・プロトカテク酸が含まれていて，炭そ病に対する抵抗性のもとになっている。その他，トマトに含まれるトマチン，ジャガイモのソラニンなども抵抗性のもととなっていることが知られている。

　植物体の構造による抵抗性が弱いばあいや，植物成分が病原体の栄養として適しているときには病気にかかりやすくなる。たとえば，イネに窒素肥料をあたえすぎると，グルタミン酸・アスパラギン酸など，いもち病菌の好適な栄養源がイネ体内に増加し，いもち病にかかりやすくなる。このように，植物が病原体の感染前からもって

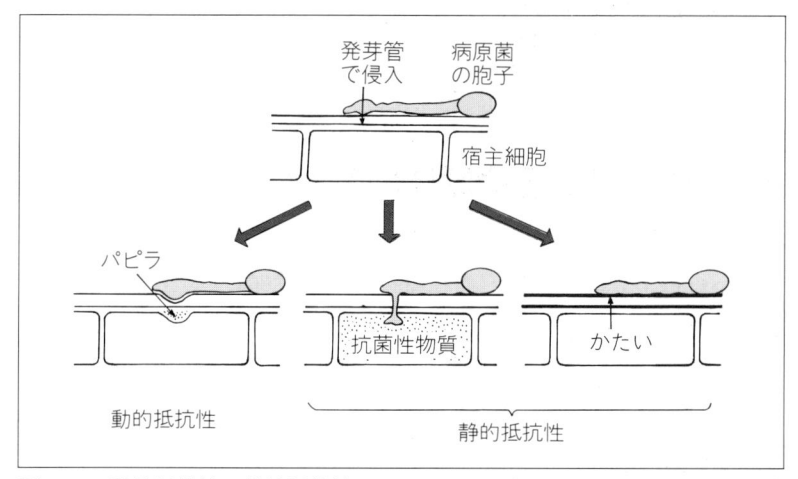

図5-15　動的抵抗性と静的抵抗性　　　　（図5-11と同じ資料による）

いる性質による抵抗性のことを静的抵抗性という。

動的抵抗性 植物は，微生物をはじめさまざまの病原体の攻撃をうけるとこれに積極的に反応して，その侵入，感染をくいとめようとするさまざまな現象をひきおこす。このような，病原体との接触後におこる一連の防御反応のことを動的抵抗性という。

病原体の侵入初期に，宿主の細胞壁の裏側にできる乳頭状の突起をパピラ（図5-16）というが，これは物理的な動的抵抗性の一種である。

抵抗性の強い植物が感染をうけたばあい，侵入をうけた宿主の細胞が急激に死んで，侵入した病原菌も死ぬ現象を**過敏感反応**とよび，糸状菌類・細菌類などに感染した多くの植物にみられる。ウイルス病に対し抵抗性がある植物では，え死性の病はんが形成され，そのなかにウイルスがとじ込められ，周囲へのまん延が阻止される。

また，感染付近の組織に健全な植物では認められない抗菌性物質が蓄積することが多く，このような物質をファイトアレキシンとよび，現在では20科以上の植物から100種以上の物質が知られている。これは化学的防御反応の一種である。さらに，感染によって病原菌に有害な酵素が蓄積してくることも知られている。

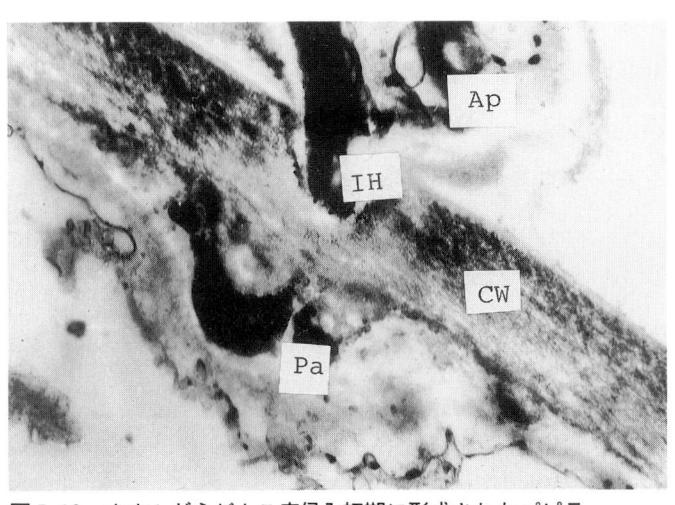

図5-16　オオムギうどんこ病侵入初期に形成されたパピラ
［注］　Ap：付着器，IH：侵入菌糸，CW：宿主細胞壁，Pa：パピラ
（図5-11と同じ資料による）

2 植物に対する病原体の病原性

植物が，上に述べたように，ほぼ完全な防御体制をしいているにもかかわらず，病原体は，これに打ち勝って植物体に感染を果たし，栄養を吸収して病気をひきおこす。この病原性は，一般の腐生菌にはない性質である。病原性にはつぎの三つの性質が含まれる。

侵入する性質 植物病原体はすでに述べたように，さまざまな巧妙な方法で侵入する。

宿主の抵抗性に打ち勝つ性質

病原体のなかには自分の宿主植物の動的抵抗性の発現を抑制する物質を生産するものがある。たとえば，エンドウ褐紋病菌は糖ペプチドを，またジャガイモ疫病菌はある種のグルカン[1]を分泌して，宿主の化学的防御反応であるファイトアレキシンの産生を抑制するだけでなく，あらゆる動的抵抗性の発現を阻止し感染を果たす。また，下等な病原菌では，毒素で植物細胞を殺し，抵抗性を発現できなくしているものもある。

[1] グルコースだけを構成成分とした多糖類。

発病させる性質

植物に侵入して感染を果たし，栄養をとるだけでは病原体とはいわない。植物を加害し，その結果，品質が低下したり，収量が減少したりして，われわれが困るから病原体として防除しなければならないのである。

植物の加害には，図5-17のような病原体の生産する毒素や有害な酵素などが関与している。ばか苗病菌の生産するジベレリン，イネごま葉枯れ病菌の生産するオフィオボリン，ナシ黒はん病菌の生産するAK-毒素など多くの毒素が知られている。野菜の軟腐病は，病原細菌の生産する強いペクチン分解酵素の作用による。

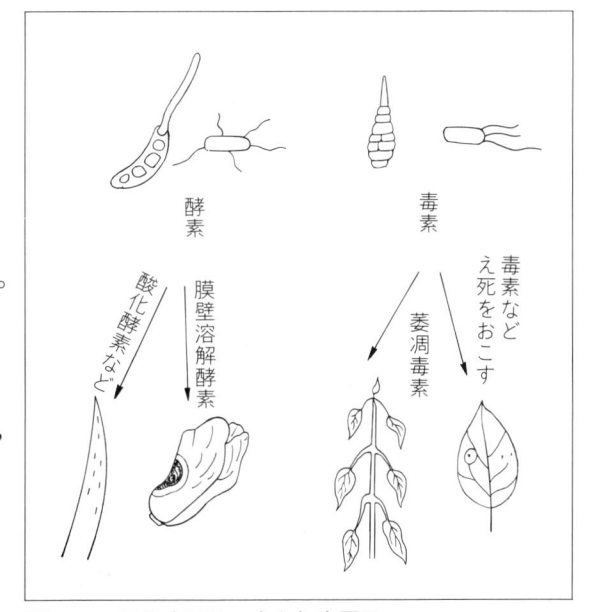

図5-17　植物病原体の宿主加害因子
（図5-11と同じ資料による）

参考　抵抗性品種と病原菌のレース

重要な栽培作物では，抵抗性品種が育種によりつぎつぎと育成されるが，病原菌の側もそれに対応して病原性を変化させていく。このようにしてできた，同一種内の植物病原菌で，特定の品種に病原性を示すものをレースとよんでいる。レースは，うどんこ病菌・さび病菌などの絶対寄生菌のほか，イネいもち病菌・ジャガイモ疫病菌のような非絶対寄生菌にもみられる。

❺ 病害防除の要点

　作物の病害に関する基礎知識をもとにして，個々の作物について，病原体の特徴，作物の生理状態と抵抗性との関係，発生しやすい環境条件，発生の時期，地域性，媒介生物，有効な農薬などの情報を知ることにより，効果的な病害防除法を考え出すことができる。

　具体的には大きく五つの方法に分けることができる。これらのなかでもっとも経済的で，労力の少ない方法を選んだり，これらの方法をうまく組み合わせたりして防除をおこなう。

病気の発生予察　予報や前年の発生状況などから大づかみに予測し，地域の病害虫発生情報に注意しながら，台風通過後や雨続きのときなどの病気が発生しやすい条件のときにはとくに入念に観察し，薬剤散布などによる防除の適期をのがさないようにする。

耕種的方法　病原体や媒介生物の活動の最盛期と，作物の発病しやすい時期が一致しないようにする。土壌病害では，前作の病原菌の生存中は同じ作物を栽培しないように作物をかえて複数の作物を一定の順序で栽培する**輪作**，病気にかかった作物の残さを取り除いて，つぎの作物の感染源にならないようにする**残さ除去**などの方法により，病気の発生をあるていどへらすことができる。

　さび病菌など，生活環をまっとうするのに中間宿主を必要とするものでは，作物の栽培地付近から中間宿主[1]を取り除く。イネ白葉枯れ病菌は，水田付近の雑草であるサヤヌカグサなどで越冬するので，これらの雑草の駆除をするなどすれば，病害防除につながる。

　さらに，栽培条件によって病気にかかりやすくなったり抵抗性をもつようになったりするので，栽培管理に注意することがたいせつである。たとえば，窒素肥料をあたえすぎると，一般的に病気にかかりやすくなる。

生物的防除　農作物には，作物の種類や品種によって病気にかかりやすいものとかかりにくいものとがある。これらを交配したり，外国の作物や野生の近縁植物のもつ抵抗性遺伝子を交配によって栽培植物に導入したりして，病気にかか

---

[1] 生活環をまっとうするのに2種類の宿主を必要とする病原菌がある。この2種類の宿主のうち，経済的価値の低いほうを中間宿主という。

りにくい品種を育成し利用する。最近では，病原菌の生産する毒素を無毒化する遺伝子や，ウイルスのコートタンパクの遺伝子を遺伝子組換えの技術によって導入し，抵抗性の作物を作出する研究がさかんにおこなわれている。これらは，病原性を不活性化したり，植物の抵抗性を向上させたりする生物的病害防除の例である。

薬剤防除の困難な病気に土壌病害やウイルス病があるが，土壌病害に対しては，病原微生物の異常な増殖をほかの微生物群がおさえる（きっ抗作用，➡p.106）という自然界のしくみを利用した防除がおこなわれている[1]。ウイルス病に対しては，誘導抵抗性を利用した防除方法が開発されている。たとえば，トマトの苗にタバコモザイクウイルス（TMV）の弱毒系統を接種しておくとモザイク病にかからなくなるし，カンキツトリステザウイルスの弱毒系統を接種したカンキツの芽を，抵抗性の台木に芽接ぎすると病気が防除できる，などの防除方法が実用化されている。

化学的防除

いわゆる農薬による防除である。病害の防除には，病原菌を殺す殺菌剤のほか，病原菌が宿主植物体内に侵入するのを阻害する農薬や，宿主植物の病気に対する抵抗性を強めるような，予防的な農薬が用いられている。病原菌を殺すような薬は，多かれ少なかれ他の生物にも有害であると考えたほうがよく，現在の病気の防除薬剤は，このような反省により，殺菌剤でないものが多く出回っていて，農薬による環境汚染の防止に大きく貢献している（➡p.188）。

物理的防除

土壌病原菌に対しては，熱による殺菌が有効である。たとえば，わが国では施設内に作物を栽培しない夏の間，土壌を深く耕して，土壌中にわらなどの有機物を投入したあとうねを立て，うね間に湛水してその表面をビニルで覆う**太陽熱消毒**がおこなわれている。土壌の温度がいちじるしく上昇するため，その熱で土壌中の病原菌を殺すことができる。ただし，この方法は寒冷な地域には適していない。

また，施設栽培で発生する野菜の病害の多くは，夜間に気温が下がったときの湿度の上昇によって発生しやすくなるため，夜間だけ小型の除湿器を用いると，病害の発生を減らすことができる。

[1] たい肥の投入はその効果が高い。また，特定のきっ抗微生物を土壌に施す方法がある。

2 作物の害虫とその防除

❶ 害虫の種類と被害

1 昆 虫

進化と多様性 　作物の害虫やその天敵を含む昆虫類は，約3億5千万年前に出現した。クモ・ダニ類やムカデ類などが属する節足動物の祖先から，6本の足をもつ昆虫類が分かれ，100万種を超える多くの種に進化した。昆虫類は，陸上はもとより，空中や水中でも生活でき，火山の火口付近や氷河，塩水中に住む種もいる。このように多様な種がいるために，いろいろな環境で栽培される作物を加害する多くの害虫が出現した。

　重要な害虫は，直翅目（バッタ・コオロギ類など），アザミウマ目，半翅目（アブラムシ・カイガラムシ・カメムシ類など），甲虫目（ハムシ・コガネムシ類など），りん翅目（チョウ・ガ類など），双

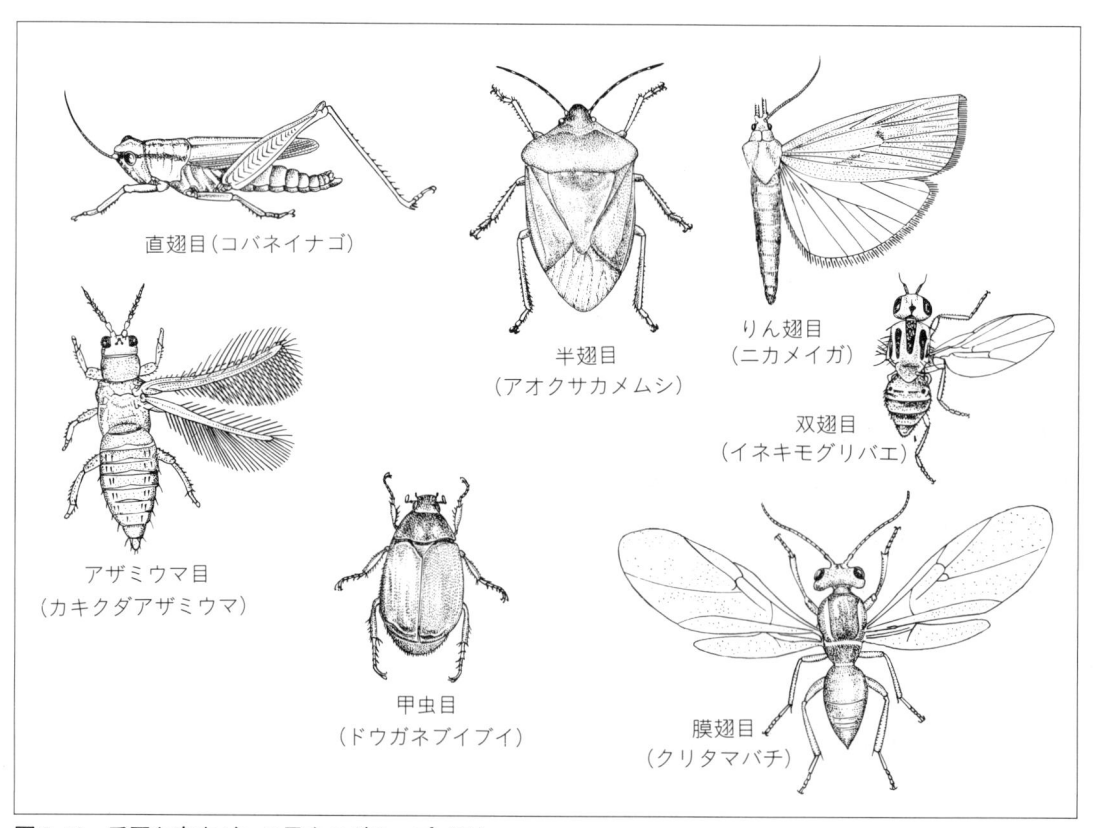

図5-18　重要な害虫がいる昆虫のグループ（目）

翅目（ハエ類など）などの目に含まれ（図5-18），天敵となる昆虫はその多くが甲虫目（テントウムシ類など）や膜翅目（ハチ・アリ類など）に含まれる。そのほか絹糸を生産するカイコガや，蜂蜜を生産するセイヨウミツバチ，リンゴの花粉を運ぶマメコバチ類など有益な昆虫もいる。

発育とからだの特徴

昆虫は，発育の段階ごとに，卵・幼虫・成虫と形態を大きくかえる。このことを**変態**という。ガ・チョウ・甲虫・ハチ・ハエ類などは，幼虫からさなぎをへて成虫になる。このような変態を**完全変態**といい，バッタ類やカメムシ類などのようにさなぎの時代をもたないものを**不完全変態**という。幼虫は何回かの脱皮をくり返して成長する（図5-19）。卵からふ化した幼虫を1齢幼虫，1回脱皮したものを2齢幼虫，2回脱皮したものを3齢幼虫などという。

昆虫のからだは袋状になっており，2か所でくびれて，頭・胸・腹の三つの部分に分かれる。また一部が突出し，羽や足などの器官を形成する。

成虫　頭部には触角，目（複眼・単眼），口器がある。口器は，種によってそしゃく性口器のものと吸収性口器のものなどがある。胸部は三つの分節に分かれ，各節には一対の足（脚）が，また後部2節にはそれぞれ一対の羽（翅）がある[(1)]。翅には翅脈がある。腹部は

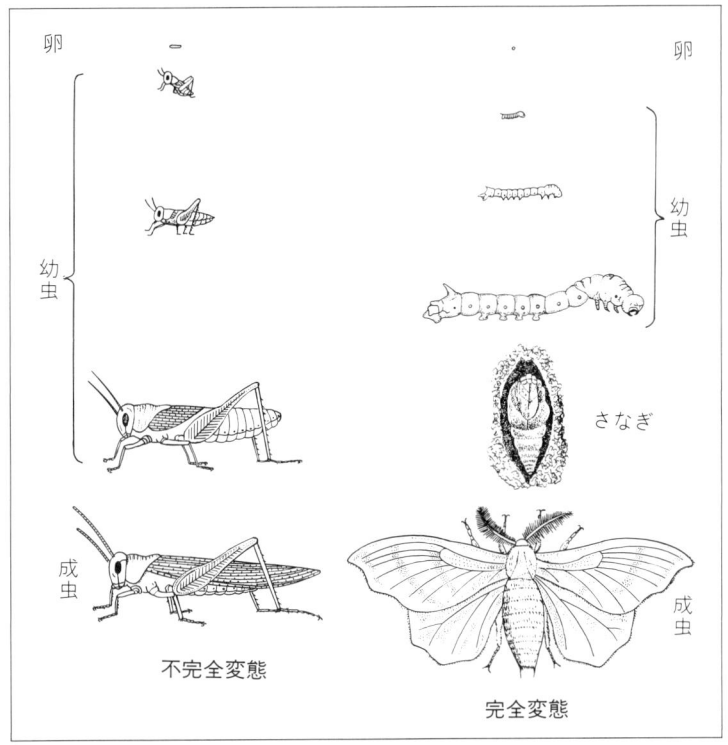

図5-19　不完全変態のバッタ類と完全変態のガ類の発育のしかた

(1) 昆虫の成虫にはふつう翅があるが，カイガラムシ類の雌成虫は，翅がないばかりか，ろう状物質におおわれており，とても昆虫とは思えない形態をしている。雄成虫は翅があるが，後翅が退化し前翅のみである。主として1齢幼虫が歩行し分散する。

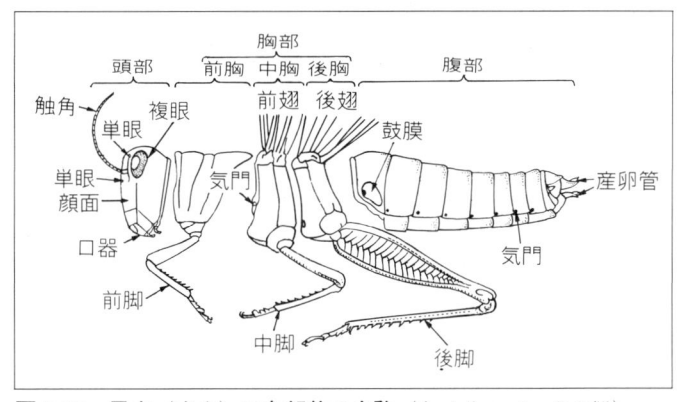

図5-20　昆虫（成虫）の各部位の名称（トノサマバッタの雌）

11の分節に分かれ，尾端付近の分節は交尾器や産卵管などに変化する。成虫の各部位の名称を図5-20に示す。
→p.159

幼虫 不完全変態の昆虫の幼虫は成虫と似かよった形態をしているが，完全変態の昆虫の幼虫の多くはいも虫型である。チョウ・ガ類などの幼虫には胸と腹部に複数の脚があるが，甲虫類の幼虫には

表5-1 いろいろな作物の主要害虫とその被害

作物名	害虫名（加害部位と被害のあたえかた）
イ　ネ	トビイロウンカ・セジロウンカ〔茎葉，吸汁〕，ツマグロヨコバイ・ヒメトビウンカ〔同左，ウイルス病伝ぱ〕，ニカメイガ〔茎，食入〕，コブノメイガ・イネクビボソハムシ(ドロオイムシ)〔葉，食害〕，イネミズゾウムシ〔葉・根，食害〕，カメムシ類〔穂，吸汁・はん点米発生〕
ム　ギ	ムギクビレアブラムシ〔茎葉，吸汁〕，ハモグリバエ類〔葉，潜入〕，ムギダニ〔葉，吸汁〕，ムギアカタマバエ〔穂，食入〕，ヤギシロトビムシ〔種子，食害〕
ダイズ	シロイチモジマダラメイガ・マメシンクイガ・ダイズサヤタマバエ〔子実，食入〕，カメムシ類〔子実，吸汁〕，ハスモンヨトウ・コガネムシ類〔葉・根，食害〕，ダイズシストセンチュウ〔根，吸汁〕
ジャガイモ	ニジュウヤホシテントウ・オオニジュウヤホシテントウ〔葉，食害〕，ジャガイモキバガ〔葉・いも，食害・食入〕，モモアカアブラムシ〔茎葉，吸汁，ウイルス病伝ぱ〕，ジャガイモシストセンチュウ・ネグサレセンチュウ類・ネコブセンチュウ類〔根，吸汁〕
サツマイモ	ナカジロシタバ・イモキバガ〔葉，食害〕，ドウガネブイブイ〔根，食害〕，サツマイモネコブセンチュウ〔根，吸汁〕，イモゾウムシ〔いも，食害〕
サトウキビ	カンシャノシンクイハマキ・イネヨトウ〔茎，食入〕，ハリガネムシ(カンシャクシコメツキ類)〔芽，食害〕，カンシャコバネナガカメムシ〔茎，吸汁〕，アオドウガネ〔地下部，食害〕，ジャワネコブセンチュウ〔根，吸汁〕
キュウリ	ワタアブラムシ・オンシツコナジラミ・タバコココナジラミ・ナミハダニ〔茎葉，吸汁〕，ネコブセンチュウ類〔根，吸汁〕
ナ　ス	ミナミキイロアザミウマ・チャノホコリダニ〔茎葉・果実，吸汁〕，ニジュウヤホシテントウ・ハスモンヨトウ〔葉，食害〕
キャベツ	コナガ・モンシロチョウ・ヨトウガ〔葉，食害〕，タマナヤガ・カブラヤガ(ネキリムシ類)〔茎，切断〕，ダイコンアブラムシ〔茎葉，吸汁〕
キ　ク	キクキンウワバ〔葉，食害〕，キクスイカミキリ〔茎，食入〕，ハガレセンチュウ〔葉，葉枯〕，マメハモグリバエ〔葉，潜入〕
リンゴ	モモシンクイガ(シンクイムシ類)ほか〔果実，食入〕，ハマキガ類〔葉・果実，食害〕，ユキヤナギアブラムシ・リンゴハダニ・ナミハダニ〔葉，吸汁〕，キンモンホソガ〔葉，潜入〕，リンゴネコブセンチュウ〔根，吸汁〕
ミカン	ヤノネカイガラムシ・ミカンヒメコナカイガラ〔茎葉・果実，吸汁〕，ミカンハダニ〔葉・果実，吸汁〕，ミカンクロアブラムシ〔新梢・葉，吸汁，ウイルス病伝ぱ〕，ゴマダラカミキリ〔幹，食入〕，ミカンハモグリガ〔葉，潜入〕
ブドウ	チャノキイロアザミウマ〔新梢・葉・果実，吸汁〕，ブドウトラカミキリ・ブドウスカシバ〔枝，食入〕，フタテンヒメヨコバイ〔葉，吸汁〕，ハダニ類〔葉，吸汁〕
ナ　シ	ナシヒメシンクイ(シンクイムシ類)ほか〔新梢・果実，食入〕，クワコナカイガラムシ〔幹・葉・果実，吸汁〕，ハダニ類〔葉，吸汁〕
モ　モ	モモノゴマダラノメイガ(シンクイムシ類)ほか〔果実，食入〕，モモアカアブラムシ〔葉，吸汁〕，モモハモグリガ〔葉，潜入〕，モモチョッキリゾウムシ〔果実，食入〕，コスカシバ〔枝・幹，食入〕
チ　ャ	チャハマキ・チャノコカクモンハマキ〔葉，食害〕，クワシロカイガラムシ〔枝，吸汁〕，コミカンアブラムシ・カンザワハダニ〔葉，吸汁〕，チャネグサレセンチュウ〔根，吸汁〕

〔注〕 果実類の共通害虫として成虫が果実を吸汁する吸ガ類(アケビコノハ・アカエグリバ・ヒメエグリバなど)やカメムシ類(チャバネアオカメムシ・クサギカメムシなど)がある。

腹に脚がないものが多く，ハエ類などの幼虫では脚はまったくなく，うじ虫状になる。

種類と被害 　作物の主要害虫とその被害は，表5-1に示すとおりである。

チョウ・ガの仲間（りん翅目） 　りん翅目には重要害虫がもっとも多く含まれる。成虫が果実を直接吸汁する吸ガ類を除けば，そしゃく性口器をもった幼虫が被害をあたえる。

〈葉の食害〉　幼虫が葉を食害し，減収させたり，葉菜類の品質を低下させたりする。モンシロチョウ・コナガ，メイガ・ヤガ・ウワバ・ハマキガ類など多くの種がある（図5-21）。

〈茎に食入〉　幼虫が茎に潜入して食害し，作物を枯らす。メイガ・ヤガ・ハマキガ・スカシバ類などがある（図5-22）。

〈葉に食入〉　ハモグリガ・ホソガ類などがある。

〈芽・茎の切断〉　タマナヤガ・カブラヤガがあり，幼虫はネキリムシともいわれる。

〈果実・子実・いもに食入〉　収穫物の果実や子実に直接食入し，収量をへらす。メイガ・シンクイガ・キバガ類などがある（図5-23）。

〈果実吸汁〉　アケビコノハ，エグリバ類などの成虫が果樹や果菜類の果実を加害する。幼虫は野生植物を食べる（図5-24）。

アブラムシ・カメムシの仲間（半翅目） 　半翅目の昆虫には，アブ

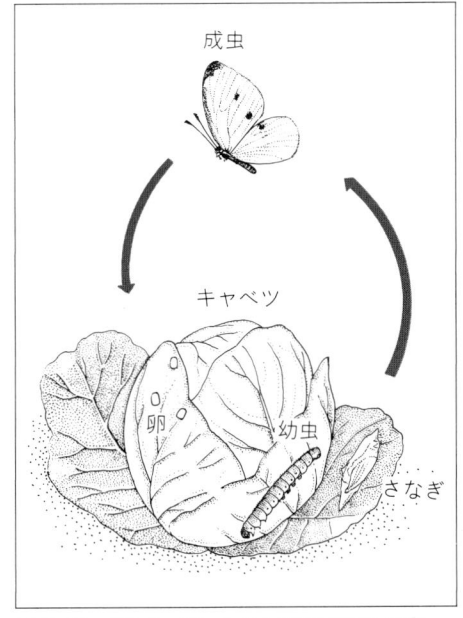

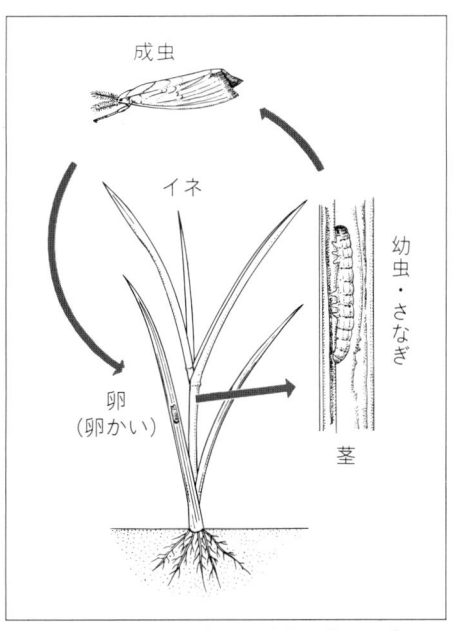

図5-21　モンシロチョウの生活環と葉の食害　　図5-22　ニカメイガの生活環と茎への食入

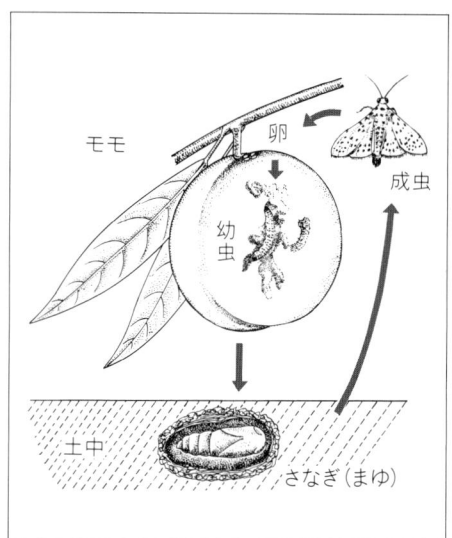

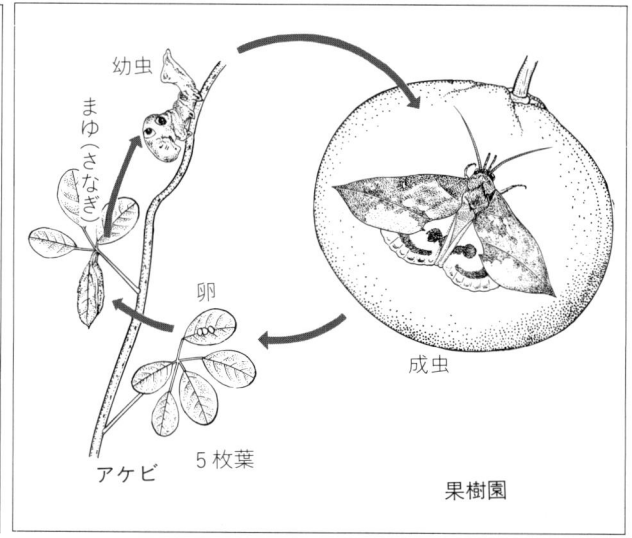

図5-23 モモノゴマダラメイガの生活環と果実への食入

図5-24 アケビコノハの生活環と果実吸汁

ラムシ・カメムシ・カイガラムシ・ウンカ・ヨコバイ類などの重要な農業害虫が多く含まれる。幼虫・成虫ともに根・茎・葉・果実を吸汁加害する（図5-25）。ウンカ・ヨコバイ類はイネに，モモアカアブラムシなど多くのアブラムシ類は野菜や果樹に吸汁害をあたえるほか，作物にウイルスやマイコプラズマ様微生物（MLO）を伝ぱし，病気をひきおこす。

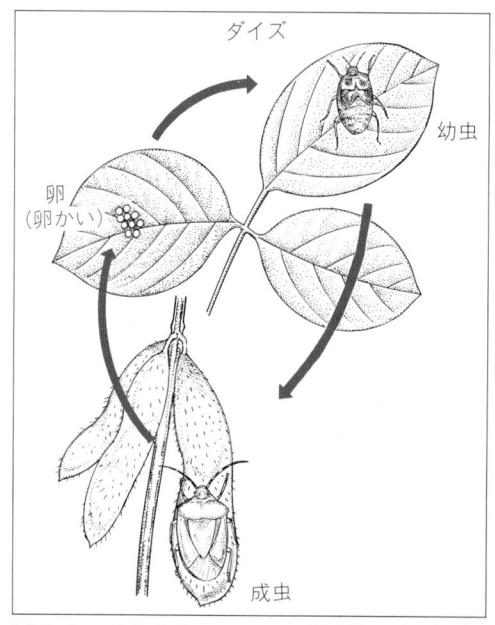

図5-25 アオクサカメムシの生活環と吸汁加害

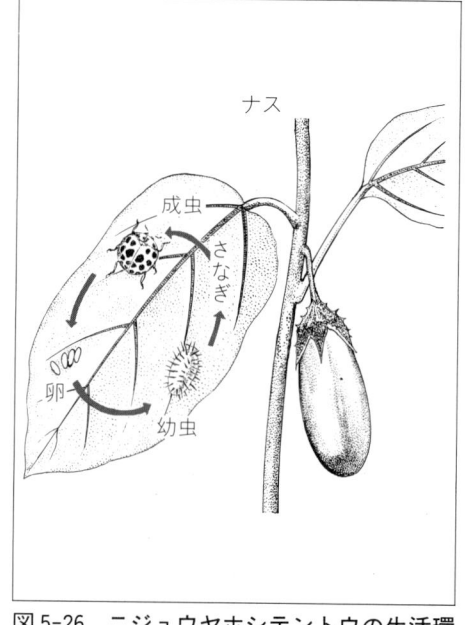

図5-26 ニジュウヤホシテントウの生活環と葉の食害

> **参考** **アブラムシ類の複雑な生活環**
>
> アブラムシ類の多くは冬の寄主植物（樹木）と夏の寄主植物（草本）がことなり，季節的移動によって寄主をかえる。移動時および寄主植物上がこみあってきたときには翅のある成虫（有翅成虫）が出現するが，そのほかの時期には翅のない成虫（無翅成虫）が出現し増殖する。交尾，産卵のための雄・雌成虫は秋にだけ出現し，卵で越冬する。交尾・産卵のほかの時期には雌のみが出現し，雄と交尾することなく1齢幼虫を直接産む（胎生）。
>
> 果樹や野菜の害虫モモアカアブラムシの生活環
> （河田和雄による）

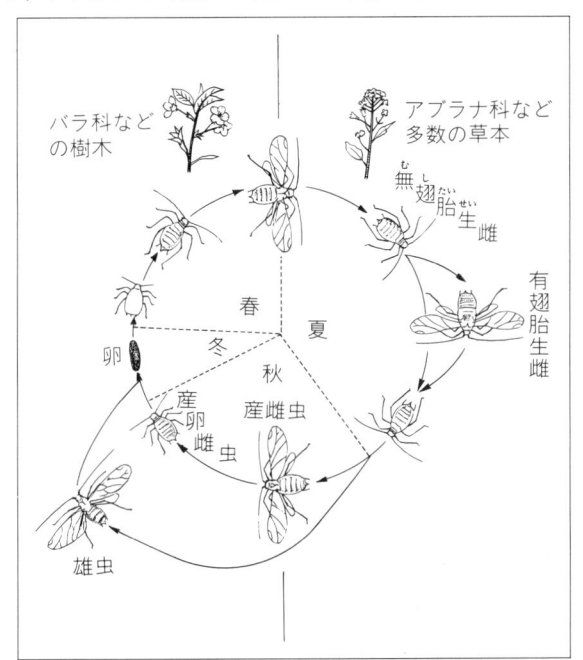

甲虫の仲間（甲虫目）〈根・茎葉の食害〉 幼虫が根，成虫が葉を食害するものにハムシ・ゾウムシ・コガネムシ類があり，幼虫・成虫とも葉を食害するものにハムシ・マダラテントウムシ（ニジュウヤホシテントウ）類がある（図5-26）。

〈茎（幹）に食入〉 カミキリムシ・タマムシ類などの幼虫があり，木を枯らすことがある（図5-27）。

ハエの仲間（双翅目）〈茎・葉に食入〉 キモグリバエ・ハモグリバエ類などがある。

〈子実・果実に食入〉 ムギ類やダイズのタマバエ類のほか，わが国からは根絶されたが，再侵入が恐れられているミカンコミバエ・ウリミバエなど果実の害虫がいる。

アザミウマの仲間（アザミウマ目） アザミウマ類は，幼虫・成虫とも茎や葉を吸汁するほか，幼果を吸汁し，果実の品質を低下させ

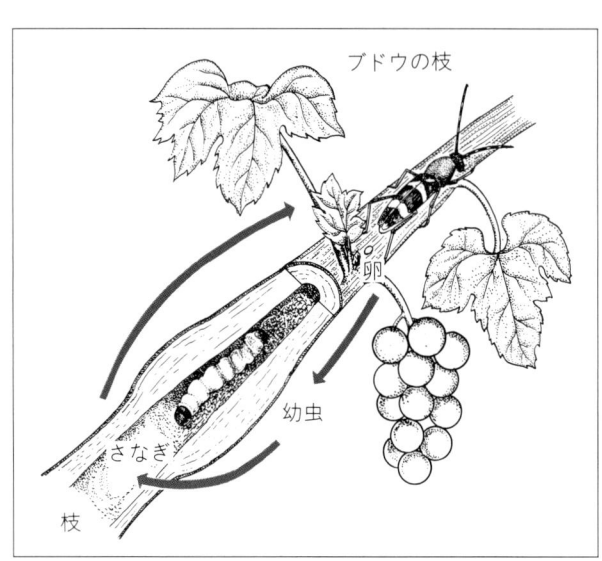

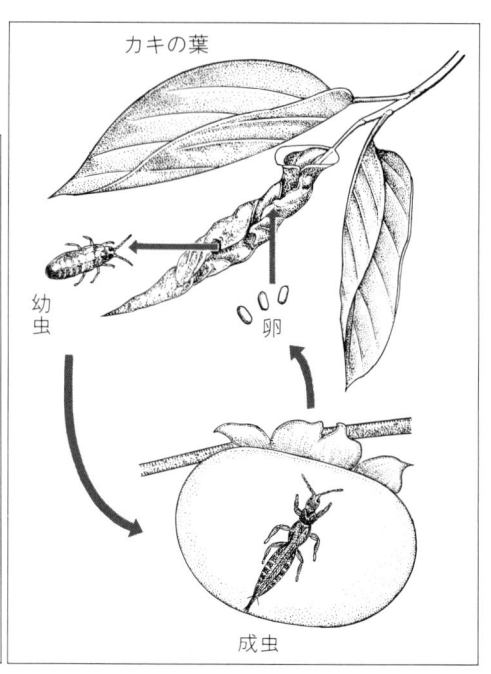

図5-27 ブドウトラカミキリの生活環と枝への食入

図5-28 カキクダアザミウマの生活環と吸汁加害

るものもある（図5-28）。

その他の害虫　直翅目にはイナゴ類（イネの葉を食害），アオマツムシ（モモ・カキなどの果実を食害），トノサマバッタ（ときどき局地的に多発生してイネ科作物を食害），コオロギ類（野菜の幼苗を食害）などがある。膜翅目にはクリに虫こぶをつくるクリタマバチ，トビムシ目にはムギ類の種子を食害するヤギシロトビムシなどがある。

② ダニ類

発育とからだの特徴　ダニ類の外形を図5-29に示す。ダニ類のからだはだ円形の袋状になっており，がく体部と胴体部に分かれ，昆虫のように頭・胸・腹の区別が明りょうではない。がく体部には口針をそなえた口器・触肢などがある。胴体前部に2対の単眼がある。発育は卵・幼虫・若虫・成虫とすすみ，幼虫は3対，若虫以降は4対の脚をもつ。成虫の胴体部腹面に生殖口があり，若虫と区別できる。ハダニ類はクモ類のように糸をはいて空中を飛んだり，作物の株間に糸を張って移動することができる。

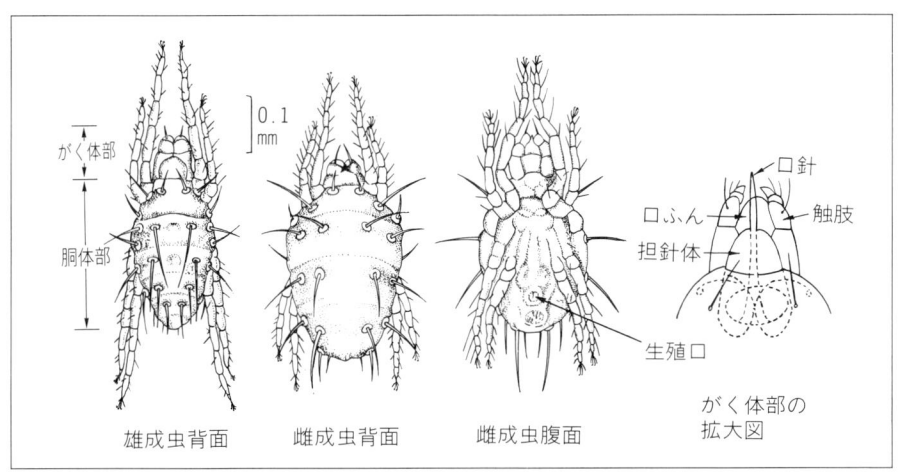

図 5-29 ミカンハダニの外形

種類と被害

もっとも重要な害虫はハダニ類であるが、そのほかフシダニ・ホコリダニ・コナダニ類も作物に被害をあたえる。

ハダニ類が葉を吸汁すると、吸汁あとが白はん状になる。加害がすすむと葉全体が灰緑色になり、最終的には枯れたり落葉したりする。

そのほか、フシダニ類のミカンサビダニは、ミカンの葉のほか果実も加害し、商品価値を低下させる。コナダニ類のネダニはユリ科の球根類に被害をあたえる。ホコリダニ類のチャノホコリダニはチャ・ミカン・ナスなどの幼芽を加害し、葉や果実を変形させる。

③ センチュウ類

発育とからだの特徴

センチュウはふつう0.5～1.5 mmの細長い体形をしている(図5-30)。しかし、ネコブセンチュウ・シストセンチュウ類の雌成虫は、からだが肥大して球状になる。発育は卵・幼虫・成虫とすすむ。マツ枯れの原因となるマツノザイセンチュウのように、マツノマダラカミキリにより伝ぱされるものも

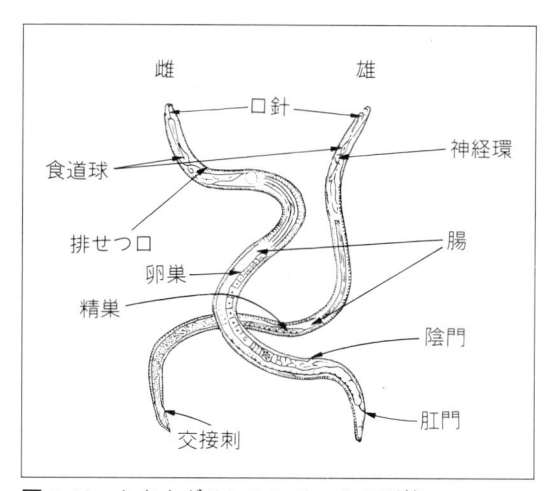

図 5-30 キタネグサレセンチュウの形態
(草野忠治ら『応用動物学』昭和56年による)

あるが，大部分のセンチュウ類は，土壌や種子・球根をとおしてひろがる。

種類と被害 からだの前端から口針を出し，植物組織を破壊して栄養を摂取するため，作物が直接被害をうけるほか，傷口から病原菌がはいって感染の原因にもなる。

根に侵入・加害するものにネグサレセンチュウ・シストセンチュウ（図5-31）・ネコブセンチュウ類などがある。また，茎や葉に侵入・加害するものにイネシンガレセンチュウ（イネ黒点米の原因となる）・キクハガレセンチュウ（キク・イチゴなどの葉を褐変させる）・イチゴメセンチュウ（イチゴのしおれや着花数の減少の原因となる）などがある。

図5-31 ジャガイモシストセンチュウのシスト
［注］ シストとは，雌成虫が卵をつつみこんで袋状に変化したもので，乾燥や低温に耐える。　（西沢務による）

❷ 害虫の生態を知る

害虫は季節的に，地域的に変化する環境条件のもとで生存し，増殖するための巧妙なしくみを発達させている。生存のためには天敵の攻撃から逃れ，同じえさをめぐる仲間どうしや他種の害虫とも競争しなければならない。このようなしくみをじゅうぶん知ることによって，合理的な害虫防除法を考え出すことができる。

1 発育と休眠，移動

休眠越冬する害虫 昆虫は卵・幼虫・さなぎ（完全変態のみ）・成虫の各発育段階を経過して1世代を終える。これらの発育過程は，成長をうながす幼若ホルモンや脱皮をうながす脱皮ホルモンなど，ホルモンのはたらきによって調節されている。

昆虫には1年1世代のみの種（1化性）と何世代もくり返す種（多化性）がある。いずれのばあいも，幼虫や成虫のえさがじゅうぶんにあり，発育に必要な温度などの条件が満たされている時期に発育

と増殖をくり返し，これらを欠く時期には発育を一時的に休止，または遅延させ，休眠にはいる（図5-32）。たとえば，トノサマバッタは卵，ヒメトビウンカは幼虫，モンシロチョウはさなぎ，ウリハムシは成虫で休眠し越冬する。年中気温が高い熱帯や亜熱帯では休眠しない昆虫が多い。このような昆虫は，日長の短い温帯の冬季でも，温室のように温度が高い場所では増殖し害虫となる。

移動する害虫 低温やえさ不足で生存がむずかしい冬季を一時的にさけるために移動する昆虫もいる。イネの害虫トビイロウンカやセジロウンカは休眠できないために，わが国の冬を越すことができない。これらの害虫は，毎年梅雨期に中国大陸などから飛来してくる。これらウンカ類には翅の長い個体と翅の短い個体の二つの型があり（図5-33），長翅型で移動し，侵入した水田で短翅型が出現し増殖する。夏や秋に水田内で個体数が増すとふたたび長翅型が出現し，水田から飛び出す。

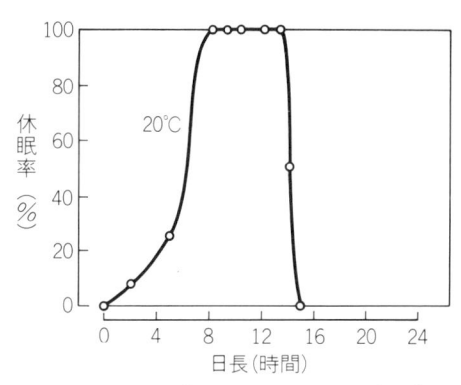

図 5-32 イネの害虫フタオビコヤガの幼虫の休眠と日長との関係

[注] 昆虫は，食べ物がなくなったり，低温で発育できない季節を休眠して切り抜けるが，その季節がくることを日長で知る。フタオビコヤガは，日長が14時間より短くなると休眠にはいる。日本での日長変化は8時間から16時間のあいだにある。8時間より短い日長では休眠の割合が減少するが，この虫が自然で8時間以下の日長を経験することはない。
（岸野賢一・佐藤テイ『東北農業試験場報告』50号，昭和50年による）

2 繁　殖

成虫にとってのもっとも重要な役割は，つぎの世代へ子孫をできるだけ多く残すことである。このために昆虫にはさまざまな繁殖への努力がみられる。イネミズゾウムシのように，雌成虫だけで交尾しないが繁殖できる**単為生殖**は，子孫を急速にふやすことができるが，一般的には遺伝的な変異が少なくなるため，変化の大きな環境

図 5-33 トビイロウンカの短翅成虫（上から2匹め）と長翅成虫（下から2匹め）　　（近藤章による）

参考　侵入害虫イネミズゾウムシの分布拡大

イネの大害虫イネミズゾウムシは，わが国へはアメリカ合衆国西海岸から侵入したと考えられている。昭和51年に愛知県ではじめて発見されて以来，年々分布が拡大し，昭和58年には中国・四国の大部分の地域や青森県，59年には九州全域，60年には沖縄県，61年に北海道に侵入し，全国に分布するようになった。この昆虫は単為生殖するため，他地域への侵入や分布の拡大が容易である。

に適応していくうえでは不利であると思われる。したがって、多くの昆虫では、雄・雌成虫間の交尾によって子孫をつくり出している（**両性生殖**）。アブラムシ類には、その生活環のなかに単為生殖と両性生殖の両方をもつものがある（➡p.163）。

交尾相手の発見　ひろい空間のなかで、成虫はどのようにして交尾相手を見つけるのであろうか。よく知られているように、ホタルは空中の雄成虫と地上の雌成虫のあいだで光交信をおこなっている。コオロギ・セミ類は鳴き声で交信する。イネ害虫のウンカ類は腹部の振動をイネに伝えて交信する（図5-34）。もちろん、視覚で交尾相手を発見するばあいも多い。モンシロチョウの雌の翅は紫外線をよく反射するため、雄成虫は雌を他の雄や他種のチョウと識別することができる。

しかし、昆虫の雌雄間の交信にもっともよく使われるのは、交尾前の雌成虫が出す性フェロモンとよばれる化学物質である。性フェロモンは体外に放出されて同種の昆虫の行動を制御する。性フェロモンはいくつかの化合物の混合物であることが多く、それぞれの化合物の構造や、混合の割合が種ごとにことなっているために、種のあいだで識別することができる。

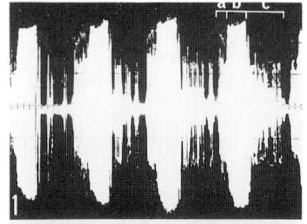

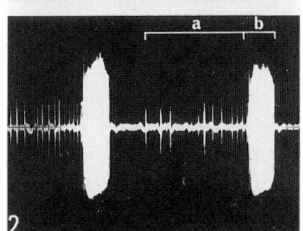

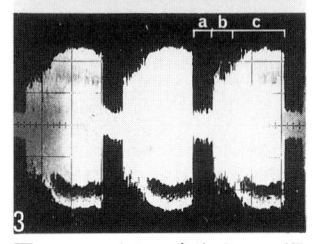

1．トビイロウンカ，2．ヒメトビウンカ，3．セジロウンカ
［注］このように振動の波形が種によってちがうため、イネの上に数種が同時にいても交尾相手をまちがえることはない。

図5-34　イネの害虫ウンカ類の雄成虫が雌成虫と交信するために出す腹部振動シグナル
（市川俊英『香川大学農学部紀要』34号、昭和54年による）

産卵のための植物の探索　交尾を終えた雌成虫は、こどものえさとなる植物を探して飛しょうする。このばあい、植物が出す化学物質を手がかりとして探すこともあるが、植物の色に視覚で反応することも多い。多くの昆虫は、植物の葉の色に近い黄色や青色に誘引される。昆虫が黄色に誘引されることを利用して、黄色水盤を野外において害虫の発生量を調べることができる。逆に太陽光下で紫外線を強く反射する光沢のある物を多くの昆虫はきらう。

植物に到着した雌成虫は、植物のもつ化学物質や、葉に毛があるかないかなどの物理的性質などを手がかりにして、幼虫のえさとして適切な植物かどうかを判断して産卵する。

3 害虫の数の変動

　動物の数は，せまい場所や短い時間でみると，はげしく変動しているように思えるが，何十年，何百年の単位でみるとそれほど大きくは変わらない。自然界の動物には，1匹の雌が1,000個の卵を産んでも998匹が自然に死亡し，つぎの世代までには平均して雄雌2匹しか生き残らないというようなしくみが存在するからである（表5-2）。これは，食べることができるえさの量がかぎられているうえに，同じえさをめぐる動物間で競争があることと，多くの天敵の攻撃にさらされているためである。

　しかし，ただ1種類の作物をひろい面積に連続して栽培する農業は，昆虫の数の変動のしくみを大きくかえた。少数の種の昆虫だけが，探し回る必要もなく1か所で豊富なえさを手に入れ，天敵の攻撃も減少し，その数をふやして害虫となっていったのである。

4 天敵とは

　害虫の数をへらす自然のはたらきのなかで重要なものに天敵がある。天敵には，アブラムシ類をつかまえて食べるナナホシテントウ，ハダニをつかまえて食べるチリカブリダニ，アゲハの幼虫をつかまえて食べるセグロアシナガバチのような**捕食性動物**（図5-35ⓐ），害虫のからだに卵を産みつけて，その幼虫がカイガラムシを食べるヤノネツヤコバチ，クリタマバチを食べるチュウゴクオナガコバチ，アゲハを食べるアオムシコバチのような**寄生性動物**（図5-35ⓑ），害虫に病気をひきおこすウイルス・細菌・糸状菌などの病原微生物がある。このような天敵のはたらきを利用して害虫防除することを**生物的防除**という。

←ⓐ　アゲハの幼虫を捕食するセグロアシナガバチ

↓ⓑ　アゲハのさなぎに産卵するアオムシコバチ

図5-35　捕食性動物と寄生性動物　　　　　（広瀬義躬による）

5 害虫の死亡要因

表5-2 野菜・畑作物の害虫ハスモンヨトウの死亡要因の一例

発育段階	初期個体数	死亡要因	死亡個体数	死亡率(%)
1～3齢幼虫	1,000	天敵	582	58
		その他	266	27
4～6齢幼虫	152	天敵	98	64
		その他	53	35
さなぎ	1		0	0
			0	0
成虫	1	—		(99.9)*

［注］ 天敵による死亡のほとんどは捕食性動物によるものである。
＊ 最初の幼虫数に対する死亡率。
（山中久明ら『日本応用動物昆虫学会誌』16巻4号，昭和47年による）

害虫の卵の死亡要因は，種によってさまざまにことなる。

アブラナ科作物の害虫コナガの卵や若齢幼虫は，降雨により落下したりおぼれたりして死亡することが多い。野菜・畑作物の害虫ハスモンヨトウの幼虫は，クモ類・アシナガバチ・アマガエルなどの捕食性動物によって，その70～90％が食われる（表5-2）。ミカンの害虫アゲハ類の卵は，多いときには50％以上がタマゴヤドリコバチ類の寄生をうける。

幼虫がウリ科野菜の根を加害するウリハムシは，ウリの株もとの地面に卵を産む。卵からふ化した幼虫が，地中に潜入して根に到着するまでに80～90％が死亡するが，根に到着したあとはほとんど死亡しない。この昆虫は，地中で生活する幼虫も地上で生活する成虫も天敵に食われることがほとんどない。

❸ さまざまな害虫防除法

ここでは，害虫の生活環の弱点をついたり，生きざまを利用したりするような，殺虫剤以外の防除法について述べる。

1 生物的防除

生物的防除は，天敵を使って防除するため，環境にあたえる影響は少ないが，気象条件や農薬の使いかたなどによっては，天敵のはたらきが不安定になるなどの欠点もある。外国から天敵を導入して放す方法の例には，近年ミカンの害虫ヤノネカイガラムシに対して，その寄生蜂ヤノネキイロコバチとヤノネツヤコバチを中国から導入して防除に成功した例がある。

天敵を人為的に大量に飼育しておき，害虫が発生したときに放して防除する方法には，ハダニ類に捕食性動物チリカブリダニを用いたり，温室の野菜害虫オンシツコナジラミに寄生蜂オンシツツヤコ

バチを利用したりするなどの例があり，ヨーロッパなどではこれら天敵が市販され，温室で実際に使われている。

昆虫に病気をおこすウイルス・細菌，昆虫に寄生するセンチュウ類などを増殖して散布する方法もある。細菌の一種バチルス チューリンゲンシスを培養し，この菌や菌が出す毒素を製剤化したBT剤は，わが国でもコナガやモンシロチョウなどの防除に使われている。

② 性フェロモン

雌成虫が出す性フェロモンを人為的に合成し，害虫防除に利用することができる。性フェロモン剤を捕獲用のトラップ（わな）につけて誘引された大量の雄成虫をおびきよせて捕え，雌が交尾できなくする方法（大量誘殺法）や，人工的に合成した性フェロモン剤を高い濃度で空中に放出して雄と雌の交信を乱し，交尾できなくする方法（交信かく乱法，図5-36）の二つの防除法がある。

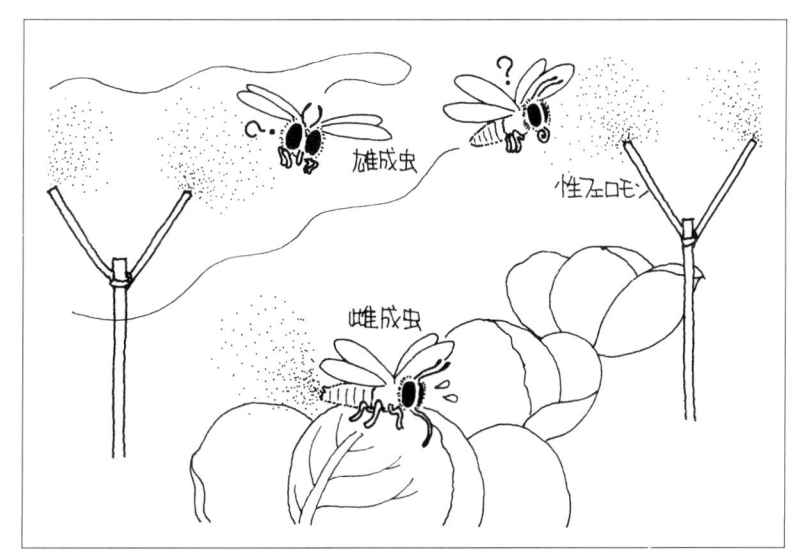

図5-36　性フェロモンによる交信かく乱防除法

③ 不妊虫放飼法

害虫の雄の精巣や雌の卵子をつくる生殖細胞を放射線で破壊し（不妊化するという），野外に放すことができれば，野生の成虫が不妊化された成虫と交尾してもこどもをつくることができない。

この不妊虫放飼法は，島などかぎられた地域での害虫を完全に滅ぼしてしまう目的で使われる。カンキツなどの果実をひろく加害するミカンコミバエや，ウリ科野菜の害虫ウリミバエに対して，小笠原諸島・奄美群島・沖縄諸島などでこの方法が用いられ，すべての島からこれら害虫を絶滅させた（図5-37）。

ウリミバエの成虫 　　沖縄県のウリミバエ大量増殖施設 　　ヘリコプターによるウリミバエ成虫放飼
　　　　　　　　　　　　　　　　　　　　　　　　　　　　　（沖縄県ミバエ対策事業所による）

図5-37　ウリミバエの不妊虫放飼法

4 抵抗性品種

　作物の品種のなかには，害虫の被害をうけにくい遺伝的性質をもつものがある。そのような性質を，交配などによって優良な栽培品種に導入して，害虫の被害を防ぐことができる。このような品種を抵抗性品種という[1]。

　わが国では，クリタマバチに抵抗性のクリ品種や，イネキモグリバエ（イネカラバエ）抵抗性のイネ品種の利用がよく知られている。しかし，このような抵抗性品種も長く栽培しつづけると，その品種を加害することができる害虫が出現することがある。こうした，抵抗性品種を加害する害虫の系統は**バイオタイプ**[2]の一種である。

(1) 近年，バイオテクノロジーの進展により，遺伝子組換えによって抵抗性品種をつくりだす研究もすすめられている。

(2) 生物種内の変異の一つで，外見からは区別できないが，生理・生態的性質がことなる系統のことをいう。

5 忌避法

表5-3　シルバーポリフィルムマルチング栽培と敷わら栽培でのウリハムシの被害の比較（プリンスメロン）

	枯死株率(%)	10a当たり収量(kg)	果実の秀品率(%)
敷わら栽培（無防除）	22.2	95.3	36.4
敷わら栽培（殺虫剤4回散布）	0	271.6	53.3
シルバーポリフィルムのマルチング栽培	0	769.1	89.5

［注］　殺虫剤はＣＶＰ剤を散布した。
（桐谷圭治・中筋房夫『害虫とたたかう』昭和52年による）

　害虫の成虫のあるものは，黄色や青色の強い反射光と近紫外線の弱い反射光との組合せに強くひきつけられる反面，強い紫外線の反射光をきらう性質をもつものがある。このような性質を利用して，反射性のシルバーポリフィルムを用いて，野菜にウイルスを伝ぱするアブラムシ類やウリハムシの侵入を防ぐことができる（表5-3）。また，光を利用した防除には，紫外線除去フィルムをハウスの被覆に用いて，ミナミキイロアザミウマやオンシツコナジラミの防除が

おこなわれている。

　果実を吸汁するヤガ・吸ガ類の被害を回避するために，果樹園に夜間，ヤガ・吸ガ類の嫌う波長の長い黄色の照明をつけたり，園全体を防虫ネットで被覆したりする方法なども，忌避法の一種であり実際におこなわれている（図5-38）。

図5-38　吸収性ヤガ類の被害を防ぐための電灯照明と防虫網による被覆（岡山県モモ園）（有吉俊明による）

⑥ 耕種的防除

　害虫の発生の多い時期をさけて作物を栽培したり，害虫の越冬場所を取り除いたりするなど，栽培のしかたをかえて害虫の被害を少なくする方法である。

　イネ萎縮病ウイルスを媒介するツマグロヨコバイは，冬季に休閑田の雑草スズメノテッポウの上で越冬する。そこで，冬季に休閑田をひろい面積にわたって耕起し，スズメノテッポウを除くと，イネ萎縮病の発生を大はばにへらすことができる。

　ネグサレセンチュウ類やネコブセンチュウ類には，根で増殖しやすい作物と増殖しにくい作物がある。これらの作物を交互に輪作することによって，センチュウが増殖しやすい作物の被害をへらすことができる。

3 雑草とその防除

❶ 雑草の種類と雑草害

① 雑草の種類

雑草とは何か？

雑草の定義 雑草とは，「耕地に生える植物のうち人間が栽培する植物以外のすべての草本植物」といえるであろう。

現在では，耕地以外の土地，たとえば，道路・鉄道・工場用地・耕作放棄田・ゴルフ場など，ひろく人間が管理する場所に，のぞまれないのに生えてくる植物も雑草とよんでいる。このばあいの雑草は，耕地雑草のほかに人間生活と関係をもっている土地（人里）を生活の場とする人里植物[1]を含めたものとなる（図5-39）。

これらの植物群を，生物的特性からみると，「耕作地などを含めて，人間によってつくられた立地や，不規則に変化しやすい不安定な立地に生活する，特殊な一群の植物」，すなわち，人間の手が加わったところに適応した植物群，といういいかたもできる。

雑草の起源 ①自然の植生が破壊されて裸地となった場所に住みついた植物が，のちに人間がつくった耕地に侵入してきたばあい，②作物を育てる過程で，作物とそれに近い野生種の交雑によって生じたばあい，③古代人が作物として利用・栽培していたものが，のちに放棄されて耕地に残り，それが雑草となったばあい，などが考えられる。

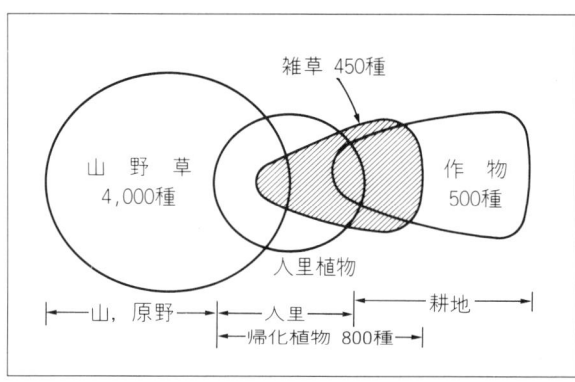

図5-39 日本での山野草・人里植物・帰化植物および作物の生育地と種類数
[注] 帰化植物については184ページ注2参照。
（笠原安夫『雑草研究12』昭和46年による）

[1] 路傍・庭・空地など，たえず人間生活による影響をうける場所を生活の場とする植物。

雑草の分類 雑草の分類法として，つぎのような類別が考えられる。

植物分類学による分類 科－属－種－亜種－変種

生態的分類 雑草の生活環からみた分類や，草型（生育型）からみた分類，繁殖型からみた分類などがある。

表5-4 草型（生育型）の類型

草　　型（生育型）	生育状態の外形	代表種	作物との競合のしかた
直立型	地上部の主茎が明確で，まっすぐ上に伸びる	シロザ ブタクサ	光競合型
分枝型	茎の下部で分枝が多く発生し，主茎が明確でない	コニシキソウ ミチヤナギ	養水分・光競合型
そう生型	株をつくり，それから茎がそう生（むらがって生えること）する	スズメノテッポウ スズメノカタビラ	光競合型
つる型	茎が他のものに巻きついたりよりかかったりして伸びる	コヒルガオ カナムグラ ヤブガラシ	養水分・光競合型
ほふく型	ほふく茎（地面をはって伸びる茎）を伸ばし，その各節から根を出す	ノチドメ シロツメクサ カタバミ	養水分競合型
ロゼット型	葉は放射状のロゼット葉（根出葉）だけで，花茎に葉がない	タンポポ オオバコ	養水分競合型
一部ロゼット型	はじめロゼット型で，あとにロゼット葉は枯れて直立型になる	ヒメジョオン ハルジオン	養水分・光競合型
にせロゼット型	ロゼット葉を残したままで，葉をつけた直立茎が伸びる	オニタビラコ	養水分・光競合型

〈生活環からみた分類〉

1年生雑草‥‥種子から発芽し，枯れるまでの期間が1年以内の雑草で，発生期によって夏雑草と冬雑草とに区別される。越年生雑草も含む。

生活環が1年以上2年以内の雑草を2年生雑草とよぶが，そのうちの多くの種は生育条件によって越年生雑草となるため，1年生雑草としてあつかう。

多年生雑草‥‥生活環が2年以上で，地上部が枯れても地下部は残り，その部分から再生する雑草。

〈草型（生育型）からみた分類〉 表5-4に示す。草型によっても，作物との競合のしかたがことなる。 →p.175

〈繁殖型からみた分類〉 種子や果実の散布のしかた（散布器官型）や，地下茎など地下部の連絡体のつくりかた（地下器官型）による

表5-5 わが国の主要雑草

		イネ科	カヤツリグサ科	広葉雑草
水田雑草	1年生	タイヌビエ・イヌビエ・アゼガヤ	タマガヤツリ・コゴメガヤツリ・ヒデリコ・テンツキ	コナギ・アゼナ・アメリカアゼナ・アゼトウガラシ・アブノメ・オオアブノメ・キカシグサ・ヒメミソハギ・ミゾハコベ・チョウジタデ・ホシクサ・イボクサ・タカサブロウ・タウコギ
水田雑草	多年生	キシュウスズメノヒエ・エゾノサヤヌカグサ	マツバイ・クログワイ・ミズガヤツリ・イヌホタルイ・コウキヤガラ・ホタルイ・シズイ	オモダカ・ヘラオモダカ・サジオモダカ・ウリカワ・アギナシ・ミズハコベ・アゼムシロ・セリ・ヒルムシロ
畑地雑草	1年生	メヒシバ・ヒメイヌビエ・アキメヒシバ・オヒシバ・アキノエノコログサ・エノコログサ・スズメノテッポウ	カヤツリグサ	ツユクサ・イヌタデ・ナズナ・イヌビユ・ヒメジョオン・アオビユ・オオイヌタデ・エノキグサ・ハコベ・オオイヌノフグリ・ツメクサ・シロザ・オオツメクサ・タニソバ・ナギナタコウジュ・スカシタゴボウ・スベリヒユ・ザクロソウ・ウリクサ・ホトケノザ・ニシキソウ・コニシキソウ・ハハコグサ・ヒメムカシヨモギ
畑地雑草	多年生	チガヤ	ハマスゲ	スギナ・ハルジオン・ギシギシ・オオバコ・ヨモギ・タンポポ類・スイバ・エゾノギシギシ・コヒルガオ・ムラサキカタバミ・チドメグサ・ヤブガラシ・ワラビ・ワルナスビ・ヒルガオ・ジシバリ類・カタバミ

分類もある。

　他の生態的分類としては，雑草の土壌水分に対する適応性や日長反応（➡p.182）などによる区分のしかたもある。

　実用的分類　雑草防除のための，実用的な面からの分類である（表5-5，図5-40）。

〈生育地による分類〉おもに耕地に生育する耕地雑草と耕地以外の土地に生育する雑草とに分類し，耕地雑草をさらに水田雑草や畑地雑草，樹園地雑草など，生育している耕地の種類によって分類する。

〈葉の形態による分類〉広葉雑草・イネ科雑草・カヤツリグサ科雑草

〈根の深さによる分類〉深根性雑草・浅根性雑草

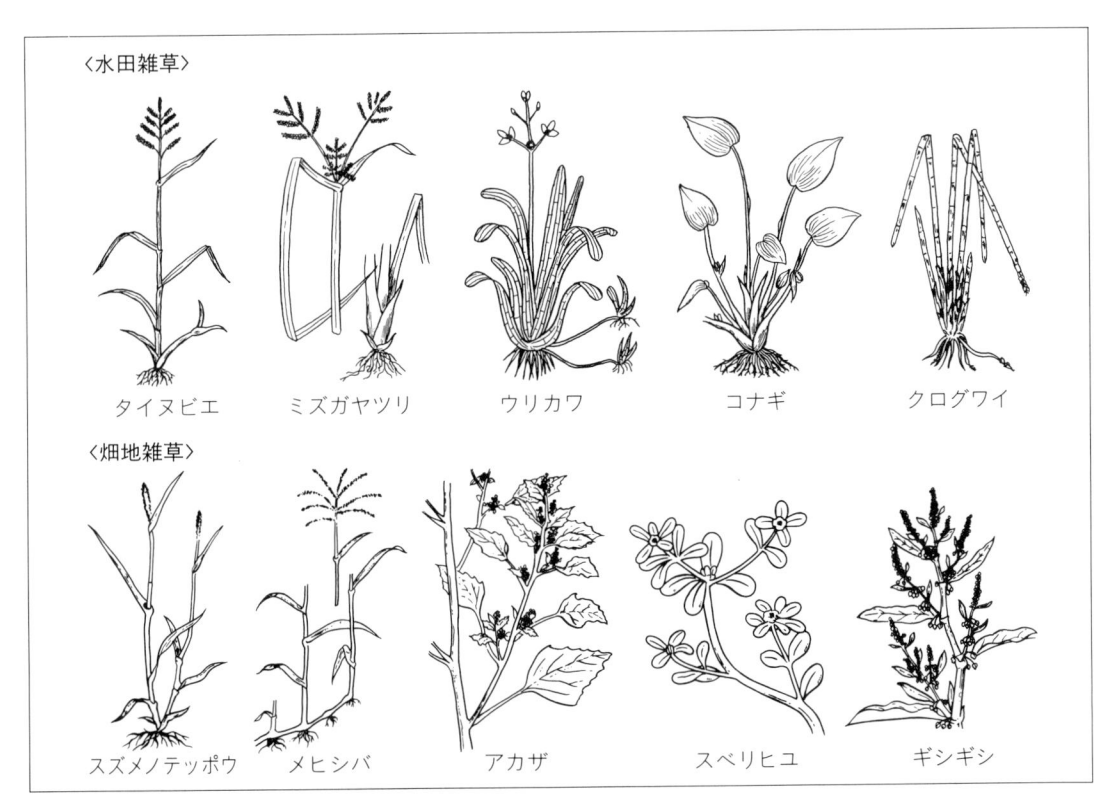

図5-40　代表的な水田雑草および畑地雑草

|雑草の種類数|

わが国の耕地雑草は畑地雑草が約300種，水田雑草が約200種，そのうち，田畑共通雑草が約80種とされている。また，防除の困難な畑地雑草は約60種，水田雑草は約30種である。害草[1]としてあげられているなかではイネ科がもっとも多く，キク科，カヤツリグサ科とつづく。

[1] 作物生産に対する有害性によって，強害草・害草・弱害草に分けられる。

② 雑草害とそのあらわれかた

競合現象のいろいろ

雑草と作物は，相互に直接的・間接的に影響をおよぼしあっているが，栽培上とくに問題になるのは，つぎのような現象である。

光競合 初期の成長がはやく，草丈が高く，おおいかぶさる性質の強い草型の雑草ほど，作物のうける光量を制限して優位になる。作物と雑草間の光のうばいあいは，双方の生育時期の違いによってことなる。

養分競合 雑草の特性の一つとして窒素を好む特性（好窒素性）があり，雑草の養分の吸収力は一般に作物を上回る。たとえば，水田雑草の窒素やリン酸の吸収力はイネより大きい。

光競合が生じにくい草型の小さい雑草は，とくに養分競合が問題となる。養分競合のおこりかたは，雑草と作物との根系の発達ていどや根群の位置関係によってことなる。

水分競合 植物体の乾物1gを生産するのに必要な水の量は，光合成のしくみによって決まっている[1]。水分が少ない状態では作物と雑草の競合がおこり，より少ない水分で効率よく光合成をおこなうことができるものが有利となる。たとえば，コムギとメヒシバが共存すると，水分利用からみるとメヒシバのほうが優位となる[2]。

これらの競合現象のほか，**アレロパシー**とよばれる，植物の生体や遺体から放出される物質[3]が周辺の植物の発芽や成長に影響をおよぼす現象も知られている。

雑草害のあらわれかた

除草しない放任状態で作物を栽培し，収穫したばあい，どれくらい収量がへるだろうか。水稲の移植栽培では，1年生雑草で15〜45％の範囲で減収する。多年生雑草は，草種のちがいなど変動要因が多いが，やはり5〜50％の減収率が報告されている。また，イネの作期がはやいほど，成苗より稚苗を使うほど，減収率は高くなる。直播栽培になると，雑草群落のなかに稲株がうもれた状態になる。

畑作物では，作物の種類により大きくことなる。たとえば，播種後から雑草を放任したばあいの作物収量は，完全に除草をしたばあいを100％とすると，トウモロコシでは90％，陸稲では30％となり，落花生でわずか3％にしかならないという実験結果もある。

---

(1) サトウキビ・トウモロコシなどの熱帯性作物のほか，ヒエ・ミズガヤツリ・スベリヒユなどの夏の雑草は，イネ・ムギ類・ダイズ・野菜類などより光合成に必要とする水の量が少なくてすむことが知られている。
(2) 一般に植物の吸水量は，蒸散量によって決まってくるので，作物と雑草との水分競合をさけるためには，雑草の地上部を刈り取る方法が有効である。
(3) アレロパシー物質として，フェノール酸や，セイタカアワダチソウなどのキク科に多いポリアセチレン化合物などが知られている。

このほかにも，①収穫物に雑草種子や植物体が混入すると品質の低下をまねく，②雑草自体が農作業のさまたげになる，③作物にとって有害な害虫・病原菌・ウイルス・センチュウ類などの媒介源になったり，その生息場所になる，④ある種の雑草は有毒物質を出し，人間や家畜に障害をあたえる，などの雑草害がある。

いっぽう，作物があるていど生育してから発生した雑草は，作物の生育によって雑草の生育が抑制され，雑草害としてはあらわれない[1]。したがって，除草作業は，存在する雑草が作物に対して害をあたえているかいなか，または将来，害をあたえるようになるかならないかの的確な判定がたいせつになる。

[1] 水稲稚苗移植栽培のばあい，温暖地では移植後約35日，東北地方では移植後約50日前後までに雑草の発生をおさえれば，その後に発生する雑草は，収量に影響をおよぼさないといわれている。

❷ 雑草の生活と適応能力

① 雑草の生活

種子繁殖の特性　同じ1年生の植物でも雑草の種子繁殖は，作物のそれとでは大きくことなる。

その一つは**早産性**で，栄養成長期間が短く，生育初期の個体でも結実するものが多い。そして，ほとんどが長期間つづけて種子生産をおこなう。さらに雑草は**多産性**で，作物にくらべて小粒の種子を多く生産する傾向がある。

これらの特性は，雑草が，人為的な環境の変化の多い生育地に生活するために必要不可欠なものである。そのほか，つぎのような生きるための巧妙なしくみをそなえている。

休眠　雑草の発生源となるのは，土壌中に埋まっている種子である。成熟して地表面に落下した直後の種子の休眠は**1次休眠**といい，発芽に好適な環境があたえられても発芽しない。やがて，夏雑草の種子は冬季低温に，冬雑草の種子は夏季高温にさらされたり，温度の変化にさらされたりして1次休眠が破れ**環境休眠**に移り，発芽好適環境があたえられると発芽する。しかし，環境休眠の状態にあっても，発芽に不適な環境がつづくと，ふたたび休眠状態にはいり，**2次休眠**の段階となる[2]。

雑草にとって，この2次休眠が種子の生存に大きな役割を果たしている。タイヌビエ種子の土中における生存状態の推移を調べると，

[2] ふつう，発芽に好適な環境があたえられても発芽しない状態を1次休眠（自発休眠），環境条件が不適なため休眠している状態を環境休眠（強制休眠）という。

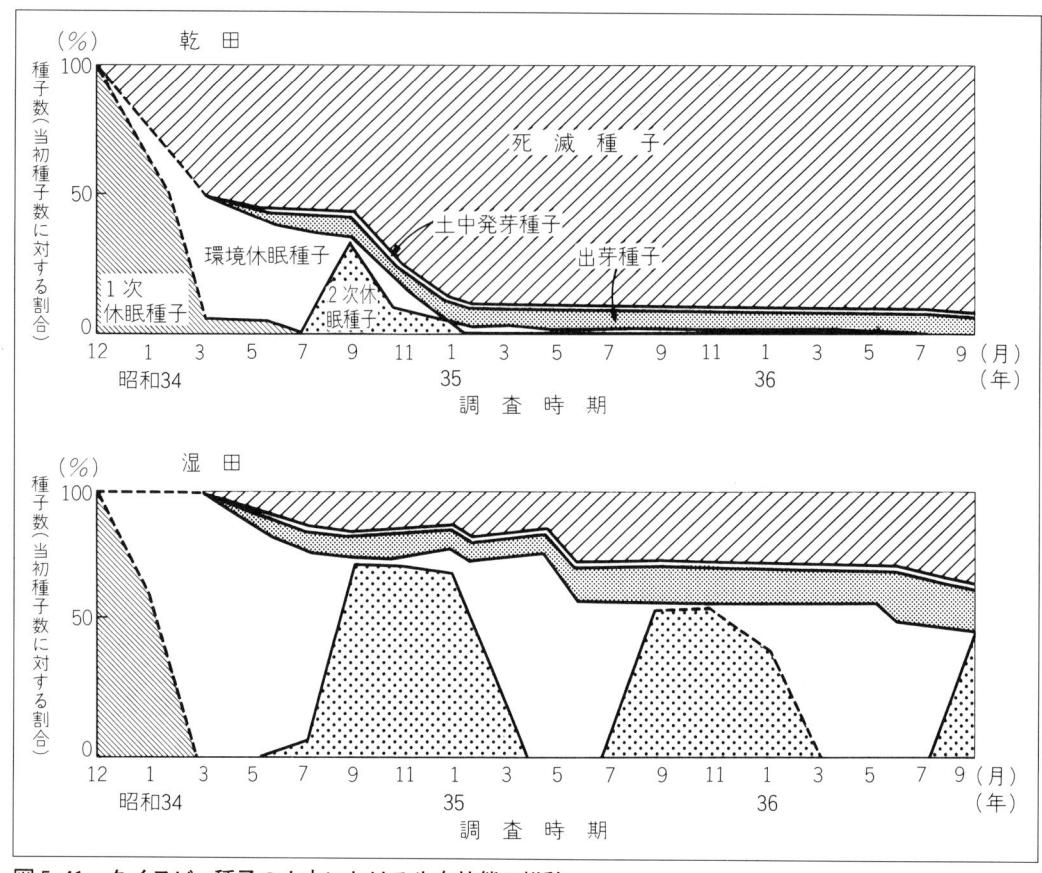

図5-41 タイヌビエ種子の土中における生存状態の推移

（荒井正雄・宮原益次『日本作物学会紀事』昭和38年による）

とくに湿田のばあいに，2次休眠をうまく使って生存しているようすがわかる（図5-41）。

発芽・出芽 雑草の種子の発芽および地表に芽が出る出芽には，温度・水分・光・ガス[1]などの条件が関与する。

雑草の種子の大部分は，地表面下5cm以内の浅い層にある。この層は温度変化が大きく，しかも水分条件が不安定であるため，発芽は適当な温度・水分条件のときをうまく利用しておこなわれる。

また，雑草の種子は，作物の種子にくらべて暗条件下では発芽しにくい**光発芽種子**が多く，表層や浅い層からの発生につごうよくできている。ガス条件については，酸素濃度の影響が考えられる[2]。

発生消長 発生期がはやく発生期間の短いタイプ，発生期がおそく発生期間の長いタイプ，その中間型のタイプに類別される。しかし，発生消長は雑草の種類のちがいだけでなく，地域や栽培の条件などにより変動が大きい。たとえば，寒冷地と温暖地のたん水直播

(1) 酸素・二酸化炭素・エチレンなどが含まれる。

(2) 水田雑草のイヌホタルイ・コナギは酸素濃度が低いほうが発芽がよく，タイヌビエは酸素濃度に関係なく発芽が良好である。いっぽう，畑地雑草のオオイヌタデ・ヒメイヌビエ・メヒシバは酸素濃度が低くては発芽できない。

水田で1年生雑草の発生消長を比較すると，寒冷地は温暖地にくらべて，しろかき後から雑草発生開始期までの日数が長く，発生期間も長い。このことは，同一地域でも，早期栽培は普通期や晩期栽培より雑草の発生期間が長いことを示唆している。また，直播栽培は移植栽培より雑草の発生期間が長い。

栄養繁殖の特性　多年生雑草および1年生雑草の一部は，栄養繁殖により分布域を拡大する。ミズガヤツリの生活環を図5-42に示す。

栄養繁殖のばあいの出芽に対する環境条件の影響は，種子繁殖ほど明確ではない。種子より深い場所からでも出芽でき，耕起などで切断されてひろがった繁殖源はおう盛な再生力を示し，新個体の初期成長もはやい。

繁殖器官としては，塊茎（図5-42）・根茎（図5-43）・りん茎・球茎などの地下部器官，地表をはしるほふく茎[1]，地上部につく珠芽（むかご）などがある。たんに切断された根片が繁殖源になるばあいもあり，そうした繁殖源を繁殖体という。一般に繁殖体は，種子にくらべると，乾燥やきょくたんな高温・低温に対して弱く，寿命も短い[2]。しかし，栄養繁殖についても雑草はつぎのような巧妙なしくみを獲得している。

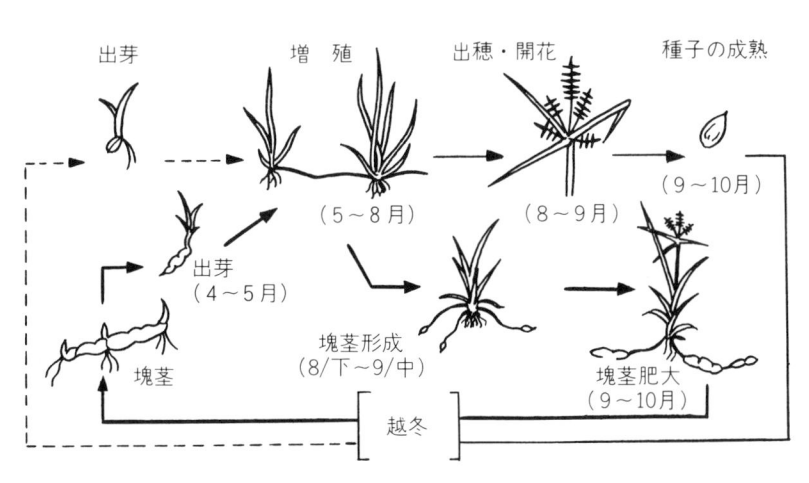

(1) キシュウスズメノヒエ・チドメグサ（→p.176）などが代表的なものである。
(2) 形成翌年にほう芽しなかった塊茎は大部分が死滅する。また，形成3年以内でほう芽が認められなくなる草種が多い。クログワイがもっとも寿命が長く，5～7年である。

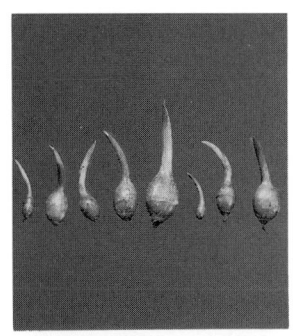

オモダカの塊茎

図5-42　水田多年生雑草，ミズガヤツリの生活環　（中川恭二郎による）
［注］　土のなかで越冬した塊茎は4月下旬から発芽し，分げつによって茎をふやし，やがて茎のつけねから地下茎を伸ばして，つぎつぎに新しい株をつくってふえていく。8～9月に出穂・開花して種子を残すいっぽうで，新しい塊茎をたくさんつくり，塊茎で越冬する。

ヒルムシロの根茎
図5-43　水田多年生雑草の繁殖器官

繁殖器官の形成　繁殖器官の形成時期には日長の影響が大きく，種類によって日長に対する反応がことなる。たとえば，ミズガヤツリ・クログワイ・ヒルムシロは，長日条件下で繁殖器官の形成が阻害される。オモダカは短日条件下で形成の時期がはやくなり量も増加するが，長日条件でも形成される。また，ウリカワは中性植物[1]であるが，長日条件下でも塊茎が肥大する。

いっぽう，繁殖器官の形成位置も種類によりいちじるしくことなる。ウリカワとミズガヤツリは比較的浅い層に形成され，逆にヒルムシロは深い層に多く分布する。オモダカとクログワイも深い傾向にあるが，土壌中の垂直分布幅が大きい（図5-44）。

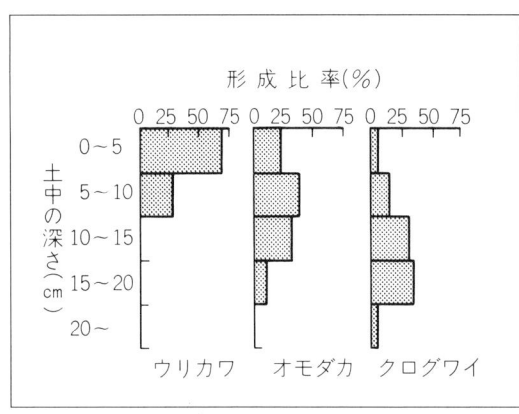

図5-44　おもな多年生雑草の栄養繁殖器官が土壌中に形成される深さ　　（草薙得一による）

出芽　比較的浅い層に繁殖器官が形成されるウリカワやミズガヤツリの塊茎は，休眠がないので出芽がそろいやすい。しかし，5cmより深いところにあるウリカワの塊茎は発生がおくれるので，1〜2cmの深さに塊茎がそろいやすいミズガヤツリより発生期間は長くなる。

いっぽう，栄養繁殖器官が形成される垂直分布幅の大きいオモダカやクログワイは休眠性を示し，発生がばらついて長期間にわたり出芽するので，防除が困難である。

[1]　日長に影響されずに開花する植物。

2 雑草の環境変化への対応

栽培管理と雑草の群落構成　耕地雑草群落の種の構成は，人間が管理することによって，短期間に大きく変化する。

水田での変遷　一般に，毎年同じ作業のくり返しなので，種の構成の変遷は生じにくい。しかし，最近，耕起回数の減少，耕起法や耕起時期の変化，浅水管理や稚苗移植栽培の普及，除草法の変化などによって，群落を構成する種に変化が生じ，多年生雑草の増加をひきおこしている。とくに，休耕田の増加や裏作の減少など管理の粗放化が雑草群落の年次変動に大きな影響をあたえている。

畑地での変遷　イネ（陸稲）・ムギ類は栽培期間が長いので，それ

らの輪作では発生雑草の種類・量ともに増加するが，野菜は栽培期間が短く，土寄せや中耕・除草など細かな管理作業をおこなうので，雑草の種類や量は減少する。北海道のコムギ産地では連作畑が増加し，従来は1年生雑草が主要雑草であったものが，越年生雑草と多年生雑草が増加している。

除草剤連用による変遷　広葉雑草に選択的にはたらく除草剤を連用するとイネ科雑草がふえ，逆にイネ科雑草に選択的な除草剤を連用すると広葉雑草がふえてくる。また，一般の除草剤の慣行的散布では，多年生雑草への効果が不じゅうぶんで，その増加をひきおこしている。

耕地条件の変動への適応

一般に雑草は，はばひろい変異[1]を示して環境の変動に適応している。人間による管理作業や刈取りなども環境の変動の要因である。

(1) 同じ種に属している生物の個体間で，ことなった形態や性質などを示すことを変異といい，ことなる環境条件に適応して遺伝的に分化したものを生態型という。

水田に生える雑草と，その他の場所で生える同種の雑草とでは，その耕地的条件がことなるため形態的・生態的特性に分化が生じているばあいがある。代表例としては，スズメノテッポウの生態型に水田型と畑地型のあることがあげられる（表5-6）。これは畑地型から水田型が分化したと考えられる。

表5-6　スズメノテッポウの水田型および畑地型のおもな特性

	適地	種子	発芽性	日長性	出穂盛期	脱粒性
畑地型	畑地・路傍・休閑地	小粒	難	長日	4月25日	極易
水田型	水田（乾田）	大粒	易	中性	4月15日	易

（松村正幸，昭和42年による）

除草剤への抵抗性

除草剤を散布しても効果のない雑草があらわれてきた。

1970年，米国ではじめて，畑地に散布するトリアジン系除草剤（➡p.193）に抵抗性を示すノボロギク（キク科）が報告された。わが国でも，1982年に埼玉県の桑園で，茎葉処理剤のパラコート剤（➡p.193）に抵抗性を示すハルジオン（キク科）が発見され，その後，ヒメムカシヨモギ・オオアレチノギク・オニタビラコでつぎつぎとその変異型が見つかっている。

現在，世界ではアトラジン・CAT・トリフルラリン剤などの土壌処理剤に抵抗性を示す変異型や，パラコート剤に抵抗性を示す変異型が多く知られている。変異型が出現している場所は，果樹園・桑園・茶園・畑地などで，同一薬剤が6〜10年連用されたところである。

❸ 防除の基本

　雑草の生活や環境変化への対応のしかたを知ることにより，雑草の作物に対する，あるいは次世代維持のための巧妙な戦略が理解できた。しかし，どの雑草にも弱点がある。この弱点を的確にとらえることにより，合理的な防除法が可能になる。

1 基本的な着眼点

種子繁殖特性に応じた防除

　種子繁殖の特性からみた防除の要点を整理すると，①土壌中の種子量をへらす，②いっせいに発生させて効果的に防除する，③発生消長を予測して適時防除をする，などがあげられる。

　これらへの対応には，耕起や水管理などの生態的防除法[1]がある。とくに，秋の耕起は，下層にある環境休眠種子を表層面に移動させ，発芽を促して，冬季の低温で枯死させたり，逆に新しい種子を土中に埋没させ，翌春の発生を減少させたりする。

栄養繁殖特性に応じた防除

　多年生雑草の栄養繁殖のしくみは複雑で，雑草の種類に対応した生態的防除が必要となる。水田雑草のばあいは，ほ場の乾田化をはかり，秋・冬季の耕起をおこなうと効果が大きいが，畑地雑草のばあいは，耕起が逆に分布域をひろげる結果になることもある。ほ場の条件にもよるが，3年ごとの田畑輪換を取り入れると，雑草を減らすうえで効果的であることが知られている。

伝ぱ経路に着眼した防除

　雑草の種子などの伝ぱ経路を知り，ほ場に種子を持ち込まないようにすることも防除にとって重要である。伝ぱ経路には，風・水による移動，人や動物への付着，たいきゅう肥や作物種子への混入，農機具や農業用資材への付着などがあげられる。とくに最近は，農産物・作物種子・飼料の輸入の増加にともなって，海外より侵入し定着する帰化雑草[2]が増加している。

　シバムギ・ワルナスビ・セイタカアワダチソウ・アメリカネナシカズラ・アレチウリ・キレハイヌガラシ・イチビなどの帰化雑草が

[1] 雑草と作物の生理・生態的特性にもとづいておこなわれる防除法。

[2] 本来の自生地または分布地域から，人為的な要因でほかの地域に移動させられ，新たな生育地で生活が営めるようになった植物を帰化植物といい，雑草のばあいは帰化雑草という。

定着し，被害が目立っている。

生物的防除

輸入天敵を利用する生物的防除法[1]が諸外国で成功している。日本では，最近，アイガモとよばれる水鳥やカブトエビによる水田1年生雑草の防除が見直されている。

機械的・物理的・化学的防除

中耕除草機を使い，無選択に雑草を除去する機械的防除法や，光や熱を利用する物理的防除法もあるが，現在の防除法の主流は除草剤を用いる化学的防除法である。選択的除草あるいは完全除草が可能で，省力化でき，簡便で能率的である。しかし，作物に対する薬害，環境汚染，生態系におよぼす影響をつねに配慮しなければならない。

② 雑草防除の新しい流れ

除草剤処理法の変革

最近，雑草防除技術は，省力化，経済性および安全性を柱に展開されており，低コストで維持できる農業に向けて，既存の除草体系が見直されている。たとえば，水田では除草剤に対する依存度の軽減や省力化から，1回で効果の高い除草剤（一発処理剤）や混合剤が普及している。新除草剤の開発は，活性が高く，少ない薬量で効果のあがるもの，選択性の高いものを目指してすすめられている。

微生物利用の除草剤

有機合成除草剤とはことなる方向で，微生物（菌体）や微生物のもつ物質を利用した除草剤の開発もすすめられている。これらは，選択性が高く，分解がはやいものが多いので，環境汚染のおそれが少ない。しかし，これらの除草剤は微生物がはたらくことのできる環境条件の制約や抵抗性雑草の出現が予想される。また，作物や人間への病原性も懸念されることから，きびしい使用制限がおこなわれることがある。

総合的防除体系の時代へ

現在，環境保全の見地から，雑草防除体系は除草剤多用時代から総合的防除体系およびそのために技術の確立が必要な時代にはいっている。今後，的確な雑草害診断や発生予察をおこなうことにより，

[1] 昆虫類・魚介類・小動物・病原菌・微生物などを利用して，雑草の生育や繁殖を抑制する方法。

(1) このばあいは，作物群落上部の照度を 100 としたとき，群落内部に到達する割合を示す。

化学的防除以外の防除も組み合わせ，適切な防除体系を確立することが重要課題となっている。

課題研究　畑地雑草の除草必要期間を決めるための手順

雑草は，ほ場に作物がじゅうぶん繁茂すると，光量不足で生育できなくなる。その状態になるときまでが除草が必要な期間である。つぎの手順でもとめてみよう。

(1) 雑草の生育がおさえられる作物群落内の相対照度[1]を知る（畑地の強害草は10％以下で抑制される）

↓

(2) 作物群落内の相対照度が10％以下に低下する播種後の日数を調べる

↓

(3) 作物群落内でその相対照度が保持できる地表面からの高さを調べる

↓

(4) 雑草の草丈がその高さに達する発芽後の日数を調べる

↓

(5) (2)−(4)が除草必要期間

〈例〉ダイズ作：(2)ダイズは播種後約73日に群落内の相対照度が10％以下になる。(3)そのとき，地表面から約50cmが同じ照度に維持される。(4)雑草は約50cm以上に伸長するには約40日間が必要　(5)除草必要期間：73日−40日＝<u>33日</u>

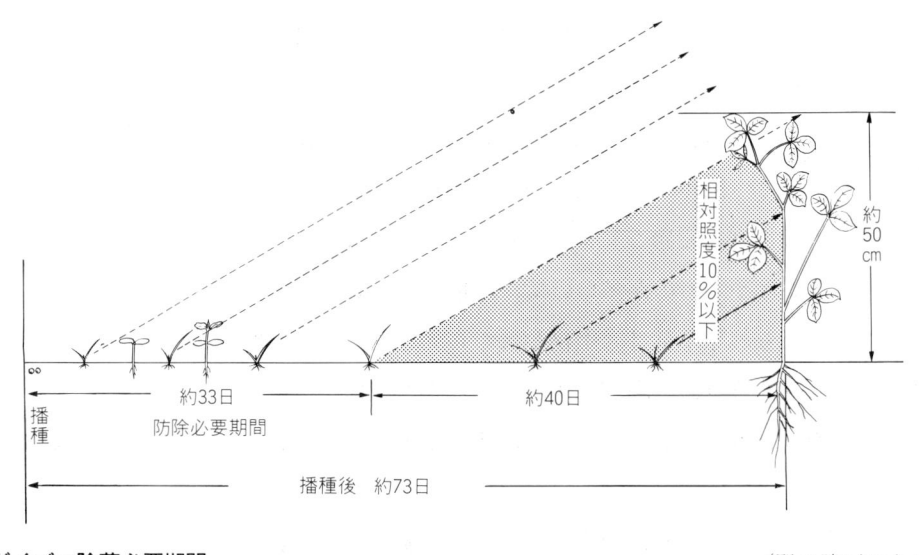

ダイズの除草必要期間　　　　　　　　　　　　　　　　　　（野口勝可による）

4 鳥獣害とその防除

❶ 鳥獣害の種類と被害

　農作物に害をあたえる鳥類にはスズメ・ハト・カラス・ムクドリ・ヒヨドリ・キジなどがある。スズメ・ハト・カラスはイネ・ムギ類・マメ類・トウモロコシなどを食害し収量をへらす。ムクドリ・ヒヨドリ・カラスは野菜や果実を加害する。

　ほ乳類では，古くからその被害が知られていたネズミ・ウサギの仲間やニホンイノシシのほか，近年の急速な森林開発にともなって，ツキノワグマ・ヒグマ・シカ・ニホンカモシカ・ニホンザルなどによる穀類・野菜・果樹などへの被害も目立ちはじめた。

　また，モグラは土中にトンネルを掘り田畑に被害をあたえる。

　害獣のなかでもネズミ類は農作物にもっとも大きな被害をあたえる。わが国には約20種いるが，そのうちハタネズミ・ドブネズミ・アカネズミ・ハツカネズミなどが被害の大きい種類である。

❷ 鳥獣害の防除

　鳥害の防除法には視覚で忌避させる方法として，かかしが古くから利用されてきたが，近ごろは，目玉模様風船がひろく普及している。音を発して鳥を追う爆音機，爆音とともにタカの模型を打ち上げるラゾールミサイル，鳥が食べるとおう吐する忌避剤も開発されている。しかし，これらの方法はいずれも，鳥のなれによって効果が低くなってしまう欠点をもつ。周辺のほ場よりはやく結実する品種を栽培するときなどには，防鳥網でおおうのが確実である。

　捕殺が認められているネズミは，わなでとらえたり，殺そ剤で防除する[1]。そのほかの中・大型ほ乳類は，音で驚かしたり，電流をとおした電線でほ場を囲んだりして侵入を防ぐが，効果がじゅうぶんでなかったり，設備に経費がかかったりするなど問題が多い。

スズメによるオオムギの被害

ムクドリによるカキの被害

ヒヨドリによるキャベツの被害
いろいろな鳥害

[1] モグラ・ネズミ類を除いてすべて野生生物として保護されており，許可なくとらえたり殺したりすることはできない。被害がはげしく，捕殺の必要があるばあいには，都道府県知事（種類によっては環境庁長官や文化庁長官）に申請して有害鳥獣駆除の許可を得なければならない。

5 農薬とその使いかた

(1) 病害防除剤のなかには，病原菌を殺すいわゆる殺菌剤のほか，菌は殺さないがその発病を抑止する防除剤が含まれる。この教科書で殺菌剤というばあいは病原菌を殺す農薬をさし，それ以外のばあいには防除剤とよぶ。

農薬には，病害の防除に用いる病害防除剤[1]，虫害の防除に用いる害虫防除剤，雑草の防除に用いる除草剤，植物の機能を調節するために用いる植物成長調節剤などがある。

❶ 種類と作用

① 病害防除剤

使用目的によって，**予防剤**と**治療剤**に分けることができる。予防剤は，作物が病原菌の感染をうける前に予防的に使用する薬であり，残効性が要求される。治療剤は，作物が病気の感染をうけたあとにそのまん延を防ぐために用いる薬であり，速効的で残留期間が短いものがよい。

また，病気を防除するための農薬としては，つぎの三つの性質のうちの一つが完ぺきであればよい。

①病原菌を殺すか生育を阻害する。
②殺菌性はないが病原性をうばう（不活性化する）。
③病気に対する作物の抵抗性を増強する。

環境への影響という点からは，②か③の性質をもった農薬が理想的であるが，これらは予防的に用いられたときに有効であり，いったん発病したあとには効果がない。したがって，予防剤だけでなく，強い殺菌性をもった治療剤も必要になる。

病原菌を殺すか生育を阻害する農薬　植物病原菌のエネルギー代謝，呼吸系，タンパク・核酸などの生合成系を阻害する農薬。最近では，病原糸状菌の細胞膜合成に必須のエルゴステロール合成を阻害する農薬などがある。

無機化合物　〈ボルドー液〉　古くから用いられている殺菌剤。銅イオンの殺菌性を利用した農薬で，植物に対する薬害をへらすために石灰をまぜる。銅の薬害に弱い植物には石灰を多く加える。銅と石灰の比率により，表5-7のようなよびかたをする。キュウリ・トマト・ジャガイモなどの疫病，種々の作物の炭そ病・黒はん病など糸状菌

による病害のほか，キュウリなどのはん点細菌病，レタスの軟腐病など細菌による病気にも用いられる。

〈イオウ剤〉　これも古くから用いられている殺菌剤で，種々の作物のうどんこ病などに有効なほか，ダニ類に対する殺虫性もある。

有機化合物　〈ジチオカーバメート剤〉
ジネブ・マンネブ・チウラム・ポリカーバメート剤など，古くから園芸作物などの種々の病害の防除に用いられてきた殺菌剤で，呼吸阻害剤の一種である。

〈ベノミル剤〉　ひじょうに毒性の低い，応用範囲のひろい浸透性殺菌剤[1]であるが，連用すると耐性菌を生じるので注意しなければならない。チウラム剤と混合して種子消毒にも用いられる。

〈有機リン剤〉　EBP・IBP・EDDP剤などがあり，いずれもイネいもち病の防除に用いられる。連用すると耐性菌ができるので注意する。

〈エルゴステロール合成阻害剤〉　ステロール類はすべての生物に細胞膜成分として含まれ，動物と植物，あるいは酵母や糸状菌では，化学構造が少しずつことなっている[2]。なかでも，糸状菌のエルゴステロールは膜機能の維持に重要であるため，病原糸状菌に欠かせないエルゴステロールの合成だけを阻害する化合物を探せば，動植物に害のない殺菌剤ができる。そのため世界中の農薬研究者の一つの研究の的となっており，トリアモル・トリホリン・デンマート・トリフミゾール・トリアヂメフォン剤などの農薬が開発され，種々の作物のさび病・うどんこ病・黒穂病などの防除に用いられている。どの農薬も浸透性をもっており，発病後に用いても有効である。

[1] 植物体内に吸収され，全身にいきわたる殺菌剤。

[2] 動物ではコレステロール，植物ではシステロールとスチグマステロール，酵母や糸状菌ではエルゴステロールが細胞膜成分として含まれている。

表5-7　ボルドー液のよびかた

水1 l 当たりの硫酸銅と生石灰のg数	石灰等量	石灰半量	石灰倍量	石灰3倍量
8	8－8式	8－4式	8－16式	8－24式
6	6－6	6－3	6－12	6－18
5	5－5	5－2.5	5－10	5－15
4	4－4	4－2	4－8	4－12
3	3－3	3－1.5	3－6	3－9
2	2－2	2－1	2－4	2－6
1	1－1	1－0.5	1－2	1－3

病原菌の病原性を不活性化する農薬

植物病原菌の病原性の特徴の一つが，植物体内に侵入する性質である。したがって，その病原性だけを不活性化する薬を探し出せば，他の生物に害のない農薬ができる。

イネいもち病の防除剤であるトリシクラゾール・ピロキロン・フサライド剤などは，いもち病菌のイネ体内への侵入を阻害することによって防除効果を発揮する。しかし，発病後には効果が少ないの

で，発病後のいもち病には，有機リン剤系のいもち病の殺菌剤やカスガマイシン・ブラストサイジンS剤などの抗生物質を用いる。

イネ紋枯れ病菌は，菌糸が重なってマット状になったところから菌糸で侵入するが，紋枯れ病防除剤であるバリダマイシンA剤は，マット状の菌糸のかたまりの形成を阻害する。

病気に対する作物の抵抗性を増強する農薬　いもち病防除薬剤であるプロベナゾール剤は，イネの根部に水面施用するとすぐれた効果を発揮する。その作用は，イネに吸収されたプロベナゾール剤がイネのいもち病に対する抵抗性を増強し，いもち病菌に感染したときにイネの防御反応が強く発揮されることによる。

イネの育苗時に用いられるヒドロキシイソキサゾール剤は，立枯れ苗やむれ苗の防止に有効であるが，その効果は，根の成長を促進し，活性を高めるためである。

そのほか，疫病やべと病に効果のあるフォゼチルAl・メタラキシル剤も作物の抵抗性を高めるといわれている。

その他の殺菌剤　抗生物質のポリオキシン剤にはA〜Mの類似化合物があり，BとLはナシやリンゴの黒はん病，野菜のうどんこ病・灰色かび病，トマト葉かび病などにきく。また，ポリオキシンD剤はイネ紋枯れ病に効果がある。

チオファネートメチル剤はベノミル剤と同様，多くの病気に，キャプタン・オキシカルボキシン・トリフォリン剤などは園芸作物の病害にひろく用いられる。イソプロチオラン剤はいもち病に，フェナジンオキシド剤はイネ白葉枯れ病に用いられる。

2　害虫防除剤

害虫防除に用いられる農薬は，防除対象動物のちがいによって，殺虫剤・殺ダニ剤・殺センチュウ剤などに分けられる。

また，散布後の農薬が害虫体内へ移行するしかたのちがいによって，害虫の体表から体内に移行する**接触剤**と，害虫の摂食によって消化管にはいり，そこで吸収されて体内に移行する**食毒剤**とに分けられている。多くの殺虫剤が接触剤である。なお，作物の根などから植物体内に移行した農薬を害虫が摂食することによって死ぬ農薬を**浸透性殺虫剤**という。

害虫の体内にとり込まれたあとの農薬の作用のしかたによって分類するとつぎのようになる。

神経機能を阻害する農薬

害虫の神経伝達を乱して死亡させる化合物で、現在使用されている主要な合成殺虫剤の多くが含まれる。有機リン剤（MEP・ダイアジノン・アセフェート・エチルチオメトン・DMTP・DDVP・ジメトエート剤など）、カーバメート剤（メソミル・BPMC・NAC・PHC剤など）などがある。

また、タバコの成分ニコチン、除虫菊の成分ピレトリン、およびこの化合物の構造をヒントに開発された合成ピレスロイド系化合物、フェンバレレート剤、海産生物イソメの毒物質の化学構造からつくられたカルタップ剤、なども神経機能を阻害する。

代謝機能を阻害する農薬

代謝機能のうち、エネルギー生成系を阻害するはたらきをするものに、センチュウ類など土壌害虫防除に使われるクロルピクリン・臭化メチル・D-D剤などの殺センチュウ剤がある。酸化フェンブタスズ・キノメチオネート剤などの殺ダニ剤も同様の作用をする。

いっぽう最近、生合成系、たとえば、キチン合成[1]を阻害するジフルベンズロン剤とか、昆虫の脱皮を阻害するブプロフェジン剤、昆虫ホルモンの作用をしたりホルモン作用を阻害するメソプレン剤などの昆虫成長制御剤（IGR）がつぎつぎと開発されている。

これらの生合成系に作用する農薬のうち、ジフルベンズロン剤はキンモンホソガに、ブプロフェジン剤はトビイロウンカ（図5-45）・オンシツコナジラミ・ヤノネカイガラムシに、また、フェノキシカルブ剤などの幼若ホルモン作用物質[2]はヤノネカイガラムシ・チャノホソガなどに、それぞれ実用化されている。

その他の農薬

上に述べたような生理的殺虫作用とは別に、昆虫の体表

(1) キチンは昆虫の皮膚を構成する主要なタンパク質で、この合成が阻害されると皮膚の形成がうまくできない。

(2) 幼虫の形態を維持するはたらきをもったホルモンで、人為的にあたえることによって昆虫は脱皮できなくなり、次世代を残すことなく死滅する。

図5-45 ブプロフェジン処理により脱皮不全になったトビイロウンカ3齢幼虫 （安井通宏による）

を油膜でおおって死亡させるマシン油剤が，カイガラムシ類・ハダニ類の防除に用いられている。この殺虫作用は物理的であるために，抵抗性を発達させにくい利点がある。

また，昆虫の病原微生物またはその毒素を製剤化したBT剤なども開発され，コナガやモンシロチョウなどの防除に利用されている。

そのほか寄生バチ・捕食性ダニ・寄生性センチュウ・糸状菌・ウイルスなどを用いた資材の開発も試みられている。これらは生物農薬といわれている。また，害虫に交信かく乱をひきおこす性フェロモン剤の開発も数種の害虫について開発されている[1]。

(1) 生物的防除と生物農薬，性フェロモン剤などについては170〜173ページ参照。

(2) 除草剤以外にも，雑草を防除する資材には，種子休眠覚醒剤，除草剤の共力剤，除草剤の解毒剤，微生物（源）農薬，雑草成長抑制剤（わい化剤）などがある。

③ 雑草防除剤[2]

除草剤の種類　雑草が出芽する以前に使用するものを**出芽前除草剤**，雑草がかなり大きくなって散布するものを**出芽後除草剤**とよぶ。また，雑草が生えてくるまでに土壌に使用するものを**土壌処理剤**，大きくなった雑草に散布するものを**茎葉処理剤**という。一般に，出芽前除草剤が土壌処理剤，出芽後処理剤が茎葉処理剤に対応する。

また，水田用処理剤のなかには，**茎葉兼土壌処理剤**というものがあるが，これはたん水状態で施用し，水中で大きくなっている雑草に茎葉から吸収されて作用すると同時に，処理後発生してくる雑草にも土壌処理剤的に作用するものである。このほか，除草剤の化学構造による分類もおこなわれている。

除草剤の作用のしかた　最近の除草剤は，雑草が植物としてもっている独特の生理機能に作用して効果をあらわすものが多いので，人間や動物には毒性が低くなっている。

除草剤の作用のしかたと反応を表5-8に示す。

光合成阻害　多くの除草剤は，光合成に重要なはたらきをしている葉緑体の作用を止めてしまうので，雑草は，光合成を阻害されて有機物飢餓状態になり，ゆっくりと枯れていく。

植物ホルモン作用のかく乱　除草剤2,4-PAやMCPは，作用はオーキシン[3]型の植物ホルモンと同じであるが，天然物にくらべると分解されにくく，しかも多量に施用するので，雑草の正常な植物ホル

(3) オーキシンは，植物の成長を促進する物質で，植物から発見された物質だけでなく，合成によっても同じ生理作用をあらわす物質がつくり出されている。2,4-PA剤やMCP剤は合成オーキシンである。

表5-8 除草剤の作用のしかた（作用点）と反応

作用のしかた	除草剤	反応
光合成阻害	トリアジン系（CAT・シメトリン），尿素系（DCMU・リニュロン），酸アミド系（DCPA），ダイアジン系（ブロマシル・PAC），ベンタゾンなど	膨圧消失，クロロシス（黄白化），頂芽優勢性の破壊
光関与活性酸素生成	四級アンモニウム系（パラコート・ジクワット），ジフェニルエーテル系（NIP・CNP・クロメトキシニル），オキサジアゾンなど	褐ぱん，褐変
呼吸におけるエネルギー生成阻害	フェノール系（DNBP・アイオキシニル），有機錫剤（TCPL）など	呼吸作用の異常・高進
植物ホルモン（オーキシン）作用のかく乱	フェノキシ系（2,4-PA・MCP・フェノチオール），芳香族カルボン酸系（MDBA・TBA）など	分裂組織の活性化・ねん転・開帳
雑草わい化	カーバメート系（クロロIPC・モリネート・ベンチオカーブ・Barban），酸アミド系（ブタクロール・アラクロール），有機リン系（クレマート）など	ほう芽抑制，伸長抑制
アミノ酸代謝阻害	スルホニルウレア系，グリホサート，ビアラホス，グリホシネートなど	ほう芽抑制，伸長抑制
細胞の原形質分離	無機除草剤	組織の硬化・崩壊

モン作用をかく乱してしまい，奇形などを生じて，ついには，雑草を枯死させる。雑草のジベレリン生合成系[1]を阻害する薬剤は，雑草の伸長を抑制するので，抑草剤としても使用できる。

アミノ酸代謝阻害 雑草がもつ必須アミノ酸合成系に作用する除
5 草剤である。スルホニルウレア系除草剤・グリホサート剤などがその例で，いずれも動物毒性がきわめて低い。

その他の作用のしかた 除草剤を吸収した雑草が，光にあたると強い殺草効果をあらわすもの，細胞分裂に関係するもの，雑草を小さくするもの（わい化）などもある。

10 **除草剤の選択性** 除草剤には，どの雑草（植物）をも枯らしてしまう**非選択性除草剤**と，栽培作物には影響をあたえることなく，雑草だけを枯らしてしまう**選択性除草剤**とがある。雑草だけを枯らすしくみを除草剤の**選択性機構**という。つぎの3種類をあげることができる。

15 **位置や時間の差による選択性** たとえば，イネ移植栽培において，

[1] ジベレリンは植物の成長を促進する物質で，植物体内で合成される。ジベレリン合成のしくみを，ジベレリン生合成系とよぶ。

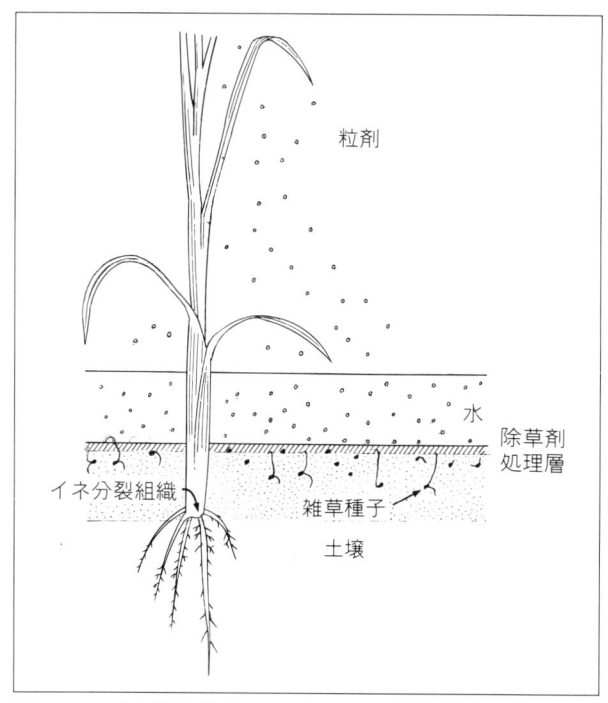

図5-46 イネ移植栽培での粒剤の選択性機構

たん水状態で粒剤の除草剤を施用するばあい，除草剤はイネにも触れるが，粒剤であるので全部水底へ落下し，ここで膨潤して土壌表面に拡散し，処理層を形成する。土壌中から出芽しようとする雑草は，この処理層を通過するときに除草剤に触れ，その作用によって枯死する。いっぽう，イネの分裂組織や根は土壌中にあるため，除草剤の作用をうけないので助かる（図5-46）。これが位置のちがいによる選択性である。

畑の土壌処理剤では，はやく出芽する雑草は除草剤の作用をうけるが，やや深いところからおそく出芽してくる作物はその作用をうけない，といったタイミングの差をねらった選択性もみられる。

生理的な選択性 雑草のほうがその除草剤をよく吸収するか，あるいは体内移行がすみやかで，作物はその反対のばあいには，両者で除草剤の作用のあらわれかたに差が出てくる。これを生理的選択性とよんでいる。2,4-PA剤を例にとると，広葉植物体内での移行速度がはやいのに対して，イネ科植物体内ではおそいことが，その選択性の一因であるとされている。

生化学的な選択性 ①作物での除草剤の作用点（➡p.199）が，雑草での作用点よりも除草剤に鈍感なばあい，②雑草ではその除草剤が活性化されて，植物を枯らす成分にかわるが，作物ではそれができないばあい，③作物は活性型の除草剤を分解・解毒できるが，雑草はそれができないばあい，のいずれでも作物は助かり雑草は枯れてしまう。

現在実用化されている除草剤の多くは，位置のちがい，あるいは作物による分解・解毒反応によって選択性を保ち，共存する雑草は枯らすが，作物には影響をあたえないで健全に生育させていく。

また，作物だけに有効な解毒剤をあたえて，除草剤の害からまもる方法も実用化されている。

さらに，除草剤抵抗性の遺伝子を細胞融合や遺伝子組換えで作物に導入したり，除草剤を共存させた状態での細胞培養で抵抗性をもった突然変異株を選抜するなど，バイオテクノロジーを使って，目的作物だけを，使用する除草剤に抵抗性をもつようにすることも試みられ，実用化されつつある。

④ 殺そ剤

ネズミを防除する農薬には，急性中毒剤と亜急性中毒剤がある。急性中毒剤にはリン化亜鉛・硫酸タリウム・モノフルオル酢酸塩など，亜急性中毒剤にはクマリン系剤クマテトラリルやワルファリン，インダンジオン系剤ダイファシンなどが使用されている。液化窒素は巣穴に処理し，酸素濃度を低下させてネズミを窒息させる。

使用法には薬剤そのものや薬剤入りの毒餌・毒液を，穴投与または散布するほか，箱のなかに入れて野外に設置するベイトボックス法などがある。

⑤ 誘引・忌避剤

害虫のミバエ類を誘引するメチルオイゲノール剤やキュウルア剤は，殺虫剤と組み合わせて誘引場所に塗布することによって，防除に利用することができる。果樹やチャのハマキガ類やハスモンヨトウの性フェロモン剤は，大量殺虫法に用いられるばあいは誘引剤といえるが，交信かく乱を目的に使用されるばあいは機能がことなる。

忌避剤の多くは害獣や害鳥の被害回避を目的に使用される。ネズミやウサギの忌避剤にはβ-ナフトール・石油アスファルト・チウラム剤などがあり，鳥にはテトラヒドロフェンチオン剤が用いられる。

⑥ 植物成長調節剤

植物成長調節剤は，植物の生理機能や成長を増進したり抑制したりする農薬で，発根・活着の促進，ほう芽の促進・抑制，作物の伸長の促進・抑制，落果の防止，摘果などに用いられる。

発根・活着促進剤 さし木の発根促進剤として，インドール酪酸・ナフチルアセトアミド・クロロインダゾリル酢酸剤などの合成植物ホルモンが使用される。

ヒドロキシイソキサゾール剤やイソプロチオラン剤は，イネの育苗時に用いられる。イネ・果樹・チャ・林木の苗の植えいたみには，オキシエチレン高級アルコール・パラフィン・ワックスなどの蒸散防止剤が用いられる。

成長促進・抑制剤

ホウレンソウ・セルリ・フキなどの作物をはやく成長させるためにジベレリンが用いられる。反対に成長しすぎると困る作物や，鑑賞植物の生育を抑制するために，成長抑制剤が使用される。ウニコナゾール・ダミノジット・ジケグラック剤などは草花や樹木の成長抑制に，クロルメコート剤は春まきコムギの徒長防止に，また，メフルイジド剤はシバのわい化剤として用いられる。

開花・成熟促進剤

エテホン剤は，植物の体内に浸透すると分解してエチレンを遊離する性質をもっており，果実の成熟や開花を促進する目的で用いられる。ジベレリンはシクラメン・プリムラ類などの開花を促進する。

落果防止と摘果剤

果実が収穫までに落下するのを防止するために落果防止剤が用いられる。たとえば，リンゴの落下防止に除草剤MCPBが使用される。また，着果量を調節し，摘果の労力を軽減するために摘果剤が使用されている。温州(うんしゅう)ミカンにはエチクロゼート剤が，リンゴの摘果剤としては殺虫剤NACが用いられる。ドデシルベンゼンスルフォン酸剤はユリ類やラッカセイの摘蕾(てきらい)に用いられる。

ほう芽促進と抑制剤

リンゴ・バラ・洋ラン類などの側芽[1]発生はベンジルアミノプリン剤が，クワの側芽の発芽は抗オーキシン剤TIBAが促進する。タバコのえき芽の発生の抑制にはマレイン酸ヒドラチド剤や，除草剤ベンヂメタリンが使用される。

その他

たねなしブドウをつくるためにジベレリンが用いられる。樹木の切り口から腐朽菌が侵入するのを防ぐためには，はやくカルスを形成させることが必要である。そのために，硫酸オキシキノリン剤が用いられる。タバコのオキシダントによる害（オゾンの害）は，ピペリニルブトキサイド剤で防止できる。

---

(1) 主芽の側方に発生する芽の総称。

❷ 農薬の形態と使用法

① 農薬の形態

農薬はその使用時の形態によって，液剤・粉剤・粒剤・微粒剤・ガス剤・くん煙剤・煙霧剤に分けられる。

液剤 使用時に水を加えて液状にする薬剤である。乳剤・水和剤・水溶剤・フロアブル剤・油剤がある。

　乳剤　水に溶けにくい主剤を有機溶媒で濃厚に溶かし，乳化剤を配合した液体。水でうすめると，有効成分が細かく分散し，乳濁状となる。

　水和剤　水に溶けにくい主剤を粘土・鉱物微粉で希釈し，界面活性剤[1]を加えた粉末製剤で，水を加えると，安定したけん濁液になる。

　水溶剤　水溶性の主剤に界面活性剤を加えて，水溶液・粉末・顆粒・錠剤などにしたもので，使用時に水に溶かして散布する。

　フロアブル剤　懸濁剤・ゾルなどとよばれており，1～2μm以下の微粉末にした主剤を水または有機溶剤に高濃度に懸濁させた一種の水和剤。おもに原液のまま空中散布に使用される。

　油剤　主剤を不揮発性有機溶剤に溶かしたもので，原液のまま空中微量散布・土壌かん注・木材塗布などに使用する。

粉剤 主剤をタルク・クレー・炭酸カルシウムなどと混合した微粉末で，粒径5～20μmのものが用いられている。ただし，粒径10μm以下の微粉が多く含まれると，飛散して環境を汚染するので，10μm以下の微粉末を除いて飛散することを防いだ**DL粉剤**や，逆にハウス内に長く浮遊させるため5μm以下の微粉にした**FD（フローダスト）粉剤**がある。

粒剤・微粒剤 粒剤は，散布作業を容易にするために，土壌処理や水面施用に用いられる農薬を粒状にしたものである。

　微粒剤は粒径を60～210μmにした粉剤と粒剤との中間のもので，上昇気流による舞い上がりが少なく，均一に散布できる。

ガス剤 剤型としては，液体・粒状がある。主剤の沸点が低く揮発性が大で，ガス状で病原菌や害虫を殺す。クロルピクリン・メチルブロマイド剤などがある。

[1] 物質の表面張力を低下させる物質のことで，このばあいは水の表面張力を低下させて農薬を溶けやすくするはたらきをもつ。

くん煙剤 加熱して有効成分を煙にして噴出するもので，発熱剤を主剤と別にしたものと，蚊とり線香のようにいっしょにしたものとがある。

煙霧剤 エロゾールともいわれ，主成分を直径60μm以下の煙霧として噴出させるもの。

② 農薬の使用法

散布 農薬の使用形態によって，液剤散布・粉剤散布・粒剤散布などに，また，散布場所によって地上散布・空中散布に分けられる。

液剤散布 乳剤・水溶剤・水和剤などの液剤を水でうすめて，散布機で噴霧散布する。機械としては，動力噴霧機・スピードスプレーヤ・ミスト機が用いられる。

薬液の調製にさいしては，決められた調製法をよくまもり，また，散布にさいしては作物の表裏によくかかるようにする。作業後の機械・器具はよく洗うように気をつける。洗いかたがわるいと，残った薬剤がつぎに散布した作物に薬害をおこすことがある。

粉剤散布 動力散布機で粉剤を作物に吹きかける方法で，イネの病虫害防除にひろく利用されている。風によって田畑以外にも飛び散るので，風の弱い日時を選び，できるだけ作物に近づけて散布するように注意する。

くん蒸 収穫物の貯蔵倉庫のくん蒸，土壌病原菌・害虫・センチュウなどに対する土壌くん蒸などがおこなわれる。倉庫では所定量の薬剤で決められた時間，ガスがもれないように部屋を完全に密閉しておこなう。くん蒸後はガスが完全になくなってからなかにはいるように注意する。土壌くん蒸では，決められた間隔・深さで薬液量を注入し，その後はプラスチックフィルムで被覆する。処理7～10日後プラスチックフィルムを取り除き，よく畑を耕してガス抜きしたのちに播種・植付けをおこなう。

常温煙霧 圧縮空気で薬液を煙霧化する方法があり，大規模施設で使用するのに適している。

浸漬 水でうすめた薬液に種子や球根を浸漬し，付着している病原菌・害虫・センチュウ類を除

く方法であるが、おもに病原菌に対する種子消毒のためにおこなわれる。決められた濃度・温度・時間をまもらないと薬害を生じるおそれがある。

粉衣・塗布 　粉衣は、乾燥種子に粉剤をまぶし、種子から育つ作物をまもる方法で、大量の種子を処理するのに適している。塗布は、殺虫剤を樹幹・茎・枝に塗布する方法で、浸透性殺虫剤などで果樹のカミキリムシ・タマムシ類などを防除するときにおこなわれる。

水面施用 　主としてイネの害虫防除でおこなわれる。水田の水面に殺虫剤の粒剤などを施用すると、イネの葉鞘から吸収されニカメイガ、ウンカ・ヨコバイ類が防除できる。

❸ 薬剤耐性（抵抗性）のしくみと防止法

有機合成農薬が多量に用いられるようになってから、殺菌剤や殺虫剤がきかない薬剤耐性菌・抵抗性害虫・抵抗性（耐性）雑草が出現してきた。このような現象を薬剤耐性（抵抗性）[1]という。

薬剤耐性は、世代が短く、多数の胞子や卵を生産する病害虫にとくに発生しやすく、また、ハダニのように定着性のものは移動性のものにくらべて耐性が発達しやすい。これは、生物のそなえている環境に適応する能力の一つのあらわれと考えられ、世代が短く、多数の子孫を生産するものは短期間に適応ができるためである。耐性は、同じ薬剤を連続して使用したとき、感受性[2]の高い個体が殺されて減少し、耐性をもった個体が増加する遺伝的な現象である。

1 耐性病害虫を生じやすい薬剤

殺菌剤・殺虫剤・除草剤にはそれぞれ作用点[3]がある。

金属化合物のように、細胞毒[4]としてはたらく非選択性（→p.193）の薬剤には生体内に多くの作用点が存在するため、これらの作用点を支配する遺伝子全部が突然変異をおこすことはまず考えられないので、耐性は発達しないか、あるいは発達しにくい。ただし、これらの非選択性薬剤のばあい、同じ作用点が高等動植物にも存在する可能性がきわめて高いので、植物や高等動物に害をあたえる可能性

[1] 病原菌に対しては耐性、害虫に対しては抵抗性、雑草に対しては両方の用語が習慣的に使われる。この項では耐性という。

[2] 病原菌や害虫がある薬剤にききやすいとき、感受性が高いという。

[3] 薬剤が作用することによって、その生物が生きていけなくなったり、機能が失われたりする、生体内の酵素・成分・器官など。
[4] 直接生物細胞にはたらく毒物。

がある。

　最近は、農薬の無公害性が強くもとめられ、ある病原菌、ある害虫、ある雑草にだけきくような、選択性の高い農薬が用いられるようになった。選択性が高い薬剤には、その作用点が特定の病害虫にのみ存在するばあいが多く、いきおいその作用点を支配する遺伝子の数は少なくなる。もし、ある農薬の作用点が一つであるとすると、一つの遺伝子の突然変異によってその病害虫は耐性を獲得する。このように、選択性の高い農薬ほど、耐性病害虫は出現しやすくなるのである。

② 薬剤耐性獲得のしくみ

　薬剤耐性の獲得には、①薬剤の病害虫体内への透過性の減少、②作用点への到達量の低下、③解毒能の増強、④作用点の酵素の感受性の低下、によるものなどが知られている。

　ブラストサイジンS剤やポリオキシン剤の耐性菌では、これらの抗生物質の透過性が低下している。DDT耐性のイエバエはDDT剤を、マラソン耐性のヒメトビウンカはマラソン剤を無毒化する。有機リン剤の作用点はコリンエステラーゼという酵素であるが、耐性のツマグロヨコバイの酵素のはたらきは、感受性の個体の酵素のはたらきよりも数倍から10倍以上強い。ベノミル耐性の黒かびの作用点のタンパク（チューブリン）は、感受性の黒かびよりもベノミルと結合しにくくなっている。

③ 薬剤耐性出現の防止

　まず、単一の農薬を長期間連用しないことである。耐性病害虫が出やすい選択性の高い農薬であっても、作用点のことなるほかの薬剤を2種、3種と混用すると、作用点が二つ、三つとふえ、同時に突然変異をおこす確率が、作用点が一つのときよりひじょうに小さくなり、薬剤耐性が出にくくなる。作用点がことなる薬剤を交互に使用してもよい。

　いったん耐性が発生するきざしがみられたら、ただちにほかの薬剤に切りかえる。また、農薬以外の防除法と併用することもたいせつである。

❹ 薬害と安全使用

① 薬害とその防ぎかた

無機化合物が農薬の主流であったころは，薬害は大きな問題であった。現在では選択性の高い有機化合物が多く用いられるので，薬害はおこりにくくなっている。しかし，使用条件・環境条件などによっては薬害をおこすことがあるので，注意をおこたってはならない。

急性薬害・慢性薬害　薬害には，そのあらわれかたによって**急性薬害**と**慢性薬害**とがある。急性のものは，散布数日後に，葉焼け・はん点・しおれ・落果などの症状があらわれる。これらのばあい，茎頂分裂組織さえ正常であれば，日時の経過とともに回復し，収量に影響をあたえないことが多い。

慢性薬害は，散布後日時が経過してから，奇形・黄化・生育障害・不稔などの症状があらわれ，収量の低下につながることがある。

薬害防止方法　薬害をおこさないための注意点をまとめてみよう。

①作物の種類あるいは品種によって薬害の出やすいものと出にくいものがある。

②作物の生育時期によっても薬害の出やすさがことなる。一般に，生育初期に薬害が出やすいが，ある種の薬剤は作物の生殖成長期，とくに花粉母細胞の減数分裂期に薬害をおこしやすい。

③作物の生育状態や環境条件によって薬害が出やすくなる。窒素肥料が多すぎて作物が徒長したときや，高温・多

表5-9　水稲農薬混用適否の例

殺菌剤＼殺虫剤	ピリダフェンチオン剤	MEP剤	MTMC剤	MPP剤	マラソン剤	カルタップ剤
カスガマイシン剤	○	○	○	○	○	○
IBP剤	○	○	○	○	○	○
メプロニル剤		○	○	○		○
バリダマイシン剤	○	○	○	○		○
ブラストサイジンS剤		○	○	○		×
有機ヒ素剤		○	○	○		△

[注]　○混用可，△混用に問題がある，×混用できない。
　　　空欄は判定できるデータの少ないもの。

湿時の環境では薬害が出やすい。とくに気温が30℃を超すと出やすい。したがって，夏季の薬剤散布や，高温・多湿になりやすいハウス・温室などでは，夕方気温が下がってから散布するようにする。

④薬剤を2種類以上混合したときに薬害が出やすくなるものがあるので，よく調べてから散布する。表5-9に水稲農薬の混用適否を示す。→p.201

⑤最近の農薬は，開発段階で薬害試験がおこなわれているので，決められた方法で使用しているかぎり，薬害を生じることはほとんどない。しかし，新しい品種や作物に使用するばあいは薬害の有無をテストする。

2 動物に対する毒性と安全使用

人畜への毒性　農薬には，人体をはじめ動物に対し有害なものがあり，毒性は**急性毒性**と**慢性毒性**とに分けられる。

急性毒性　一時に多量の農薬が体内にはいったばあいにみられるもので，すぐに中毒症状があらわれる。急性毒性に対しては，生産者の人たちはとくに作業時に注意しなければならないが，農薬の製造業者や研究者も含め，農薬にかかわる人たちすべてが注意を払わなければならない。

農薬は急性毒性の強さによって，普通物・劇物・毒物・特定毒物に区別されている（表5-10）。特定毒物は，とくに毒性が強く，公衆衛生上危害をおよぼすおそれのあるもので，個人による所有・使用が禁じられている。

慢性毒性と残留基準　農薬散布作業に長年たずさわったり，農薬汚染された食品を毎日摂取したときなど，ごく微量の農薬が長期間にわたって体内にはいることによ

表5-10　人畜への毒性による農薬の分類

分類	経口(LD50*)	経皮(LD50)	吸入(LC50**)
毒物	30mg以下	100mg以下	200ppm（1時間）以下
劇物	30mgを超えて300mg以下	100mgを超えて1,000mg以下	200ppmを超えて2,000ppm（1時間）以下
普通物	毒物劇物取締法によって規定された特定毒物・毒物・劇物以外のもの		
特定毒物	毒物のうち，その毒性がきわめて強く，危害発生のおそれがあるもの		

［注］　＊　LD50は半数致死量。供試動物群の50％を殺す薬量で，ふつう動物の体重1kg当たりの薬量（mg）であらわす。
　　＊＊LC50とは半数致死濃度。供試動物群の50％を殺す薬剤濃度で，ふつうppmであらわす。

りあらわれる毒性のことであり，知らないうちに中毒がすすむので危険である。したがって，わが国では**農薬取締法**[1]により，農薬の登録にあたっては，作物や土壌への残留基準がきびしく決められている[2]。

5 **魚毒性と環境への配慮** 農耕地に散布した農薬が河川・池・海などに流出して，魚介類に被害をあたえるばあいがある。農薬の魚に対する毒性を魚毒性といい，その強さによってA・B・B-s・C・Dの5段階に分けられている。順を追って毒性が強い。Dに属する農薬は指定農薬（水質汚濁性農薬）で，使用禁止区域では使用できない。

10 また，周辺の住民，カイコやミツバチなどの有用動物や作物，自然環境への影響などにもじゅうぶんに注意しなければならない。

安全使用 農薬は，農薬取締法によって使用法が細かく決められている。そして，すべての農薬はその容器のラベルに取扱い上の注意事項が記されている。また，その
15 ラベルには，収穫物の残留農薬が基準を超えないように，適正な使用法，たとえば，濃度・時期・使用回数などが作物ごとに記されているので，使用する前には確認することをわすれてはならない。これを**安全使用基準**という。

農薬の使用にあたっては，安全使用基準を守るとともに，対象作
20 物の栽培条件や農薬の剤型や散布方法に応じ，それにふさわしい保護衣やマスクなどの保護具を着用する。散布作業は，風上から散布するなど薬剤を浴びないようにくふうしたり，涼しい時間帯に散布したりするなど人体への負担をかけないような配慮もたいせつである。なお，体調のわるいときや睡眠不足のときなどは散布作業をお
25 こなわない，散布作業後はじゅうぶんに休養をとるようにする。

農薬は決められた方法で使用しているかぎり，事故をおこしたり，衛生上・環境上の問題がおこることはまずないと思われるが，注意深く安全使用に心がけなければならない。また，作物の残留量などもチェックする社会的体制も必要である。

[1] 昭和23年に制定された法律で，農薬の登録制度，販売および使用の規制が定められている。
[2] ラットやマウスなどのえさに毎日ある量の農薬をまぜてあたえ，生涯にわたって摂取しつづけてもなんら影響のない量をもとめ，その量の100分の1を1日当たり摂取許容量（ADI）とし，これに2世代にわたって繁殖力・催奇性など約20項目の試験をおこなう。その結果から残留基準が決められている。残留基準はppmであらわされる。

6 総合的有害生物管理の考えかた

❶ 農薬中心の防除への反省

　農薬の使用によって，たしかに生産は向上したが，いっぽうでさまざまな弊害がもたらされた。農薬は天敵やきっ抗作用（→p.106）をもつ微生物（きっ抗微生物）も殺してしまい，思わぬ病害虫の発生がふえたり，野生生物にも影響をあたえたりした。

　たび重なる農薬散布は，耐性菌や抵抗性害虫だけでなく，抵抗性の雑草まで生み出した。分解のおそい農薬では，食品への残留をとおして人の健康への影響が心配された。

参考　殺虫剤が害虫をふやす？

　害虫を殺す目的で散布した殺虫剤が，逆に害虫をふやすことがある。このような現象を**リサージェンス**（誘導多発生）という。その原因は大きく二つに分けられる。

　第1の原因は，有力な天敵がいて，害虫の個体数がおさえられているのに，殺虫剤を散布して天敵を殺してしまうばあいである。

　第2の原因は，殺虫剤のなかには，害虫が死なないていどの低い濃度で害虫のからだに付着したとき，害虫の産卵数を増加させるようなはたらきをするものがある。

　このような殺虫剤の影響がそれぞれ単独で，また複合しておよぼされたとき，殺虫剤の散布後，害虫の数がいちじるしく増加する。

殺虫剤メソミルを低濃度でコナガ幼虫に処理したときの羽化成虫の産卵数の変化

メソミルの濃度(ppm)	コナガの雌1匹当たり産卵数	無処理に対する増加比
10	192	1.2
50	177	1.1
100	183	1.1
無処理	164	—

（根本久ら『日本応用動物昆虫学会誌』28巻，3号，昭和59年による）

❷ 防除の考えかたの転換

総合的有害生物管理　農薬による弊害を回避するには、より低毒性で、目的の有害生物のみに効果があり、分解のはやい農薬の開発の努力はもちろんだが、いっぽうで、ほんとうに防除が必要なときにのみ適切に農薬を散布することによって、散布量や散布回数を可能なかぎりへらすことがたいせつである。そのために生まれたのが、図5-47に示した**総合的有害生物管理**という防除の考えかたである。

多様な防除法の活用

無農薬栽培の現状　化学肥料や合成農薬の使用によって、積極的に生産量をふやそうとする近代農業に対し、これらの資材を用いないで農業をおこなう自然農法とか有機農法とかよばれている農法がある。欧米などでも、化学肥料や除草剤使用による土壌条件の悪化や土壌侵食、および農薬による環境への影響の懸念から、これら資材の使用を最小限にとどめる農業技術の研究がなされている。これらの農法は、持続的農業といわれている。

生物的防除を基幹とした防除法　イネを同じ水田で、自然農法または有機農法で7〜8年以上継続して栽培すると、イネに大きな被害をあたえるトビイロウンカの大発生がおこりにくくなるばあいが知られている。このおもな理由は、ウンカを捕食するウンカシヘンチュウという天敵が増加するためである（図5-48）。

経済的被害許容水準の決定
↓ どのていど発生すると経済的被害が出るかの決定
発生予察
↓ 発生量の変化の的確な予測
多様な防除法の合理的統合
農薬以外の防除法の積極的利用

図5-47　総合的有害生物管理の基本概念

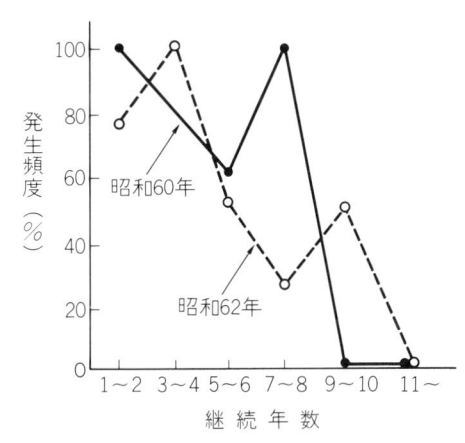

水田土壌で越冬中のウンカシヘンチュウの集団

図5-48　自然・有機農法の実施継続年数がことなる水田でのトビイロウンカによる坪枯れ発生頻度のちがい
（日鷹一雅・中筋房夫『自然・有機農法と害虫』平成2年による）

すでに学んだように，有害生物の防除法は農薬以外にもいろいろな方法がある。これらの防除法の特性をうまく利用しながら，複数の防除法を組み合わせて防除をおこなうことが重要である。

とりわけ，生物的な防除法である天敵・きっ抗微生物・弱毒ウイルス・抵抗性品種などの利用は，基幹的な防除法となる。これらで防ぎきれないときにのみ，農薬など一時的に発生をおさえる防除法が用いられる。もちろん，このときに用いた農薬などが，天敵やきっ

参考　ナスのミナミキイロアザミウマの総合的管理の例

露地栽培のナスはミナミキイロアザミウマの被害が大きい。このアザミウマを防除するためにふつう，DMTP・BPMC・マラソン剤などの殺虫剤が用いられるが，十数回にわたる散布でも被害を防ぎきれないことが多い。これは，殺虫剤の効果が不じゅうぶんであることと，殺虫剤によって有力な天敵ナミヒメハナカメムシが殺され，リサージェンスがおこるためである。

そこで，総合的管理の考えかたで，ミナミキイロアザミウマには効果があり，ナミヒメハナカメムシを殺さない幼若ホルモン様物質のピリプロキシフェン剤を2回散布し，同時に発生したニジュウヤホシテントウとチャノホコリダニに対して，やはりナミヒメハナカメムシに影響の少ない脱皮阻害剤ブプロフェジンを1回散布した(総合的管理区)。これを，ふつうのミナミキイロアザミウマ防除剤を17回散布した慣行防除区と比べると，害虫の発生は少なく天敵数は多く，多くの良質のナスを収穫することができた。(ただし，現在のところピリプロキシフェン剤はナスのミナミキイロアザミウマに対する登録農薬ではない)

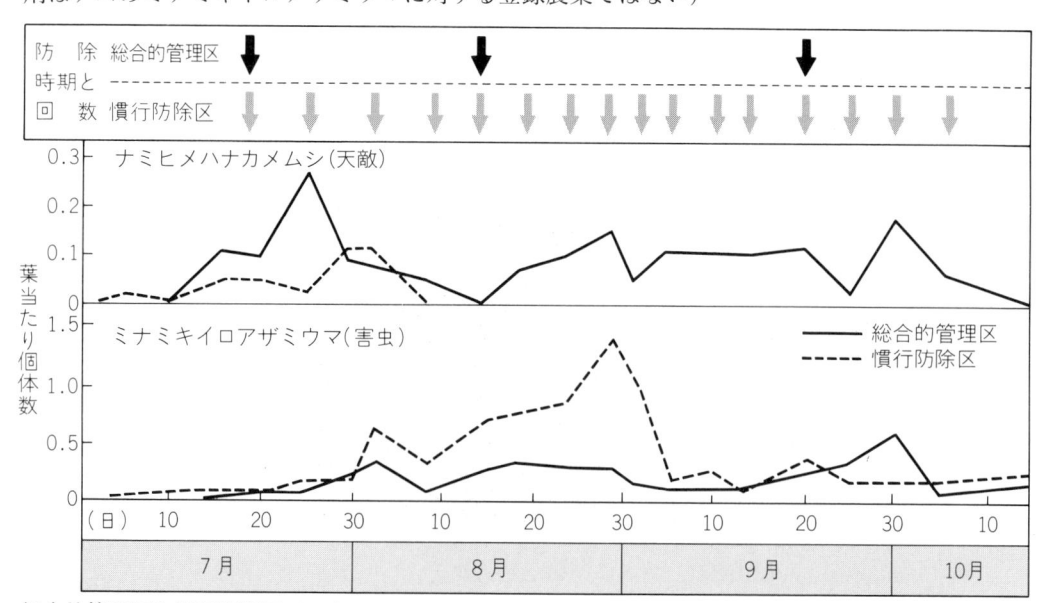

総合的管理区と慣行防除区でのナミヒメハナカメムシとミナミキイロアザミウマの個体数の変動
（永井一哉『日本応用動物昆虫学会誌』35巻4号，平成3年による）

抗微生物に悪影響をおよぼさないよう配慮する必要がある。

❸ 要防除密度にもとづいた新しい防除法

田畑に農薬を散布することを「消毒する」ということも多い。このことばは「すべての有害生物を殺す」という意味あいを言外に含んでいる。

要防除密度の考えかた　1 ha 当たり2万円の農薬代を使って防除したとき，防ぐことができた有害生物による被害が1万円であったとしたら，この防除はむだであったとだれでも考えるだろう。総合的有害生物管理では，防除による増収の利益が確実に防除経費を上まわり，しかも最大の利益を生むと予測されるときにのみ防除する，という考えかたでなりたっている。経済的被害を生じないていどの有害生物の発生（経済的被害許容水準）は許容するのである。「消毒」の考えかたとこの点で大きくことなる。そのまま防除しないでおくと，確実に有害生物の発生が経済的被害許容水準を上まわる，と予想される事前の有害生物の発生量のさかいめの値を**要防除密度**（要防除水準）といい，そのレベルを超えたときにのみ防除をおこなう（図5-49）。

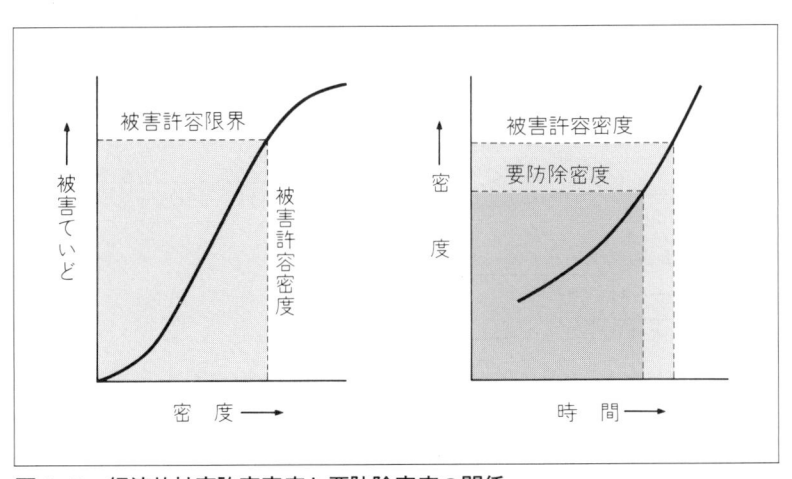

図 5-49　経済的被害許容密度と要防除密度の関係
（深谷昌次・桐谷圭治編『総合防除』昭和48年による）

有害生物の発生予察　有害生物の発生が要防除密度を超えるかいなかを知るためには，有害生物の発生の動向を事前に予測できなければならない。各都道府

県には，病害虫防除所という機関がおかれ，公的な発生予察がおこなわれている。ある有害生物の多発生が予測されるばあいには，病害虫防除所から病害虫発生情報（注意報や警報）が出される。

生産者みずから発生予察を

都道府県単位の発生予察は大きな地域にわたる大まかな動向しか示されない。それぞれの地区，さらに生産者のそれぞれのほ場の有害生物の発生動向は，たとえば，農協単位などのきめ細かい発生予察組織でなければ正確な予察はできない。最終的には生産者自身がみずから発生予察をおこなうことが理想である（図5-50）。

生産者自身が，定められた方法にしたがって有害生物の発生量を調べ，そのデータを農協などに設置された発生予察システムに入力し，防除の必要があるかどうかをみずから判断し，防除をおこなうのが総合的有害生物管理のあるべき姿である。

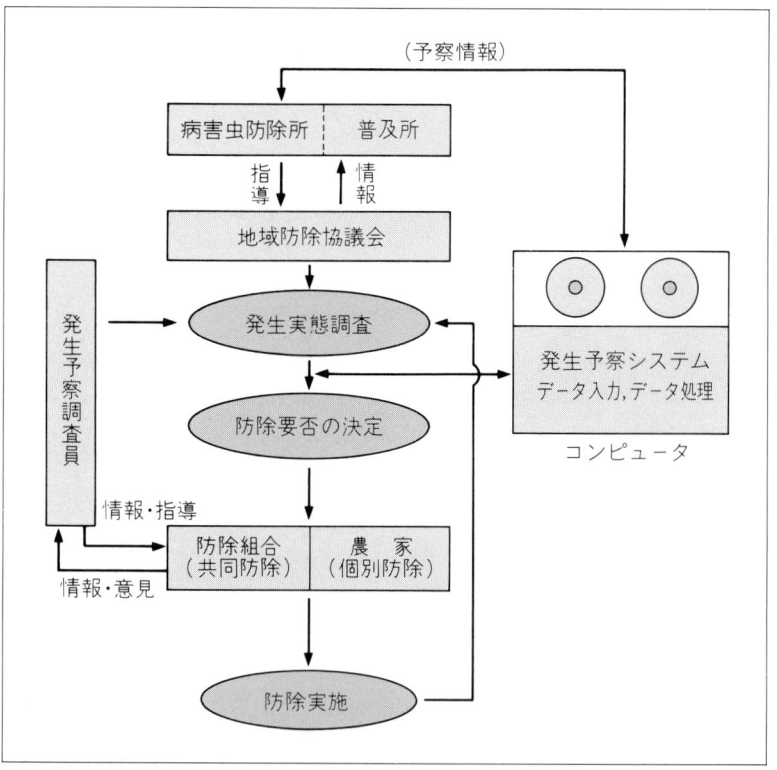

図5-50　地域発生予察と防除体制

> **参考** 総合的有害生物管理の道具「虫見板」
>
> 「敵を知り，おのれを知れば百戦危うからず」といわれる。害虫をうまく防除するには，生産者自身が害虫やその天敵をよく知らねばならない。害虫や天敵の種類，その発生の多少を作物上で直接観察することがなかなかむずかしいが，1枚のプラスチックの板のうえで稲株をふって虫を落としてみると，実によく観察できる。これを「虫見板」とよんでいる。
>
> この虫見板は，生産者がほ場ごとに，1株のイネにいる害虫の数から要防除かどうかを判断するなど，総合的管理の大きな支えになっている。
>
> 生産者と農業改良普及員をまじえての虫見板によるイネ害虫・天敵の調査

> **実験1** いもち病菌の分離・人工培養・水稲苗への接種
>
> **目的** いもち病菌を自分の目で確かめて，実際にいもち病を再現できるか挑戦してみよう。
>
> **準備** いもち病に侵された葉，ペトリ皿，試験管，エタノール，次亜塩素ナトリウム，いもち病用寒天培地（酵母エキス20g，可溶性デンプン10g，寒天15g，水1l）
>
> **手順** ①いもち病に侵された葉の病はん部を，はさみで2〜3mmに切り取る。
> ②葉片を70%エタノールに20秒ひたし，その後1%次亜塩素ナトリウムに10分間ひたす。
> ③葉片を滅菌水で洗い(3回)，ペトリ皿のいもち病用寒天培地にのせて，20℃で2週間培養する。
> ④発生した胞子の一部を白金耳でかきとり，試験管のいもち病用寒天培地で培養する。
> ⑤滅菌水を試験管に注ぎ，白金耳でこすって，胞子を浮かせる。それをガーゼでろ過して菌糸を取り除いた液をつくる。
> ⑥ ⑤の液を小型ガラススプレーで水稲の苗に噴霧接種し，湿度100%・25℃で24時間保ったのち，温室に移して病はんがあらわれるのを待つ（約10日間）。
>
> **観察** いもち病菌の胞子や菌糸を観察する。苗に接種してから，どんな環境条件をあたえると，いもち病菌は活動を開始するのだろうか？

実験2 コナガに対する殺虫剤の効果の調査

目的 古くから使われているものと，開発直後のコナガ用の殺虫剤が，どのていど効果があるのかを確かめる。

準備 コナガの幼虫やさなぎ，プラスチック容器2個，ティッシュペーパー，10％蜂蜜液，ペトリ皿，殺虫剤，展着剤，ビーカー，ろ紙

手順 ①野外のキャベツやブロッコリー畑から，コナガの幼虫やさなぎを採集し，ティッシュペーパーを底に敷いたプラスチック容器に入れて，キャベツの葉で飼育する。飼育中に，幼虫やさなぎから寄生蜂が脱出しないか観察する。

②成虫が羽化したら別の容器に移し，キャベツの葉と蜂蜜液をあたえて産卵させる。

③適宜キャベツの葉をかえながら3～4齢幼虫まで飼育する。

④殺虫剤を，通常の使用濃度，その2分の1の濃度，2倍の濃度の3種類を展着剤を加えて調製する。

⑤一定の大きさに切ったキャベツの葉を薬液に10秒つけて乾燥させ，底にろ紙を敷いたペトリ皿に入れて，コナガの幼虫を10匹ずつ葉の上にのせてふたをする。同じ薬剤・濃度について3～5セット準備する。

観察 1日後，2日後，4日後に幼虫の生死を調べ，死亡率を，薬剤や濃度，処理後の日数で比較してみよう。

実験3 イネとタイヌビエの発芽と酸素条件

目的 酸素供給の多少によって，茎葉部と根の伸びがどのように変化するかを観察する。

準備 イネとタイヌビエの種子，管ビン（12本），蒸留水，恒温器（25℃，明条件），パラフィルム（容器の密封などに使ういちじるしい伸長性のある膜状の物質）

手順 ①よく洗った管ビンに発芽もみ（浸種後2日め）を6粒ずつ入れ，蒸留水を2ml・4ml・6ml・8ml・10ml・12mlずつ注入する。

②管ビンの口をパラフィルムでおおって，25℃の恒温器に入れる。

観察 7日後に，種子の生死を確認して生存率と茎葉部と根の長さを測定する。水深を横軸に，茎葉長を縦軸（＋），根長を縦軸（－）にとって，その結果を図示してみる。また，イネとタイヌビエの健全な個体と異常な個体を観察してスケッチする。

これらの結果から，イネとタイヌビエのどちらが酸素不足に耐えることができるかを考えてみよう。

第6章
施設栽培の環境管理

養液栽培されているトマト苗（発泡ウレタンの人工培地）

温風暖房の配風ダクト

補光用ランプと空調用の地中熱交換暖房装置

1 環境管理のねらい

❶ 施設内の物理環境の特徴

　施設と露地での栽培環境の相違点を考えてみよう。この章で扱う施設とは，ガラスで被覆したガラス温室とプラスチックフィルムで被覆したプラスチックハウスをさし，地表面から天井までが1mていどのトンネルなどは含まないことにする。

1 地 上 部

空気の状態

　施設内の地上部物理環境の特徴は，被覆資材で地上部をおおうことにより，施設内外の空気の交換がおさえられ，施設内では施設外の環境の影響をうけながらも，独自の環境が形成されていることである。

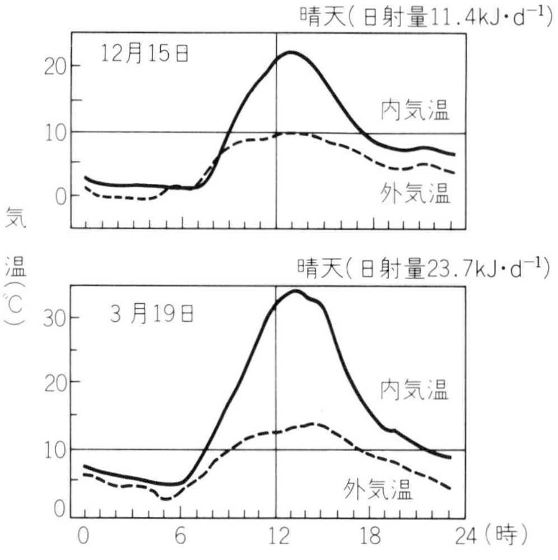

気温と気流速度　施設に暖房装置をそなえていないばあいでも，施設内は，夜間でも，施設外より気温が2〜3℃以上高いのがふつうである。また，冬季晴天時の正午前後の施設内の気温は，換気窓をとじている状態だと，外気温より10〜20℃も高くなる（図6-1）。空気の流速（気流速度，➡p.50）は，施設外よりも施設内で低くなる。

二酸化炭素濃度と絶対湿度　作物が繁茂しているばあい，光合成による二酸化炭素の吸収により昼間の晴天時の二酸化炭素濃度は，施設外より施設内のほうが低くなる（図6-2）。これは，施設内外の空気交換がおさえられていることにより，施設外から施設内への二酸化炭素の流入が不じゅうぶんになるからである。

　絶対湿度（➡p.48）は，施設内のほうが施設外より高い。これは，施設内では施設外よりも作物からの蒸散が多くなるからである。その傾向は晴天の日によりいちじるしくなる（図6-3）。なお，図6-3では相対湿度は晴天日に低く曇天日に高くなっているが，これは，晴

図6-1　施設内外の気温の変化例
（岩切敏『農業気象』昭和44年による）

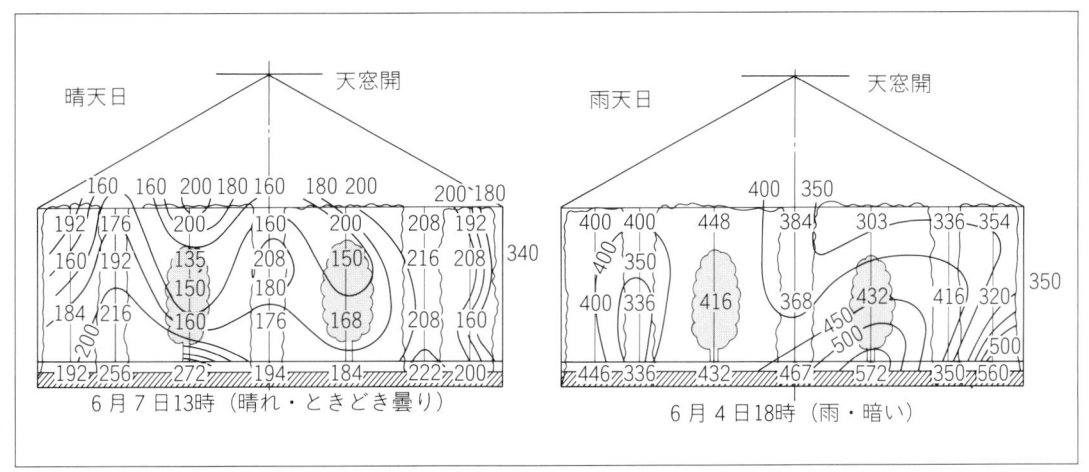

図6-2 メロン栽培温室における二酸化炭素濃度の分布（単位：$cm^3 \cdot m^{-3}$，草丈200 cm）
（矢吹万寿・今津正『農業気象』昭和40年による）

天日には施設内気温が上昇するためである。

光の強度

地上部物理環境で重要な環境要素の一つに，光（または日射）がある。施設内の光強度（または日射強度）は，施設構造材や被覆資材による光の吸収や反射によって，施設外の光強度よりも低下する。そのていどは，季節・時刻，施設の形態，建設方位などによってことなる（➡p.217）。

② 地 下 部

地温と土壌水分

地温は，気温が施設外より施設内のほうが高いことの影響をうけて，夜間には，施設内の地温のほうが露地のそれよりもつねに高くなっている（図6-4）。また，施設内の土壌水分は，降雨がないことと蒸・発散量が多いことの影響をおもにうけて，かん水をひかえると露地の土壌水分よりも低くなりやすい。

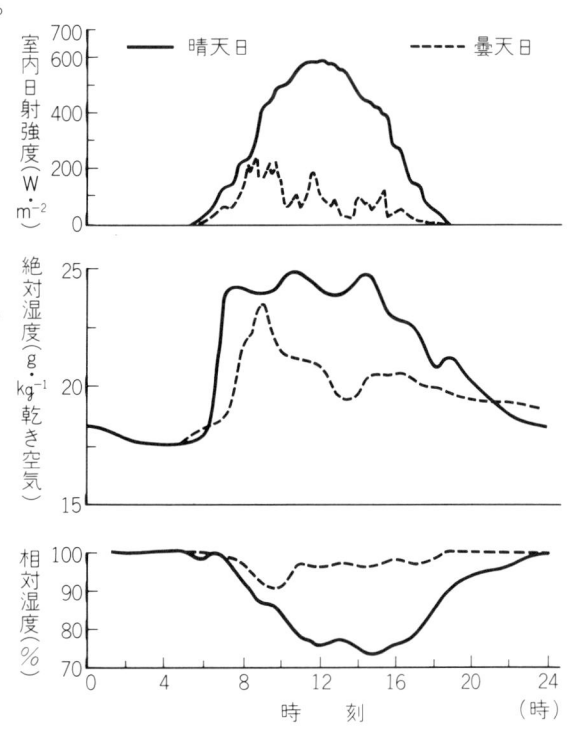

図6-3 施設内の日射強度，絶対湿度，および相対湿度の日変化例 （van Wike and de Vries，1963年による）

肥料の動き

露地では，施した肥料のかなりの割合が降雨によって土壌中を下降して，周囲の土壌や地下水や河川水に移動して流亡する。しかし，施設内では降雨がなく，

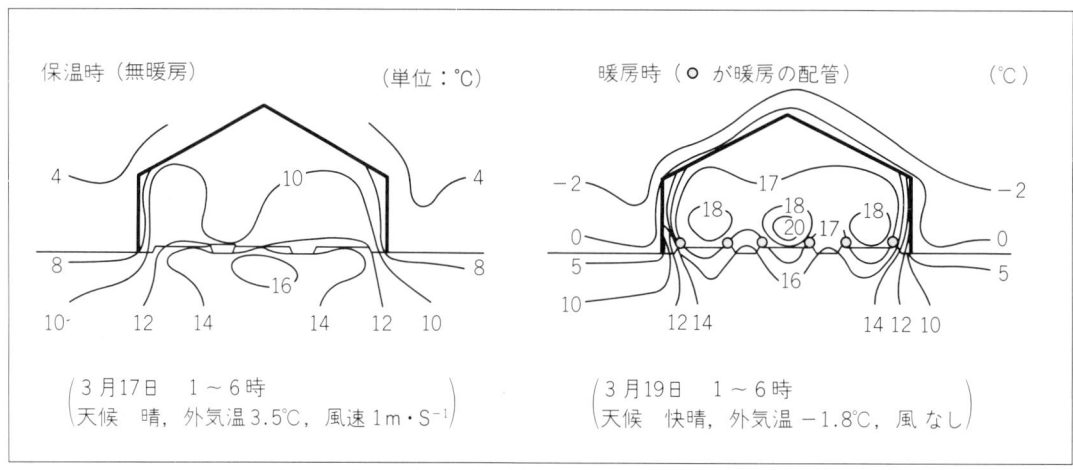

図 6-4　夜間における保温時および暖房時の施設内外の温度分布　（神谷圓一『農耕と園芸』昭和40年による）

しかも蒸・発散量に比較してかん水量が少ないために，作物に吸収されずに残った肥料のかなりの割合が，土壌表面またはその付近に残って蓄積していく（**塩類集積**）。

❷ 作物・作目などの拡大や収量・品質の向上

施設栽培は，施設内の地上部と地下部の環境を修正したり調節したりすることができるため，つぎのような特徴をもっている。

施設栽培の特徴
①作期，作目・品種の選択のはばがひろがる。
②栽培に必要な日数が短縮されることによって，年間の栽培回数をふやすことができる。
③好適環境を維持することによって，年間の収量および収穫物の品質を安定的に向上させることが可能である。
④風害・雪害などの気象災害を防止することができる。

とくに，保温や暖房（➡p.221）によって施設内の気温を上昇させることは比較的容易なので，冬季の栽培で，低温が収量や品質の向上をさまたげているばあいは，施設の利用による増収，品質の向上の効果が大きい。さらに，温度調節などによって，経営的に有利な時期に栽培したり，収穫したりすることができる[1]。

(1) 冬季でも施設内の温度が高いため，短い日長下でも休眠しない害虫（図5-32，➡p.166）が増殖し，被害をあたえることがある。また，これらの害虫は春季に施設外へ出て，周辺の露地作物への虫害の発生源となることがある。

施設利用の現状
最近では，わが国の年間の全収穫量に占める施設利用の比率は，イチゴで約90％，ピーマンで約60％，トマトとキュウリで約50％，ナスで約25％である。

草花では全生産額の約75%が施設を利用した栽培によるもので,洋ランではほぼ100%を占める。

このような施設を利用した栽培は,野菜や草花だけでなく,ブドウやカンキツなどの果樹でも多い。

❸ 施設栽培の問題点とその解決方向

現状の問題点　従来の施設園芸は,施設環境の特徴をじゅうぶんにいかした技術発展をとげてきたとはいえない。遮断された環境であるための問題点もまたあらわれてきている。

①被覆された環境では,土壌水分は地表面にむかって動き(図4-3),しかも雨にあたることもないため,作物が吸収し残した肥料が土壌に蓄積し,作物が高塩類濃度障害(➡p.115)をおこす。　→p.74

②土壌から出るアンモニアガス・亜硫酸ガスによって,作物がガス障害(➡p.105)をおこす。

③花粉を運ぶ昆虫がいないために作物の受粉が不じゅうぶんになり,果実の発育がわるい。

④冬季でも施設内の温度が高いため,短い日長条件でも休眠しない害虫(➡p.167)が増殖することができ,作物に被害を与える。また,これらの害虫は春季温度が高くなってハウスの換気が始まるころになると施設外に出て,周辺の露地作物の虫害の発生源となる。

⑤連作することが多く,土壌病原菌が増殖し,土壌病害が多発する。

⑥施設内での農薬散布は,閉じられた空間での作業のため,人間の健康に悪影響をおよぼしやすい。

今後の課題　今後の施設栽培では,農薬・肥料・植物成長調節剤などの化学物質の使用や暖房に要する燃料の節減,被服資材の再利用などに対する要求と関心が,より高まっていくことが予想される。そのため,化学物質の使用やその土壌蓄積などが施設外の環境汚染の原因になりかねないという新たな

認識をもって,以下のような技術開発にも取り組むことが重要である。

①遮断された環境の特徴をいかして,天敵昆虫を利用した害虫防除や花粉を運ぶ昆虫を利用した受粉促進の技術などによって,農薬や植物成長調節剤などの使用量を減らしていく方向での技術開発。

②被覆資材と施設構造をくふうすることによって施設の保温性能を高め,暖房用燃料の使用を大はばに減らしていく方向での技術開発。

③施設で使用した被覆資材をトンネルやマルチングの被覆資材として再利用したり,加工することによって再利用[1]するといった方向での技術開発。

こうした技術開発は,技術的にみてじゅうぶんに可能な課題である。

石油あるいは石油由来の化学合成物質の多用は,生活環境・地球環境資源の保護の面からみても,今後大きな問題となってくる。そのためにも,まず施設環境の特徴をじゅうぶんに理解し,目的にあった環境管理の方法をみいだしていかなければならない。

[1] 被覆資材として用いられたプラスチックフィルムは,融解されたのち,プラスチックの容器・タイル・椅子などに再利用されている。

2 地上部の物理環境の管理

❶ 採光・補光・電照・遮光

採光　施設用被覆資材の直達光透過率[1]は，入射角が60°以上になると急速に低下する（図6-5）。そのことがおもな原因となって，施設の直達光透過率は，太陽（太陽方

[1] 直達光（平行光）と天空光（拡散光）からなる太陽光のうち，直達光に関する透過率。

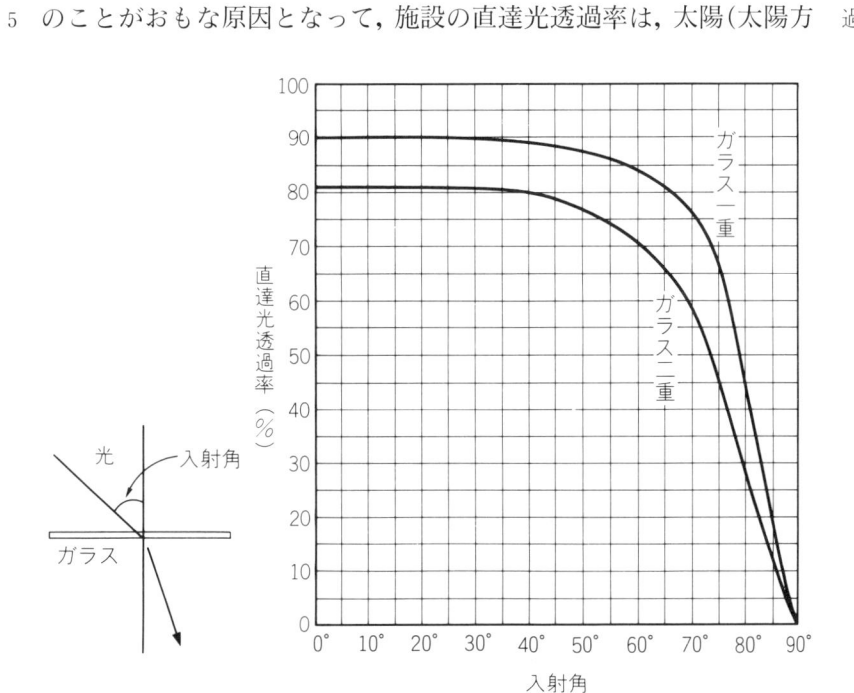

図6-5　板ガラスの直達光透過率におよぼす入射角の影響

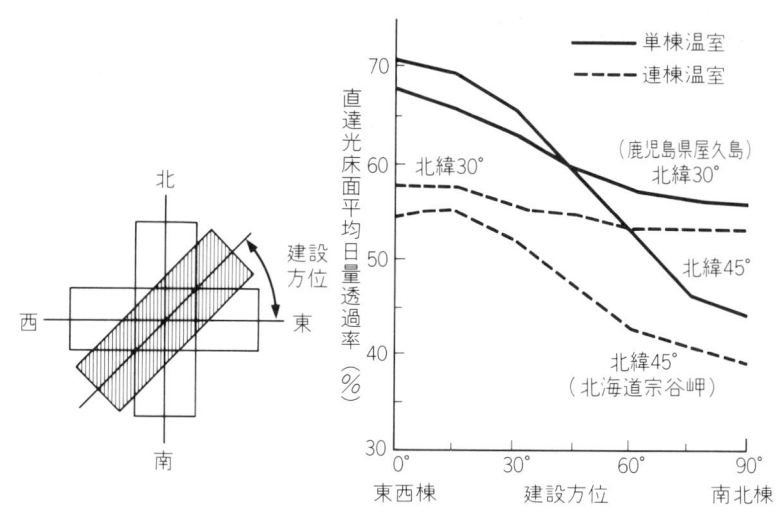

図6-6　単棟および連棟温室の直達光日量透過率におよぼす緯度と建設方位の影響（冬至）　　（古在豊樹『農業および園芸』昭和54年による）

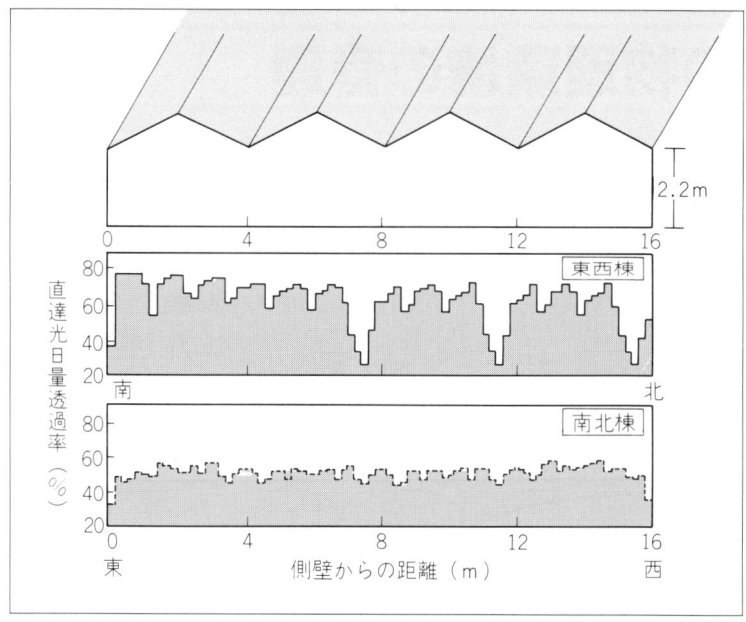

図6-7　連棟温室の床面の間口方向における直達光日量透過率の分布
（図6-6と同じ資料による）

図6-8　補光（ホウレンソウでの例）

(1) 屋外水平面での1日間の積算直達光量に対する，施設内水平面の1日間の積算直達光量の比率(%)。

(2) 花芽分化をおこすさかいめの日長を限界日長とよび，その長さは作物の種類・品種によってことなる。

位と太陽高度)と施設の棟の向きとの位置的な関係によって変化する。

直達光の日量透過率[1]は，冬季には，南北棟より東西棟のほうが高く，連棟よりも単棟でその差が大きくなっている。また，鹿児島県のような低緯度地方より，北海道のような高緯度地方でその傾向がいちじるしい(図6-6)。しかし，直達光透過率の床面における均一性は，東西棟より南北棟のほうが高くなっている(図6-7)。

補光と電照

施設栽培では，人工光(ランプ)を補光あるいは電照の目的で使用することがある。

補光　作物の光合成を促進する目的で人工光の照射をおこなうことである(図6-8)。トマトやホウレンソウなどでおこなわれており，補光時の作物上部での光合成有効放射強度(→p.44)は照射時間によってもことなるが，20〜50W・m^{-2}以上を必要とする。補光では，光合成有効放射を多く含む水銀ランプ・ナトリウムランプなどの高圧ガス放電灯が多用されている。

電照(電灯照明)　作物の日長反応を制御する目的で人工光の照射をおこなうことで，キクやイチゴ栽培などでおこなわれている。

キクのばあい，日長が短くなると花芽の形成がはじまるので，冬から春の短日期の栽培では，作物が小さいうちに花芽分化・開花してしまう。そこで，葉数と草丈がじゅうぶん確保されるまで花芽分化をおさえるために，電照をおこなって限界日長[2]以上の日長を人

為的に維持する。

電照では，光源が波長約700〜800nmの放射（遠赤光，➡p.43）を含むことが必要とされ，作物上部での光強度はきわめて低くてよい。光源には，ふつう白熱灯が多用され，100Wの白熱灯を使用するばあい，白熱灯の数は，床面積100m²当たり5〜10個といわれている。

補光・電照とも，作物の種類・使用目的・照射時間などに適した光源の種類や光強度を選ぶことが必要である。

遮光・日よけ　夏季，施設内が高温になりすぎて作物に高温障害がおこったり，光が強すぎて葉焼けなどがおこったりするのを防止するためや，人為的に日長を短くして花芽分化期を調節するためにおこなわれるのが**遮光**（シェード）である。

高温・強光を防ぐための日よけ資材には，白色のポリエチレンネットやアルミ蒸着フィルムなどが効果的である（図6-9）。日よけ資材は，屋根面から数十cm離して設置するのが高温抑制には効果的であるが，そうすると強風で破壊されやすいので，実際には施設のなかに設置することが多い。

人為的に日長を短くするばあいには，ほぼ完全な暗黒にする必要があるので，黒色の不透明フィルムなどが用いられる。たとえば，キクの促成栽培では，花芽分化をはやめるために短日処理のための遮光をおこなう。

図6-9　屋根面に設置した日よけ用のアルミ蒸着フィルム

❷ 換　気

換気は，施設内外の空気を交換することで，換気を適切におこなえば，施設内の気温・二酸化炭素濃度・湿度・気流速度などの環境要素を，あるていど好適な状態に維持することができる。

自然換気法　施設外の風や，施設内外の気温の差を利用して換気する方法を**自然換気法**とよぶ（図6-10）。風を利用した自然換気を風力換気，内外気温差を利用した自然換気を温度差換気，と分けてよぶことがある。窓の開閉に必

要なわずかな動力によって，大きな換気量を得る方法としてすぐれている。しかし，風速・風向などの気象条件による風力換気量の変動が大きい。

　時間当たりの換気量を施設内の容積で割った値を，**換気回数**とよぶ。換気窓の開閉状態が同じであれば，自然換気法による換気回数はおおむね風速に比例するが，風向などの影響もうける。また，風速が小さいときは施設内外の気温差による温度差換気の影響が大きくなる（図6-11）。

　施設内外の気温差・二酸化炭素濃度・絶対湿度などは，他の条件が同じであれば，換気回数にほぼ比例して変化する。

強制換気法

換気扇を用いて換気をおこなう方法を**強制換気法**または機械換気法とよぶ（図6-12）。強制換気法で換気量を大きくするには，適切な容量の換気扇を用いるだけでなく，大きな換気流入口を設ける必要がある[(1)]。換気流入口が小さいと，それが流入空気の流れに対して大きな抵抗となり，換気量が低下する。また，換気扇を換気流入口から離れた位置に設置しないと，施設内の気温などの分布が不均一になりやすい。

図6-10　自然換気中の施設

(1) 換気流入口から，ハダニ類やアブラムシ類が侵入することがあるため，換気扇の部分を防虫ネットで被覆するとよい。

図6-11　換気回数におよぼす施設の連棟数，外風速，施設内気温の影響（外気温は25℃）
（矢吹万寿編著『農業環境調節工学』昭和60年による）

図6-12　換気扇による強制換気

❸ 保　温

　施設の保温とは，施設内の土壌や暖房装置から発生する熱を，施設外へ逃げにくくすることによって，施設内の気温の低下をおさえることをいう。被覆資材を2層，またはそれ以上にするなどの手段が用いられ，保温被覆とよばれている。

保温被覆の方法　保温被覆としては，施設内に可動式プラスチックカーテンを設置することが多い（図6-13，14）。施設の屋根や外壁に外張り資材を用いることもある。あらかじめ設定した気温や時刻などによって，カーテンがとじられたり，あけられたりする。なお，ふつう，昼間に可動カーテンをあけるのは，日射の透過を増大させるためでもある。

保温被覆の効果　じょうずに利用すれば，地域・作目によっては冬季の栽培でも暖房装置がいらなくなることもある。また，暖房装置を利用しているばあいでも，保温被覆と組み合わせることで，暖房用燃料の使用量を30％以上節減することができる。

図6-13　可動式プラスチックカーテンによる保温被覆

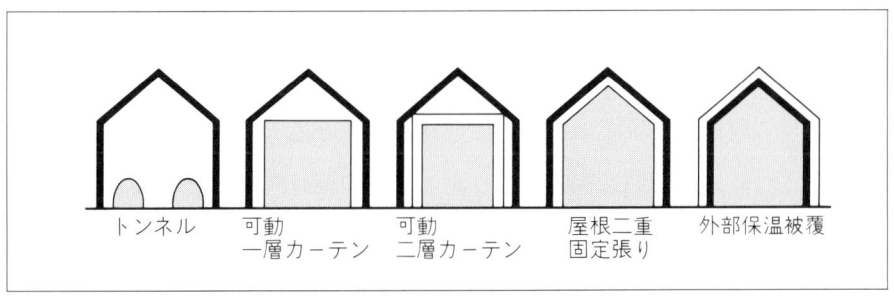

図6-14　保温被覆の方式
［注］　太線が主被覆，細線が二層以上にするための被覆。可動一層カーテン方式がもっとも普及している。

トンネル　可動一層カーテン　可動二層カーテン　屋根二重固定張り　外部保温被覆

❹ 暖　房

　暖房とは，施設内で人為的に熱を発生させることによって，施設内の気温を施設外より高く，かつ一定の範囲に維持することである。しかし，暖房時の施設内での気温の分布を作物が育っている空間内

で均一にしないと，生育にむらが生じるので注意が必要である。

暖房の方法

重油による暖房 わが国では，重油を燃料にして，直接的に空気を加熱する温風暖房方式が普及している（図6-15）。これは，設備やその使用法が簡便であるからである。この方式では，配風ダクト（プラスチックフィルム製の直径30～40cmていどのチューブ）などを用いて，できるだけ温風を施設内に均一にいきわたらせないと，場所による気温のむらが生じやすい。

そのほかに重油を燃料とする方式としては，温水暖房[1]・蒸気暖房などがある。

電気による暖房 電気エネルギーを熱源として暖房する方式で，育苗時に利用される電熱暖房などがある。

太陽エネルギーによる暖房[2] 昼間の施設内気温が一定値(20～25℃)以上になったときに，室内空気を土壌中に送り込んで土壌温度を上昇させておき，夜間など室内気温が昼間より約10℃以上下がったときに，強制的に土壌中の熱を施設内空気に導いて暖房の熱源とする**地中熱交換暖房装置**がある。

この方法は，地下50cmていどの深さに，直径10cmていどのパイプをたくさん埋め込んでおいて，送風扇を用いて施設内の空気とパイプ周辺の土壌とのあいだで熱交換をさせる方式が一般的である（図6-16）。地中熱交換とはいうが，昼間の施設内気温を外気温より上昇させるエネルギー源は，施設内へ入射する日射であるから，この方式は太陽エネルギー暖房といえる。

地下水による暖房 あたたかい地下水を，施設内のカーテンの上

図6-15 温風暖房機と配風ダクト

(1) 温湯暖房ともよぶ。
(2) 太陽エネルギーや地下水の暖房への利用は，①太陽エネルギーや地下水が豊富にある，②夜間の施設内気温を10℃以下に設定している，ばあいに有効である。

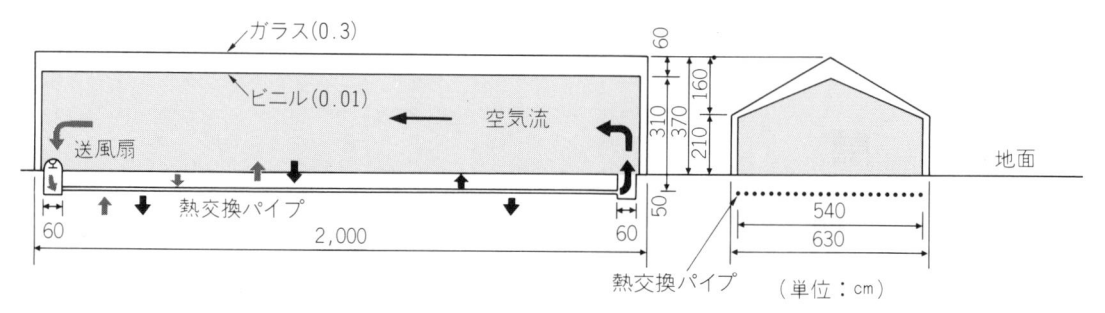

図6-16 地中熱交換暖房装置をそなえた施設（模式図） （図6-11と同じ資料による）

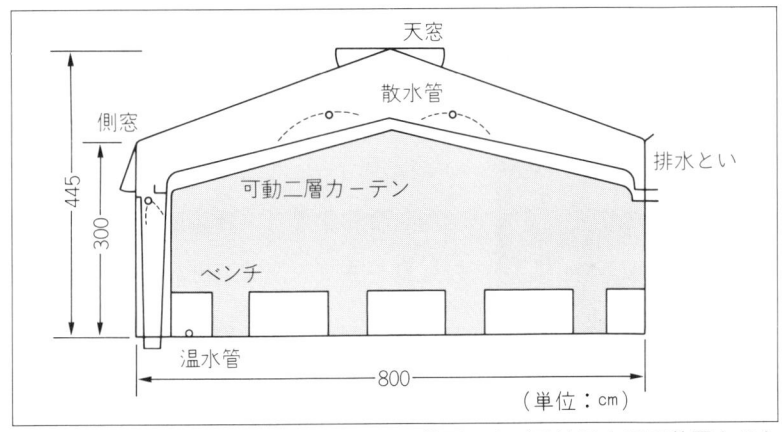

図6-17 地下水の屋根下散水による暖房装置および重油温水暖房装置をそなえたベンチ栽培用温室　（小倉祐幸『農業施設』昭和58年による）

に散水する方式がある（図6-17）。地下水温度は，冬季においても，九州では16〜17℃，北海道でも12℃ていどであるので，暖房設定温度が地下水温度より5℃以上低ければ，地下水は暖房熱源として利用できる。

その他の暖房　地域によっては，温泉水・木材燃料・産業廃棄物などを熱源とした暖房がおこなわれている。

暖房必要熱量

暖房必要熱量は，施設内外の気温差が大きいほど，また，施設壁（外表面）面積が大きいほど大きくなる。また，保温被覆の断熱性能が高い（放熱係数が小さい）ほど，地温が高いほど，小さくなる。数式で示すとつぎのようになる。

　　暖房必要熱量＝放熱係数[1]×施設壁面積×（暖房設定気温－外気温）－土壌熱流量[2]

❺ 冷　房

施設内の冷房には，水が蒸発するときに周囲の空気から熱（気化熱）をうばう性質を利用した**蒸発冷却法**を用いるばあいが多い。そのほかに，**冷凍機**を利用した冷房法もある。

蒸発冷却法

吸気口から流れ込む外気に浮遊性の細霧（直径0.05mm以下）を噴霧して，施設内で蒸発冷却させる方法である（図6-18）。この方式では，吸気口から排気口（換気扇のある場所）に向かって施設内の気温がしだいに高くなりがちである。そのため，奥行きが50m以上の大型施設では，吸気口から排気

[1] 施設壁面の熱のとおりやすさを示す係数。値が小さいほど熱をとおしにくい。
[2] 施設内床面から施設内空気へ移動する熱流量。床面温度と施設内気温の差が大きいほどこの熱流量は大きくなる。暖房設定温度を高くすると，室内空気から床面へ熱が流れ，土壌熱流量が負の値をとる。

図6-18 細霧を噴出する蒸発冷却法

口に向かって流れる気流に，施設の中央付近でさらに細霧を加え，施設全体にわたって蒸発冷却できるようにし，施設内の気温が均一になるようにする。

蒸発冷却法では，理論的には，施設内の気温を外気の湿球温度（➡p.48）まで低下させることができる。したがって，外気の乾球温度と湿球温度との差が大きいときに冷房効果が大きくなる。わが国の関東以西の夏季における湿球温度は25℃ていどである。実際には，施設内気温を外気の湿球温度より約2℃高い温度まで，あるいは外気の乾球温度と同ていどまで低下させることができる。

蒸発冷却法は，つねに一定の外気をとり入れる必要があるために，かならず強制換気法を用いる。

冷凍機の利用 冷凍機を利用した冷房は，昼間の日射強度が大きいときには実用的ではない。夜間の冷房や，日よけなどで施設内にはいる日射がきわめて少ないばあいなどに有効である。

草花の高温期の栽培では，苗が高温にあって生育不良[1]となるのをさけるため，昼間の日よけで冷房育苗をおこなうことがある。

(1) ユーストマ（トルコギキョウ）やスターチスなどでは，高温にあうと草丈が伸びなくなったり（ロゼット化），生育が止まったりすることがある。

❻ 二酸化炭素の施用

二酸化炭素の施用は，施設内の野菜や草花の光合成を促進する目的でおこなわれる。わが国では，冬季の晴天時の朝方または夕方，あるいは曇天時の昼間（換気をしていないとき）に施用され，施設内の二酸化炭素濃度を空気中の標準濃度（350$cm^3 \cdot m^{-3}$，➡p.49）の2倍ていどに維持することが多い。

増収効果と適作物 栽培条件や作物の種類・品種によっても，二酸化炭素の施用による増収効果はことなるが，一般には，20〜30％といわれている。静岡県の温室メロン栽培でひろく普及しているほか，各地のキュウリ・ト

マト・イチゴなどの施設栽培で一部普及している。

二酸化炭素発生の方法

わが国では，白灯油・プロパンガス・液化二酸化炭素などが使われている。白灯油やプロパンガスは，完全燃焼させないと少量の一酸化炭素ガスが発生し，作物および人間にガス障害をひきおこす。また，原料に亜硫酸などの不純物が混入していると，同様のガス障害が発生する。

液化二酸化炭素は，高圧で容器に封入されているため，取扱いには注意が必要である（図6-19）。

図6-19　二酸化炭素（液化二酸化炭素）の施用

❼ 空気のかくはん

空気の流動は，作物付近の水蒸気・二酸化炭素・熱エネルギーの移動を促進し，作物の蒸散速度・光合成速度・葉温などに影響をあたえている（➡p.56）。

空気かくはん扇と気流速度

空気流動は，換気や暖房によってあるていど促進されるが，さらに積極的に施設内に空気かくはん扇（図6-20）を設置して，空気流動をはかることもおこなわれている。

図6-20　空気かくはん扇の例

施設内の作物付近の昼間の気流速度は，一般に，作物がおう盛に生育している状態では30〜50cm・s^{-1}がのぞましいとされている。

3 地下部の物理環境の管理

❶ 施設内土壌の管理

土壌を用いた施設栽培での地下部環境のうち化学的および生物的要素については，すでに第4章で学んだとおりである。ここでは物理的要素について学ぶ。

1 温度の調節

(1) 物体の温度を単位温度だけ上昇させるのに必要な熱量のこと。

地温 土壌は熱容量[1]が大きいので，人為的に加熱したり冷却したりしても，その結果として根のまわりの地温が変化するまでには，一般に数日以上を必要とし，また，必要熱量も大きい。したがって，土壌の加熱や冷却は，地上部の暖房・冷房ほどには一般的ではない。

しかし，野菜や草花の栽培で地上部の温水暖房をおこなうさいに，地面や地中にも温水管を配管して，地温上昇をはかることが一部にみられる。そのほか一般的には，育苗ベッドや鉢植え植物をのせたベンチ栽培など，培地の量が少なく，また一般土壌と隔離してあるばあいに，必要熱量が少ないので，培地の加熱・冷却がおこなわれる。

地温安定の方法 冬季や春先に，施設内の地温を高めたり，地面からの蒸発をおさえる目的でおこなわれるのが，土壌表面をプラスチックフィルムで被覆する方法（マルチング）である。

夏季には，地温が高くなりすぎるのをおさえたり，地面からの過度な蒸発を防ぐ目的で，わらなどを施設内のうねや通路にマルチングする方法もときどきおこなわれる。マルチングは雑草の成長を抑制するためにもおこなわれる。

2 水分の調節

土壌水分の調節法

施設内の土壌水分を正確に調節するのは容易ではない。土壌水分を高めるには土壌そのものの保水性の改良(➡p.121)のほか,ふつうはかん水をおこなう。反対に土壌水分を低くするには,排水を積極的におこなうか,蒸発・蒸散を促進する。

土壌水分の調節を容易にする方法としては,培地を一般土壌と隔離する鉢植え栽培・ベッド栽培・ベンチ栽培・人工培地栽培および養液栽培などがある。

土壌水分と通気性

土壌水分の高低は,作物への水分供給のしやすさを左右すると同時に,地温[1]や土壌の通気性にも影響をあたえる。

土壌水分が高すぎると,土壌の通気性がわるくなり,根の呼吸や土壌微生物の呼吸に必要な酸素の拡散,根や微生物がはきだす二酸化炭素の拡散が小さくなる。そのために,土壌中の酸素濃度は低くなり,あるいは二酸化炭素濃度は高くなって,作物に生育障害がおこることもある。このような障害を防ぐには,土壌の通気性を高めることが必要である。土壌の通気性と保水性を同時に高く保つためには,土壌の団粒化などの土壌改良が必要とされる。

❷ 養液栽培の培養液管理

養液栽培(図6-21)とは,ここでは,一般土壌を用いず,ロックウール・ピートモス・発泡ウレタンなどの人工培地[2]を用いるか,人工培地も用いずに,肥料を溶かした培養液だけを利用した栽培(水耕など)とする。培養液の主要な環境要素は,溶存酸素濃度(培養液に溶け込んでいる酸素の濃度)・pH・電気伝導度(➡p.94)・温度などである。

[1] 水は比熱が大きいために,土壌水分は土壌の熱容量に影響をあたえる。土壌水分が高いと,土壌はあたたまりやすく冷めにくくなる。

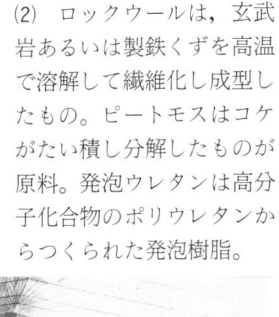

[2] ロックウールは,玄武岩あるいは製鉄くずを高温で溶解して繊維化し成型したもの。ピートモスはコケがたい積し分解したものが原料。発泡ウレタンは高分子化合物のポリウレタンからつくられた発泡樹脂。

図6-21 発泡ウレタン培地による養液栽培

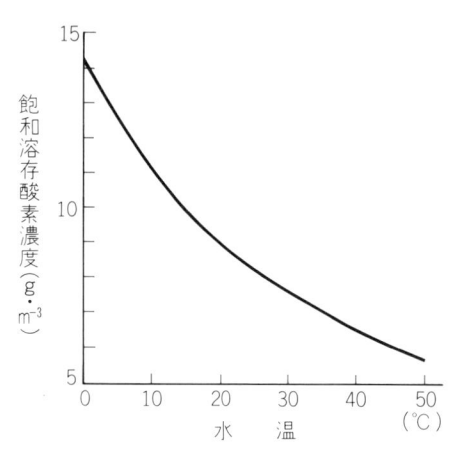

図6-22 飽和溶存酸素濃度におよぼす水温の影響

1 溶存酸素濃度の調節

　培養液中の溶存酸素濃度は，根の呼吸によって作物に酸素が吸収されることによって低下する。低下しすぎると根の呼吸がおさえられ，作物地上部の生育がわるくなることがある。
　培養液の溶存酸素濃度の最大値（飽和溶存酸素濃度）は，培養液の水温が高くなると低下する（図6-22）。根の呼吸速度は水温が高くなるとともに大きくなる。したがって，培養液の温度が高くなりすぎるのを防ぎ，溶存酸素濃度を適正な範囲に維持する必要がある。溶存酸素濃度を高めるには，培養液内に空気を送り込む方法が一般的である。

2 培養液のpHの調整

　一般に，pH5.5〜6.5がよいとされている。しかし，栽培開始時に培養液のpHを調整しても，培養液中の無機イオンが作物に吸収されるにつれてpHは変動する。そのため，培養液のpHは適宜調整する必要がある。
　pHを上昇させるには水酸化ナトリウム，pHを低下させるには塩酸や硫酸などを培養液に加えて調整する。養液栽培用に開発されたpHの自動調整装置もある。

3 電気伝導度（EC）の調整

　培養液中の無機イオン濃度を肥料要素別に測定し，そのイオン濃度を個別に調整することは可能であるが，かなり煩雑である。そこで，培養液に含まれる肥料の全イオン濃度はその電気伝導度（EC）にほぼ比例することから，ECの計測値をその培養液のイオン濃度の代替値として用いることが多い（➡p.94）。
　培養液の好適なECの値は作物の種類，生育時期，栽培方法などによってことなるが，およそ$0.2 S \cdot m^{-1}$（$2 mS \cdot cm^{-1}$）である。ECは全イオン濃度をあらわすだけであるので，個々のイオン濃度は個別の化学分析によって測定する必要がある。

4 総合的な環境管理

❶ 総合的な判断とは

　施設の環境管理は，実際には，経営的観点から総合的におこなわれる。たとえば，暖房温度の設定値を何度にするかは，作物の収量を最大にすることだけを考えて決められるのではなく，暖房用燃料の価格，収穫時期，収穫物の予想市場価格なども考慮して決める。

　また，たとえば，換気をすれば，施設内の気温・二酸化炭素濃度・湿度・気流速度などが複合的に同時に変化していく。したがって，換気をどのような状態で，どのていどおこなうかは，複数の環境要素の同時的変化を総合的に考慮して決めなければならない。

　これらの関係はかなり複雑なので，コンピュータのプログラムのなかにそれらの関係を書き込んでおいて，刻々の環境制御機器の運転に関する判断はコンピュータに代行させる方法が普及しはじめている。これを，コンピュータによる**複合環境制御**とよぶ。

❷ コンピュータ利用の複合環境制御

　自然換気による気温の複合環境制御(図6-23)を考えてみよう。

　換気をはじめる設定温度は，植付け日以降の日数，その日その時までの積算日射量，時刻・外気温・風速などを総合して，コンピュータのなかのプログラムおよびそのときまでの環境計測値によって自動的に定められる。

　換気窓の開度は，気温が所定の範囲内に制御されているあいだは，二酸化炭素濃度・湿度なども考慮して定められる。また，換気窓の開度は，天窓・側窓の別，風上側・風下側の別などによってことなる。強風時には，換気窓開度の最大値を段階的に低くする。

　さらに最近では，人工知能科学[1]の応用である知識工学[2]の手法をとり入れ，コンピュータ自身があるていど知的な総合判断をする環境制御が研究されている。

[1] コンピュータを賢くするためのアイデアを研究する学問，あるいは知的な人間の行動をコンピュータに代行させるシステムについて研究する学問。
[2] 人工知能科学の応用を研究する学問分野で，病気診断，化学分析，翻訳などの応用分野がある。

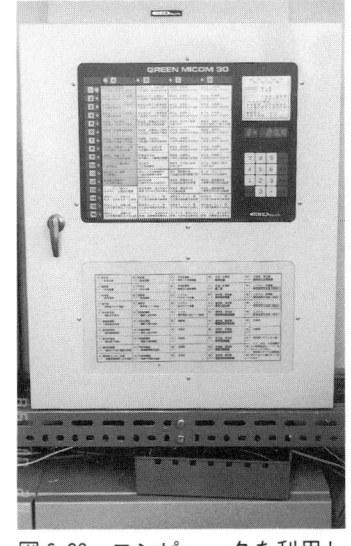

図6-23　コンピュータを利用した複合環境制御装置

5 施設内の労働環境

　これまで，施設環境の管理は，作物の収量の増大，品質の向上，有利な作期や品種の選択といった，栽培管理の一部として位置づけられることが多く，そこで働く人間の労働環境の改善をはかるという面が軽視されてきた。しかし，施設内で1年じゅう労働することが多くなっている昨今では，労働環境の面からの環境管理が重要になりつつある。

　第1に改善しなければならないことは，わが国では，夏季の施設内の高温・多湿である。根本的な解決策はまだみいだされてはいないが，現状では，施設入口にとなりあわせて，中間気候室・休憩室などを設置して，作業者が急激な環境変化にさらされるのをさける，適切な作業服を着用する，などの対策がとられている。強い日射のもとでの労働はさけるといった対策も重要である。

　そのほかにも，農薬散布時の安全確保など，今後解決していかなければならない問題が多い。

索引

あ

- 亜鉛 …………………………113
- 亜硝酸ガス障害 ……………105
- 亜硝酸菌 ……………………104
- 亜硝酸酸化菌 ………………104
- 雨よけ栽培 ……………………5
- アルカリ化 …………………97
- アルカリ性障害 ……………99
- アルミニウム八面体 ………80
- アレロパシー ………………178
- アロフェン …………………79
- 暗きょ ………………………120
- 安全使用基準 ………………203
- アントシアン ………………113
- アンモニア酸化菌 …………104

い

- Eh ……………………………101
- イオウ ………………………112
- EC ……………………………94
- 1：1型粘土鉱物 ……………79
- 1次鉱物 ……………………77
- 一発処理剤 …………………185
- イモゴライト ………………79
- イライト ……………………79
- 陰イオン ……………………92
- 陰イオン交換容量 …………94

う

- ウイルス ……………………150

え

- 永久しおれ点 ………………90
- AEC …………………………94
- 易効性有効水分 ……………90
- MLO …………………………149
- 塩 ……………………………98
- 塩害 …………………………60
- 塩基 …………………………98
- 遠赤光 ………………………43
- 塩素 …………………………113
- 塩基飽和度 …………………117
- 塩類集積 ……………………214
- 塩類濃度障害 ……………16, 94

お

- オゾン層の破壊 ……………15
- 温室効果 ……………………15
- 温水暖房 ……………………222

か

- 界面活性剤 …………………197
- カオリナイト ………………79
- 化学環境 ………………………8
- 可給態窒素含有量 …………117
- 核酸 ……………………111, 150
- 拡散二重層 …………………93
- 可視光 ………………………43
- 加水ハロイサイト …………79
- 過敏感反応 …………………154
- ガラス棒状温度計 …………47
- カリウム ……………………111
- カルシウム …………………112
- 乾き空気 ……………………48
- 寒害 …………………………60
- 干害 …………………………65
- 換気回数 ……………………220
- 乾球温度 ……………………48
- 環境休眠 ……………………179
- 還元層 ………………………75
- 緩効性カリ肥料 ……………130
- 緩効性窒素肥料 ……………130
- 緩効性肥料 …………………130
- 乾湿球温度計 ………………48
- 感受性 ………………………199
- 冠水害 ………………………65
- 間接分散 ……………………151
- 完全変態 ……………………159

き

- 帰化雑草 ……………………184
- 気化熱 ………………………54
- 気候 …………………………40
- 気孔開度 ……………………55
- 気孔侵入 ……………………152
- 気象用語 ……………………42
- 傷口侵入 ……………………152
- 寄生性動物 …………………169
- 基礎診断 ……………………116
- きっ抗作用 ……………106, 157
- 客土 …………………………119
- 吸収速度 ……………………51
- 急性毒性 ……………………202
- 急性薬害 ……………………201
- 休眠 …………………………166
- 強制換気法 …………………220
- 魚毒性 ………………………203
- 気流速度 ……………………50
- 近紫外放射 …………………43
- 近紫外放射強度 ……………44

く

- 空気かくはん扇 ……………225
- 黒ボク土 ……………………76

け

- 経済的被害許容水準 ………207
- ケイ素四面体 ………………80
- 茎葉処理剤 …………………192
- 劇物 …………………………202
- 結晶性粘土鉱物 ……………79
- 限界日長 ……………………218
- 嫌気性微生物 ………………83
- 減水深 ………………………121
- 減生病徴 ……………………141

こ

- 高温害 ………………………60
- 好気性微生物 ………………83
- 孔げき ………………………85
- 孔げき率 ……………………85
- 光合成微生物 ………………83
- 光合成有効放射 ……………43
- 光合成有効放射強度 ………44
- 光合成有効放射計 …………45

耕地生態系……………………14
好適土壌pH範囲………………99
光発芽種子……………………180
高分子膜湿度計…………………48
呼吸速度…………………………52
固相率……………………………84
個体群……………………………10
根圏………………………………109
根圏土壌…………………………109
混合型冷害………………………64
昆虫成長制御剤…………………191
混用適否…………………………201
根粒菌……………………………103

さ

細菌類………………………82, 147
最少養分律………………………134
最大正味光合成速度……………53
最大容水量………………………88
栽培環境……………………………7
栽培環境用語……………………42
細胞毒……………………………199
作物環境……………………………7
雑草害……………………………178
砂漠化……………………………16
作用点……………………………199
酸…………………………………98
酸化還元電位……………………101
酸化還元反応……………………100
酸化層………………………75, 104
散水氷結法………………………63
酸性雨……………………………16
酸性障害…………………………98
酸性土壌…………………………97
三相分布…………………………84
酸度………………………………95
残留基準…………………………203

し

CEC………………………………93
紫外線……………………………15
紫外放射計………………………45
糸状菌類……………………83, 142
施設生態系………………………14
施設土壌…………………………75
自然換気法………………………219

自然生態系………………………12
ジチオカーバメート剤…………189
湿球温度…………………………48
子のう菌類………………………143
子のう胞子………………………142
遮光………………………………219
種…………………………………10
収量漸減の法則…………………134
重金属類…………………………123
自由水……………………………87
重力水……………………………87
樹園地土壌………………………75
宿主植物…………………………140
出芽後除草剤……………………192
出芽前除草剤……………………192
障害型冷害………………………64
硝化菌……………………………104
硝化作用…………………………104
小気候……………………………41
蒸気暖房…………………………222
蒸散………………………………53
硝酸還元酵素……………………113
硝酸菌……………………………104
蒸散速度…………………………54
照度………………………………44
壌土………………………………77
蒸発冷却法………………………223
蒸発抑制剤………………………65
正味光合成速度………………51, 53
埴壌土……………………………77
初期しおれ点……………………89
食毒剤……………………………190
植物群落…………………………10
植物成長調節剤…………………195
植物体温…………………………62
植物病原微生物…………………141
食物連鎖…………………………11
除草必要期間……………………186
シルト……………………………77
深耕………………………………119
浸水害……………………………65
浸透性殺菌剤……………………189
浸透性殺虫剤……………………190
心土破砕…………………………120
真の光合成速度…………………52

す

水害………………………………65
水孔侵入…………………………152
水田雑草…………………………176
水田土壌…………………………75
水分競合…………………………178
砂…………………………………77

せ

静菌作用…………………………106
正常生育阻害水分点……………89
生態型……………………………183
生態系……………………………11
成長………………………………41
静的抵抗性………………………153
性フェロモン……………………171
生物環境……………………………8
生物群集…………………………10
生物的防除………………………169
生理的選択性……………………194
ゼオライト………………………121
赤外放射温度計…………………56
積算気温…………………………47
積算光量…………………………44
積算日射量……………………44, 45
雪害………………………………65
接触剤……………………………190
絶対温度…………………………47
絶対寄生菌………………………144
絶対湿度…………………………48
施肥診断…………………………116
セルシウス温度…………………46
腺侵入……………………………152
全身病徴…………………………140
線図………………………………48
全層施肥法………………………104
選択性除草剤……………………193
選択的吸収………………………109
全有効水分………………………90

そ

藻菌類……………………………142
総合的有害生物管理……………205
増生病徴…………………………140
相対湿度…………………………48

相対照度 186
草地生態系 13
草地土壌 75
送風法 63

た
大気候 41
耐水性団粒 85
脱窒菌 104
脱窒作用 104
多量必須元素 107
多量必須要素 107
単為生殖 167
炭酸カルシウム 121
担子菌類 143
単肥 131
団粒 85
団粒構造 69, 85

ち
遅延型冷害 64
地球の温暖化 15
地中熱交換暖房装置 222
窒素 111
窒素飢餓 102
窒素固定微生物 103
中間宿主 156
柱頭侵入 152
直接分散 151
治療剤 188
地力増進法 126
地力窒素 105

つ
通性嫌気性微生物 83

て
DL粉剤 197
抵抗温度計 47
抵抗性 153, 199
抵抗性品種 155, 172
泥炭 121
鉄 113
転換畑土壌 76
天気 40
電気伝導度 94

天候 40
テンシオメータ 91
電照（電灯照明） 218
天敵 169
電熱暖房 222
天然供給力 73

と
銅 113
透水性 121
凍霜害 62
動的抵抗性 154
動物群集 10
特定毒物 202
毒物 202
独立栄養微生物 83
土壌汚染 123
土壌汚染防止法 126
土壌改良診断 116
土壌処理剤 192
土壌侵食 16, 123
土壌動物 82
土壌熱流量 223
土壌微生物 82
土壌病害 146
土壌分布図 116
土壌溶液 92
土性 77
土性区分 78

に
2：1型粘土鉱物 79
二酸化炭素濃度 49
日平均気温 5
日量透過率 218
日射 43
日射強度 44
日射計 45
日射フラックス 44
日照時間 45
日長 45

ね
熱映像カメラ 56
熱電対温度計 47
熱容量 226

粘土 77
粘土鉱物 69

の
農業資源 15
農業生態系 12
農薬取締法 203

は
バイオタイプ 172
畑土壌 74
畑地雑草 176
発育 41
バーミキュライト 79
パーライト 121
ハロイサイト 79
繁殖体 181
半導体湿度計 48

ひ
pH 95
pH緩衝能 96, 97
pF 88
光－光合成曲線 52
光飽和点 53
光補償点 53
非晶性粘土鉱物 79
微生物群集 10
非絶対寄生菌 143
非選択性除草剤 193
人里植物 174
被覆法 63
非毛管孔げき 86
ひょう害 60
病原 141
病徴 140
日よけ 219
肥料取締法 138
微量必須元素 107
微量必須要素 107
微量要素肥料 130

ふ
風害 60
風速 50
不完全菌類 143

不完全変態……………159	マンガン……………113	**よ**
複合環境制御…………229	慢性毒性……………202	陽イオン………………92
複合肥料……………131	慢性薬害……………201	陽イオン交換反応………92
腐植含有量……………117	**む**	陽イオン交換容量………93
腐植酸……………81, 121	無機栄養微生物………83	養液栽培……………227
腐植物質………………69	無機化………………102	葉温……………………56
腐生菌………………143	無機的環境………………8	幼若ホルモン作用物質…191
普通物………………202	虫見板………………209	溶成リン肥…………122
物質循環……………11, 12	無性胞子……………142	容積重…………………84
物理環境…………………8	**め**	溶存酸素濃度…………228
不妊虫放飼法…………171	明きょ………………120	要防除密度……………207
フローダスト粉剤(FD粉剤) 197	**も**	予防剤………………188
分生胞子……………142	毛管現象………………86	**ら**
へ	毛管孔げき……………86	らん藻…………………83
平均気温………………47	毛管水…………………87	**り**
変態…………………159	毛髪湿度計……………48	リグニン………………81
ほ	モリブデン…………113	リサージェンス………204
崩壊性病徴…………140	モンモリロナイト……79	両性生殖……………168
放射エネルギー分布……44	**や**	リン…………………111
放射計…………………45	夜間放射冷却…………62	輪作…………………156
放線菌…………………83	薬剤耐性……………199	リン酸吸収係数…………99
ホウ素………………113	山中式硬度計…………90	リン酸の固定……………99
放熱係数……………223	**ゆ**	**る**
防風林…………………61	有機栄養微生物………83	ルクス…………………44
飽和絶対湿度…………48	有機化………………102	ルートマット…………75
保温被覆……………221	有機合成高分子………121	**れ**
ボカシ肥……………131	有機酸………………110	冷害……………………64
補光…………………218	有効態ケイ酸含有量…117	冷凍機………………223
捕食性動物…………169	有効態リン酸含有量…117	レース………………155
ほ場容水量……………88	有性胞子……………142	連作障害……………114
ボルドー液…………188	誘導多発生…………204	**ろ**
ま		ロックウール…………227
マイコプラズマ様微生物(MLO) …………………………149		
マグネシウム…………112		

[著者]

農林水産省農業環境技術研究所所長	西尾道徳
千葉大学教授	古在豊樹
岡山大学名誉教授	奥 八郎
岡山大学教授	中筋房夫
岡山大学助教授	沖 陽子

（所属は執筆時）

本文図版 石垣栄蔵，トミタ・イチロー
〈写真提供〉阿久津喜作，有吉俊明，井澤宏毅，市川俊英，岡本五郎，木嶋利男，木村 裕，久保 進，湖山利篤，近藤 章，田中 寛，土屋恒雄，永井一哉，中村和雄，中村好男，西沢 務，日鷹一雅，広瀬義躬，吉田 力，安井通宏，脇本 哲，渡辺和彦，沖縄県ミバエ対策事業部，九州農業試験場，電力中央研究所，土壌保全調査事業全国協議会，日本気象協会，横河電気

農学基礎セミナー
作物の生育と環境

2000年2月25日　第1刷発行
2025年5月20日　第23刷発行

著　者　西尾道徳・古在豊樹・奥　八郎
　　　　中筋房夫・沖　陽子

発行所　一般社団法人　農山漁村文化協会
郵便番号　335-0022　埼玉県戸田市上戸田2−2−2
電話　048(233)9351(営業)　048(233)9355(編集)
FAX　048(299)2812　振替　00120-3-144478
URL　https://www.ruralnet.or.jp/

ISBN978-4-540-00026-3　製作／㈱河源社
〈検印廃止〉　印刷／㈱新協
Ⓒ2000　製本／根本製本㈱
Printed in Japan　定価はカバーに表示
乱丁・落丁本はお取りかえいたします。

農文協・図書案内

新装版 土壌微生物の基礎知識
西尾道徳著
●2000円+税

土壌微生物の生態から連作障害、土壌管理との関わりまで、微生物の世界を知る格好のテキスト。

新版図解 土壌の基礎知識
藤原俊六郎著
●1800円+税

自然循環を基本にした土壌の基礎知識。複雑な土の世界を図解。地力を高めていくための基礎。

新版 土壌学の基礎
松中照夫著
●4200円+税

生成から理化学・生物性など土壌の構造と機能から肥沃度管理、放射能汚染、地球環境問題までを平易に解説。

新版 要素障害診断事典
清水 武・JA全農肥料農薬部著
●5700円+税

73作物の障害を616枚のカラー写真と127枚のイラストで診断。要素別の発生特徴、診断・調査法、対策なども。

まんがでわかる 土と肥料
―根っこから見た土の世界―
村上敏文著
●1400円+税

楽しいまんがと図解で、土壌の化学的な基礎、診断データの測り方・使い方から、土の生きものと有機物、土づくりの実際まで、ビックリするほどよくわかる。「根っこのルートさん」がガイドする土のワンダーランド！

ハダニ防除ハンドブック
國本佳範編著
●2200円+税

極小の大害虫ハダニ。薬剤選択と散布動作の改善、天敵たちによる連携プレー攻撃、最新の物理的防除で防ぐ！

ハモグリバエ防除ハンドブック
徳丸 晋著
●2000円+税

発生種を簡単に特定できるフローチャート、作物別のかしこい防ぎ方、捕獲数5倍の裏技、効果抜群の天敵活用。

ウンカ防除ハンドブック
松村正哉著
●1800円+税

変貌するイネ大害虫ウンカの最新生態から、抵抗性を考えた農薬選び、散布方法、農薬に頼らない方法まで。

アザミウマ防除ハンドブック
柴尾 学著
●2200円+税

作物ごとの加害種の簡易診断、農薬系統の使い分け、色と光・天敵を利用した最新防除法で難防除害虫を防ぐ。

おもしろ生態とかしこい防ぎ方

農家や地域を悩ます害虫や有害鳥獣の生態を解明、かしこい防ぎ方を紹介するシリーズ

- チャノキイロアザミウマ ●1571円+税
- タバココナジラミ ●1700円+税
- コナガ ●1267円+税
- モグラ ●1500円+税
- カラス ●1571円+税
- アライグマ・ハクビシンなど ●1500円+税

【ビジュアル大事典】農業と人間
西尾敏彦編
A4変形判（340頁）9000円+税

農業と環境の最新科学を研究者と画家との協力でわかりやすく絵とき

工業の原理とはちがう農業の本質と豊かさ、農耕のしくみと知恵を壮大なスケール（10のパート）で描き、自然と人間の調和、環境と人間のかかわり、「持続可能な社会」を考える。①農業の三つの本質②持続する農業、③伝統農業のしくみ、④景観の誕生、⑤田畑の生物、⑥作物、⑦家畜、⑧農具の知恵、⑨広がる利用、⑩環境との調和。

ビジュアル・サイエンス

【自然の中の人間シリーズ】微生物と人間
監修・農林水産技術会議事務局
全10巻、A4変形判 各2000円+税

病気や食中毒をもたらす一方、荒地を森に変え、水や環境を浄化し、発酵食品や機能性食品を生み、田畑で活躍する微生物。そんな微生物の働きをダイナミックに描き、見えないものとのつき合い生かしてきた生活や産業における人間の智恵を伝える。

（価格は改定になることがあります）